普通高等教育"十三五"规划教材

环境工程综合实验教程

齐立强　贾文波　王乐萌　李　萍　编著

本书数字资源

北　京
冶 金 工 业 出 版 社
2020

内 容 提 要

本书根据目前环境工程、环境科学等专业知识体系与学科发展方向，结合电力行业环境领域的实际工作需求编制而成。内容涵盖环境基础实验、环境监测实验、环境工程实验和环境综合实验等环境类实验，内容丰富、覆盖面广、综合性强，具有鲜明的电力行业特色，让读者在掌握环境类实验操作方法的同时，进一步认识到电力行业生产过程中的环境问题及相关检测方法。

本书可作为高等院校环境类相关专业本科生及研究生教材，也可作为火电厂相关实验技术人员参考书目及培训教材使用。

图书在版编目(CIP)数据

环境工程综合实验教程/齐立强等编著.—北京：冶金工业出版社，2020.8

普通高等教育“十三五”规划教材

ISBN 978-7-5024-5622-1

Ⅰ.①环… Ⅱ.①齐… Ⅲ.①环境工程—实验—高等学校—教材 Ⅳ.①X5-33

中国版本图书馆 CIP 数据核字(2020)第 152110 号

出 版 人　陈玉千

地　　址　北京市东城区嵩祝院北巷 39 号　邮编　100009　电话　(010)64027926

网　　址　www.cnmip.com.cn　电子信箱　yjcbs@cnmip.com.cn

责任编辑　于昕蕾　美术编辑　吕欣童　版式设计　禹　蕊

责任校对　王永欣　责任印制　禹　蕊

ISBN 978-7-5024-5622-1

冶金工业出版社出版发行；各地新华书店经销；三河市双峰印刷装订有限公司印刷

2020 年 8 月第 1 版，2020 年 8 月第 1 次印刷

787mm×1092mm　1/16；16 印张；388 千字；248 页

42.00 元

冶金工业出版社　投稿电话　(010)64027932　投稿信箱　tougao@cnmip.com.cn

冶金工业出版社营销中心　电话　(010)64044283　传真　(010)64027893

冶金工业出版社天猫旗舰店　yjgycbs.tmall.com

（本书如有印装质量问题，本社营销中心负责退换）

前　　言

环境工程是一个涉及理学和工学的多学科交叉专业，是具有综合性和实践性的学科，主要研究如何保护和合理利用自然资源，利用科学的手段解决日益严重的环境问题、改善环境质量、促进环境保护与社会发展。环境工程综合实验是环境工程学科的重要组成部分，许多污染现象的解释、污染的治理均需要通过实验解决。环境工程综合实验是环境工程专业理论课的必要组成部分，也是环境保护工作的重要基础和有效手段。

本书内容覆盖了环境工程专业基础课和专业课的实验内容，介绍了实验的基础理论、实验方法和步骤、实验设计及数据处理以及实验中的注意事项，包含基础实验以及综合性实验等。本书共5章：第1章为绪论，包括环境工程综合实验的目的、方法及实验规则；第2章为环境工程实验基础知识，包括实验安全知识、实验常用仪器、实验样品的采集与保存以及误差分析及数据处理；第3章为水污染控制工程实验，包括相关的基础实验和综合实验；第4章为大气污染控制工程实验，包括概述、基础实验及综合实验；第5章为环境监测与影响评价实验，包括大气、水、噪声等基础实验和综合实验。本书特色在于涉及的知识面广泛，注重资料的新颖性和交叉学科，融入环境监测与影响评价综合实验，文字简洁易懂。与国内外同类书籍相比，本书具有能源电力特色，涵盖了火力发电过程中涉及的环境工程实验。本书可作为高等院校环境工程专业、环境科学专业、给排水专业以及其他相关专业的实验教学用书。

全书由华北电力大学齐立强教授统稿，第1、2章由华北电力大学王乐萌编写，第3章由华北电力大学贾文波编写，第4章由齐立强教授编写，第5章由华北电力大学李萍编写。

由于水平有限，疏漏之处在所难免，敬请读者不吝批评指正。

编著者

2020年6月

目　录

1 绪 论

1.1 环境工程综合实验目的

实验教学集知识传授、能力培养和素质教育于一体，使学生理论联系实际，培养学生观察问题、分析问题和解决问题的能力。环境工程综合实验是环境类专业学生的必修课程，主要包括环境基础实验、环境监测实验及环境工程实验。本综合实验课程的主要目的如下。

（1）使学生通过实验获得感性认识，巩固和加深对环境化学和生物、环境监测及环境污染控制等相关课程的基础知识和理论的理解。使理论知识形象化，生动地反应理论知识适用的条件和范围，较全面地反映环境问题的复杂性。

（2）训练学生正确地掌握各类实验的基本操作技能。学生经过严格的训练，学会正确使用各种基本的仪器设备，初步掌握环境工程实验的研究方法，掌握基本测试技能和技术。

（3）通过实验，特别是一些综合性、设计性实验的训练，使学生学会如何查找资料、设计方案、动手实验、观察现象、测量数据、推断结论，以及最后的文字表达，以提高学生分析问题、解决问题的独立工作能力。

（4）通过实验，培养学生实事求是、勤奋认真、谦虚好学、乐于协作、勇于创新的科学精神和科学品德；培养学生整洁、节约、准确、有条不紊的良好实验习惯；使学生拥有环境相关专业工作者必备的良好科学素养。

1.2 环境工程综合实验方法

实验课程是需要学生亲自参与、亲自操作的实践性课程。为达到环境工程综合实验学习的目的，必须有正确的学习态度和良好的学习方法。

（1）预习。认真预习是做好实验的前提。实验前，学生应认真阅读教材中有关实验的内容及其他相关的参考文献资料。明确实验目的和要求、理解实验原理、熟悉实验步骤及有关注意事项，了解该实验所涉及仪器的使用方法，掌握实验数据的处理方法，解答书上提出的思考题。针对综合性、设计性实验，实验前需要通过查阅文献完成必要的实验设计。通过思考，简明扼要地把预习内容记录下来，准备好实验记录表格及计算用具，完成实验预习报告。预习时应该对整个实验做到心中有数，规划并熟记具体实验流程。

（2）讨论。实验前指导教师会对实验内容和注意事项进行讲解或提问，播放规范的操作录像或者由教师做操作示范；实验后指导教师也经常会组织课堂讨论，总结实验情况。学生应注意倾听教师的讲解，积极参加课堂讨论。

（3）实验。学生实验前应仔细检查实验设备、仪器、试剂等是否完整齐全。实验时严格按照操作规程认真操作，仔细观察实验现象，精心测定实验数据，详细、真实地将实验现象和实验数据记录在专门的记录本上。实验结束后，要将实验设备和仪器仪表恢复原状，检查实验装置是否完好，将实验室整理干净。

（4）实验报告。做完实验后要及时完成实验报告。实验报告应字迹端正、简明扼要、整齐清洁。实验报告的内容一般包括：实验目的、实验原理、主要仪器和试剂、实验步骤、现象或数据记录、现象解释或数据处理、实验讨论、思考题等。不同类型的实验，报告格式有所不同，根据实验要求及指导教师的要求，及时规范地完成报告。

1.3 环境工程综合实验规则

进行环境工程综合实验要遵守以下规则。

（1）实验前要认真预习，写出预习报告。

（2）实验时应遵守操作规程，保证实验安全。

（3）遵守纪律，不迟到、早退，提前完成实验者必须经指导教师同意后方可离开实验室；保持室内安静。

（4）要节约使用药品、水、电和煤气等，要爱护仪器和实验室设备。对于精密仪器，用后应填写使用记录，如发现仪器有故障，应立即停止使用并报告教师。

（5）实验过程中，随时注意保持工作地区的整洁。火柴、纸屑等只能丢入废物缸内，不得丢入水槽，以免水槽堵塞。有毒性或腐蚀性的化学废液和废渣要分类收集在指定的容器中，以便集中处理。实验完毕后，应将玻璃仪器洗净并有序地放入柜中锁好，擦干净实验台面。

（6）实验过程中要仔细观察，将观察到的现象和数据如实地记录在报告本上。根据原始记录，认真地分析问题，处理数据，写出实验报告。

（7）对实验内容和操作规程不合理的地方可提出改进意见，但实施前一定要与指导教师商讨，经同意后方可进行。

（8）实验室实行轮流值日生制度。实验结束后值日生负责打扫实验室，包括拖地，整理和擦干净试剂架、通风橱、公用台面，清理废物和废液，关闭水、电、煤气开关和实验室门窗。

环境工程实验基础知识

2.1 实验安全知识

2.1.1 实验室安全守则

在实验室中，经常与毒性很强、有腐蚀性、易燃烧和具有爆炸性的化学药品直接接触，常常使用易碎的玻璃和瓷质器皿以及在煤气、水、电等高温电热设备的环境下进行紧张而细致的工作，如果在实验过程中马马虎虎，不遵守操作规程，不但会造成实验失败，还可能发生事故（如失火、中毒、烫伤或烧伤等）。因此，要高度重视实验室安全工作，严格遵守操作规程，避免事故发生。

（1）进入实验室开始工作前应了解煤气总阀门、水阀门及电闸所在处。离开实验室时，一定要将室内检查一遍，应将水、电、煤气的开关关好，门窗锁好。

（2）使用电器设备（如烘箱、恒温水浴、离心机、电炉等）时，严防触电；绝不可用湿手或在眼睛旁视时开关电闸和电器开关。应该用试电笔检查电器设备是否漏电，凡是漏电的仪器设备，一律不能使用。

（3）浓酸、浓碱具有强腐蚀性，使用时要小心，不能让它溅在皮肤和衣服上。用移液管量取这些试剂时，必须使用橡皮球，若不慎溅在实验台上或地面，必须及时用湿抹布擦洗干净，如果触及皮肤应立即治疗。

（4）有机溶剂（如乙醇、乙醚、苯、丙酮等）易燃，使用时一定要远离火源，用后应把瓶塞塞紧，放在阴凉的地方。只有在远离火源时，或将火焰熄灭后，才可大量倾倒易燃液体。低沸点的有机溶剂不准在火上直接加热，只能在水浴上利用回流冷凝管加热或蒸馏。

（5）以下实验应该在通风橱内进行：具有刺激性的、恶臭的、有毒的气体（如 H_2S、Cl_2、CO、SO_2、Br_2 等）的反应，加热或蒸发盐酸、硝酸、硫酸。废液，特别是强酸和强碱不能直接倒在水槽中，应先稀释，然后倒入水槽，再用大量的自来水冲洗水槽及下水道。

（6）$HgCl_2$ 和氰化物有剧毒，不得误入口内或接触伤口，氰化物不能碰到酸（氰化物与酸作用放出 HCN 气体，使人中毒）。砷酸和可溶性钡盐也有较强的毒性，不得误入口内。易燃和易爆物品的残渣（如金属钠、白磷、火柴头）不得倒入污物桶或水槽中，应收集在指定的容器内。

（7）实验完毕后，应将手洗干净后才能离开实验室。实验室值班人员负责打扫实验室公共卫生，值日生和最后离开实验室的人员应负责检查水、电、气开关和门窗是否关好。

2.1.2 实验室灭火知识

实验过程中一旦发生了火灾，切不要惊慌失措，应保持镇静。首先应立即切断室内一切火源和电源。然后根据具体情况正确地进行抢救和灭火。常用的方法有：

（1）在可燃液体着火时，应立即拿开着火区域内的一切可燃物质，关闭通风器，防止扩大燃烧。若着火面积较小，可用抹布、湿布、铁片或沙土覆盖，隔绝空气使之熄灭。但覆盖时要轻，避免碰坏或打翻盛有易燃溶剂的玻璃器皿，导致更多的溶剂流出而再着火。

（2）酒精及其他可溶于水的液体着火时，可用水灭火。

（3）汽油、乙醚、甲苯等有机溶剂着火时，应用石棉布或砂土扑灭。绝对不能用水，否则反而会扩大燃烧面积。

（4）金属钠着火时，可把砂子倒在它的上面。

（5）导线着火时不能用水及二氧化碳灭火器，应切断电源或用四氯化碳灭火器。

（6）衣服烧着时切忌奔走，可用衣服、大衣等包裹身体或躺在地上滚动，以灭火。

（7）发生火灾时应注意保护现场。较大的着火事故应立即报警。

2.1.3 实验室急救知识

在实验过程中不慎发生受伤事故，应立即采取适当的急救措施。

（1）割伤。受玻璃割伤及其他机械损伤时，首先必须检查伤口内有无玻璃或金属等物的碎片，然后用硼酸水洗净，再擦碘酒或紫药水，必要时用纱布包扎。若伤口较大或过深而大量出血，应迅速在伤口上部和下部扎紧血管止血，立即到医院诊治。

（2）烫伤。一般用浓的（90%~95%）酒精消毒后，涂上苦味酸软膏。如果伤处红痛或红肿（一级灼伤），可用橄榄油或用棉花沾酒精敷盖伤处；若皮肤起泡（二级灼伤），不要弄破水泡，防止感染；若伤处皮肤呈棕色或黑色（三级灼伤），应用干燥而无菌的消毒纱布轻轻包扎好，急送医院治疗。

（3）酸腐伤。先用大量清水冲洗，再用饱和碳酸氢钠溶液或稀氨水冲洗，然后再用水冲洗。如果酸液溅入眼内，应立即用大量清水长时间冲洗，再用质量分数为2%的硼砂溶液洗眼，然后用水冲洗。

（4）碱腐伤。先用大量的水冲洗，再用质量分数约为2%的HAc溶液冲洗，然后用水冲洗。如果碱液溅入眼内，应立即用大量水长时间冲洗，再用质量分数约为3%的 H_3BO_3 溶液洗眼，然后用水冲洗。

（5）若煤气中毒，应到室外呼吸新鲜空气，严重时应立即到医院诊治。若吸入 Br_2 蒸气、Cl_2、HCl等气体时，可吸入少量乙醇和乙醚混合蒸气来解毒。如吸入气体而感到不适，应立即到室外呼吸新鲜空气。

（6）水银容易由呼吸道进入人体，也可以经皮肤直接吸收而引起积累性中毒。严重中毒的征象是口中有金属气味，呼出气体也有气味；流唾液，牙床及嘴唇上有硫化汞的黑色；淋巴腺及唾液腺肿大。若不慎中毒时，应送医院急救。急性中毒时，通常用炭粉或呕吐剂彻底洗胃，或者食入蛋白或蓖麻油解毒并使之呕吐。

（7）触电时可按下述方法之一切断电路：关闭电源；用木棍使导线与被害者分开；使被害者和土地分离，急救时急救者必须做好防止触电的安全措施，手或脚必须绝缘。

2.2　实验常用仪器

2.2.1　计量仪器

2.2.1.1　量筒

用途：用于量取一定体积的液体。

操作：量取液体时，根据需要选取适当规格的量筒，应先往量筒里注液体到接近刻度，然后用滴管将液体逐滴加入，直到指定量，读数时应以液面最低点为准；量筒不能用于加热，不可用作反应器，不能在其中溶解物质、稀释和混合液体。

2.2.1.2　容量瓶

用途：准确配制一定体积和浓度的溶液。

操作：使用前查漏；禁止用容量瓶进行溶解操作；不可装冷或热的液体（20℃左右）；使用玻璃棒进行引流，切勿直接向容量瓶中倾倒液体；溶解用的烧杯和搅拌用的玻璃棒都要在转移后洗涤两三次；加水接近刻度线时改用胶头滴管进行定容。

2.2.1.3　移液管

用途：准确地移取一定量的液体。

操作：（1）应把吸耳球内的空气尽量挤压干净，并把吸耳球贴近移液管。（2）右手持管插入液面下约1cm，左手释放吸耳球，并让它吸取烧杯中的液体，同时防止吸入空气。（3）吸耳球轻轻吸取液体，当液面上升至刻度标线以上1cm时，迅速用右手食指堵住吸管，慢慢松动食指调整液面使其与标线相切。（4）释放液体时，将移液管插入接受容器中，使尖端接触器壁，使容器微倾斜，移液管直立，然后松开手指使溶液顺壁流下。（5）当把液体由移液管释放出来时，由于水分子的附着力，会有部分液体依附在管尖，这是正常现象，若移液管标有“吹”字，则应将管内剩余的溶液吹出。

2.2.1.4　滴定管

用途：准确量取一定体积液体的仪器，分为酸式和碱式滴定管。

操作：酸式滴定管的玻璃活塞必须与其配套，涂抹一定量的凡士林使玻璃塞旋转自如；使用前需查漏，调整液面时，使滴管尖嘴部分充满液体，读数时视线与管内凹液面的最低处保持水平。碱式滴定管使用前应检查橡皮管是否破裂老化、玻璃珠大小是否合适；使用前必须查漏，调整液面时，必须排除滴定管尖端的气泡，读数时视线与管内凹液面的最低处保持水平。

2.2.2　分离物质仪器

2.2.2.1　三角漏斗

用途：过滤液体或向容器中倾倒液体。

操作：一贴，用水润湿后的滤纸应紧贴漏斗壁。二低，滤纸边缘稍低于漏斗边缘，滤液液面稍低于滤纸边缘。三靠，玻璃棒紧靠3层滤纸边，烧杯紧靠玻璃棒，漏斗末端紧靠烧杯内壁。

2.2.2.2　布氏漏斗

用途：用于减压过滤的一种瓷质仪器。

操作：漏斗底部平放一张比漏斗内径略小的圆形滤纸，并用蒸馏水润湿；漏斗颈的斜口要面向抽滤瓶的抽气嘴；抽滤过程中，若漏斗内沉淀物产生裂纹，要用玻璃棒压紧消除；滤液不能超过抽气嘴；抽滤结束时，要先撤掉真空管，后关闭真空泵，以免发生倒吸。

2.2.2.3　分液漏斗

用途：用于互不相溶的液-液分离；用于制备反应中加液体。

操作：不能加热，磨口旋塞必须原配；使用前必须查漏；塞上涂一薄层凡士林，旋塞处不能漏液；分液时，下层液体从漏斗管流出，上层液体从上倒出。

2.2.3　可加热仪器

2.2.3.1　试管

用途：在常温或加热时，用作少量物质的反应容器；盛放少量固体或液体；用作收集少量气体。

操作：应用拇指、食指、中指三指握持试管上沿处，振荡时要腕动臂不动；作反应容器时液体不超过试管容积的1/2，加热时不超过1/3；加热前试管外面要擦干，加热时要用试管夹；加热液体时，管口不要对着人，并将试管倾斜与桌面成45°；加热固体时，管底应略高于管口。

2.2.3.2 烧杯

用途：常温或加热条件下可作为大量物质的反应容器，配制溶液用。

操作：反应液体不得超过烧杯容量的2/3；加热前将烧杯外壁擦干，烧杯底要垫石棉网。

2.2.3.3 锥形瓶

用途：加热液体，作气体发生的反应器，在蒸馏实验中作液体接收器。

操作：盛液不能过多；滴定时，只需振荡，不搅拌；加热时，需垫石棉网。

2.2.3.4 蒸发皿

用途：用于蒸发液体或浓缩溶液。

操作：可直接加热，但不能骤冷；盛液量不应超过蒸发皿容积的2/3；取放蒸发皿应使用坩埚钳。

2.2.3.5 坩埚

用途：用于灼烧固体物质。

操作：应用坩埚钳夹持，放到铁架台铁环上的泥三角上加热，瓷坩埚不能用于灼烧强碱性物质，铁坩埚不宜灼烧强酸性物质。

2.2.4 存取物质仪器

2.2.4.1 试剂瓶

用途：广口瓶可用于存放固体药品，也可用于装配气体发生器；细口瓶用于存放液体药品。

操作：不能加热，不能在瓶内配制溶液，磨口塞保持原配；酸性药品、具有氧化性的药品、有机溶剂要用玻璃塞，碱性试剂要用橡胶塞；对见光易变质的要用棕色瓶。

2.2.4.2 滴瓶

用途：用于盛装需按滴数加入液体的容器，与胶头滴管配套使用。

操作：使用时胶头在上，管口在下；滴管管口不能深入受滴容器；用过后应立即洗涤干净并插在洁净的试管内，未经洗涤的滴管严禁吸取别的试剂；滴瓶上的滴管必须与滴瓶配套使用。

2.2.4.3 药匙

用途：用于取用固体药品。

操作：药匙大多数由塑料制成，不易和一般药品起反应，使用时要擦干净。

2.2.4.4 集气瓶

用途：用于收集或贮存少量气体。

操作：在集气瓶内作燃烧实验时，要注意防止集气瓶炸裂。

2.2.5 其他常用仪器

2.2.5.1 比色皿

用途：用于装参比液、样品液，配套在光谱分析仪器上对物质进行定量、定性分析。

操作：拿取比色皿时，只能用手指接触两侧的毛玻璃，避免接触光学面；盛装溶液时，高度为比色皿的2/3处即可，并用滤纸吸附光学面上的残液；比色皿使用后应立即用水冲洗干净，必要时可用1∶1的盐酸浸泡，然后用水冲洗干净；严禁将比色皿放在火焰或电炉上进行加热或干燥箱内烘烤。

2.2.5.2 铁架台

用途：用于固定和支持各种仪器，一般常用于过滤、加热等实验操作。

操作：使用时，铁夹、铁圈和铁架台应在同一方向，确保重心要稳；夹持玻璃仪器不能太紧，内侧应衬上橡胶或石棉绳。

2.2.5.3 研钵

用途：用于研磨固体物质。

操作：研磨时，不得用杵敲击，放入被研磨物质量不超过研钵容积的1/3；需混合几种物质时（特别是其中有易燃物或强氧化剂），须将几种物质分别研磨后再混合。

2.2.5.4 试管夹

用途：用于夹持试管。

操作：使用时要防止烧损和锈蚀，应手持长柄。

2.3 实验样品采集与保存

合理的样品采集和保存方法，是保证检测结果能正确地反映被检测对象特征的重要环节。采集样品的代表性决定了分析结果的准确性、科学性和合理性。为了获得真实可靠的化验结果，必须使用正确的样品采集和保存方法，并及时分析化验。

为了取得具有代表性的样本，在样本采集以前，应根据被检测对象的特征拟定样本采集计划，确定采样地点、采样时间、样本数量和采样方法，并根据检测项目决定样本保存方法。力求做好所采集样本的组成成分或浓度与被检测对象一样，并在测试工作开展以前，各成分不发生显著的改变。

2.3.1　气体样本的采集与保存

2.3.1.1　气体样本的采集

A　气体样本采样点布设

a　采样点布设原则

采样点布设应遵循以下原则。

（1）应设在整个取样区域的高、中、低3种不同污染物浓度的地方。

（2）在污染源比较集中、主导风向比较明显的情况下，应将污染源的下风向作为主要的取样范围，布设较多的采样点，上风向布设少量点作为参照。

（3）工业较密集的城区和工矿区，人口密度大及污染物超标地区，要适当增设采样点，城市郊区和农村、人口密度较小及污染物浓度低的地区，可适当减少采样点。

（4）采样点的周围应开阔，采样口水平线与周围建筑物高度的夹角应不大于30°，测点周围无污染源，并应避开树木及吸附能力较强的建筑物，交通密集区的采样点应设在距人行道边缘至少15m远处。

（5）各采样点的设置条件应尽可能一致或标准化。

（6）采样高度根据实验目的而定，如研究大气污染对人体的危害，采样口应离地面1.5~2m；研究大气污染对植物或器物的影响，采样口应与植物或器物高度相近，连续采样例行监测采样口高度应距地面3~15m；若置于屋顶采样，采样口应与基础面有1.5m以上的相对高度，以减少扬尘的影响。特殊地形可以视情况选择采样高度。

b　采样点布设数目要求

采样点布设数目是与经济投资和精确要求相对应的一个效益函数，应根据监测范围大小、污染物的空间分布特征、人口分布及密度、气象条件、地形以及经济条件等因素综合考虑确定。具体规定见表2-1和表2-2。

表2-1　世界卫生组织（WHO）和世界气象组织（WMO）推荐的城市大气自动监测站（点）数目

市区人口/万人	飘尘	SO_2	NO_x	氧化剂	CO	风向、风速
≤100	2	2	1	1	1	1
100~400	5	5	2	2	2	2
400~800	8	8	4	3	4	2
>800	10	10	5	4	5	3

表2-2　我国大气环境污染例行监测采样点设置数目

市区人口/万人	SO_2、NO_x、TSP	灰尘自然降尘量	硫酸盐化速率
≤50	3	≥3	≥6
50~100	4	4~8	6~12
100~200	5	8~11	12~18

续表 2-2

市区人口/万人	SO_2、NO_x、TSP	灰尘自然降尘量	硫酸盐化速率
200~400	6	12~20	18~30
>400	7	20~30	30~40

c 采样布点方法

采样布点方法有网格布点法、功能区布点法、同心圆布点法和扇形布点法。

(1) 网格布点法。将监测区域的地面划分成若干均匀网状方格，采样点设在两条直线的交点处或方格中心。对于有多个污染源且污染源分布均匀的地区常用此法布设采样点，它能较好地反映检测物的空间分布。网格的大小视污染程度、人口密度以及人力、物力和财力条件而定。

(2) 功能区布点法。将监测区域划分为工业区、商业区、居住区、工业和居住混合区、商业繁华区、清洁区等，再根据具体污染情况和人力、物力条件，在各功能区设置一定数量的采样点。清洁对照点一般设在无污染区域或远郊地区，一般在污染较集中的工业区和人口较密集的居住区多设采样点。按功能区划分布点法多用于区域性常规监测。

(3) 同心圆布点法。此种布点方法主要用于多个污染源构成的污染群或污染集中的地区。布点是以污染源为中心画出同心圆，半径视具体情况而定，再从同心圆画 45°夹角的射线若干，放射线与同心圆圆周的交点即是采样点。

(4) 扇形布点法。适用于孤立的高架点源，而且主导风向明显的地区。以污染源所在位置为顶点，在常年主导风向下风向的扇形区域不同距离设置采样点，同时在无污染区选择对照点。扇形的角度一般为 45°，不超过 90°。

d 采样时间和频率

气体样本采样频率和时间视实验目的而定。如果是事故性污染和初步调查等情况的应急监测，可允许短时间周期采样；对于其他用途试样，为了增加采样的可信度，应增加采样时间。增加采样时间的方法有两种：一种是增加采样频率；二是采用自动采样仪器进行连续自动采样。我国居住区大气的卫生标准通常要求检测空气中有害物质的一次最高容许浓度和日平均最高容许浓度。因此，对城镇空气污染状况调查时，应选择每日适当的时间（包括夜间）多次采样。这样既可以测得空气检测物的一次最高浓度，又可得到其日平均浓度。

在 GB 3095—2012《环境空气质量标准》中，要求测定日平均浓度和最大一次浓度。若采用人工采样测定，应满足以下要求：

(1) 应在采样点受污染最严重的时期采样测定；

(2) 最高日平均浓度全年至少监测 20d，最大一次浓度样本不得少于 25 个；

(3) 每日监测次数不少于 3 次。

B 气体样本的采样方法

采集大气样品的方法可归纳为直接采样法和富集（浓缩）采样法两类。

(1) 直接采样法。直接采样法适用于大气中被测组分浓度较高或监测方法灵敏度高的情况，这时不必浓缩，只需用仪器直接采集少量样品进行测定即可。此法测得的结果为瞬时浓度或短时间内的平均浓度。常用的采样容器有注射器、塑料袋、采气管、真空瓶等。

（2）富集（浓缩）采样法。富集采样法是使大量的样气通过吸收液或固体吸收剂得到吸收或阻留，使原来浓度较小的污染物质得到浓缩，利于分析测定。此法适用于大气中污染物质浓度较低（10^{-12}～10^{-6}）的情况。采样时间一般较长，测得结果可代表采样时段的评价浓度，更能反映大气污染的真实情况。具体采样方法包括溶液吸收法、固体阻留法、滤料阻留法、低温冷凝法、自然积集法等。

2.3.1.2 气体样品的保存

一般监测人员都希望气体试样在采集后马上进行分析，不保存或运输，不使待测成分损失、变质、污染、挥发和被吸附。从采样到分析这段时间里，在保存或运输过程中，试样由于受物理、化学或生物的作用，将会带来各种变化。一般来说，气体样本采集后应尽快送至实验室分析，以保证样本的代表性。在运送过程中，应保证气体样本的密封，防止不必要的干扰。贮存和运输过程中要避开高温和强光。各样品要标注保质期，且需在保质期前检测，超过保存期限的样品，要按照相关规定及时处理。

由于样本采集后往往要放置一段时间才能分析，所以对采样器有稳定性方面的要求。要求在放置过程中样本能够保持稳定，尤其是对那些活泼性较大的污染物以及那些吸收剂不稳定的采样器。

测定采样器的稳定性实验具体如下。

将3组采样器按每组10个暴露在被测试物浓度为$1S$或$5S$（S为被测物卫生标准容许浓度值）、相对湿度为80%的环境中，暴露时间为推荐最大采样时间的一半。第一组在暴露后当天分析；第二组放在冰箱中（5℃）至少2周后分析；第三组放在室温（25℃）1周或2周后分析。如果样本放置第二组或第三组与当天分析组（第一组）的平均测定值之差在95%概率的置信度小于10%，则认为样本在放置的时间内是稳定的。

若观察样本在暴露过程中的稳定性，则可将标准样本加到吸收层上，在清洁空气中晾干后分成两组，第一组立即分析；第二组在室温下放置至少为推荐的最大采样时间或更长时间（如1周）后再分析，将结果与第一组结果相比较，以评价采样器在室温下暴露过程中和放置期间的稳定性。要求采样器所采用的样本在暴露过程中是稳定的，并有足够的放置稳定时间。

2.3.2 液体样本的采集与保存

2.3.2.1 水样的采集

供分析用的水样，应该能够充分代表该水的全面性，并必须不受任何意外的污染。首先必须做好现场调查和资料收集，如气象条件、水文地质、水位水深、河道流量、用水量、污水废水排放量、废水类型、排污去向等。水样的采集方法、次数、深度、位置、时间等均由采样分析目的来决定。下面介绍采样点位的确定方法。

（1）地表水采样点位确定。在确定地表水采样点位时，应考虑：采样断面在总体和宏观上应能反映水系或区域的水环境质量状况；各断面的具体位置应能反映所在区域环境的污染特征；尽可能以最少的断面获取有足够代表性的环境信息，并考虑实际采样的可行性及方便性。采样断面分为背景断面、对照断面、控制断面、消减断面和管理断面等。在一个监测断面上设置的采样垂线数与各采样垂线上的采样点数见表 2-3 和表 2-4，湖（库）监测垂线上的采样点的布设应符合表 2-5 的要求。

表 2-3 采样垂线数的设置

水面宽/m	垂线	说明
≤50	1 条（中泓）	（1）垂线布设应避开污染带，要测污染带应另加垂线； （2）确能证明该断面水质均匀时，可仅设中泓 1 条垂线； （3）凡在该断面要计算污染物通量时，须按本表设置垂线
50~100	2 条（左、右）	
>100	3 条（左、中、右）	

表 2-4 采样垂线上的采样点数的设置

水深/m	垂线	说明
≤5	上层 1 点	（1）上层指水面下 0.5m，在水深不到 0.5m 时，在水深 1/2 处； （2）下层指河底以上 0.5m 处，中层指 1/2 处； （3）封冻时在水下 0.5m 处，水深不到 0.5m 时，在水深 1/2 处
5~10	上下层 2 点	
>10	上中下层 3 点	

表 2-5 湖（库）监测垂线采样点的设置

水深/m	分层情况	采样点数	说明
≤5		1 点（水面下 0.5m 处）	（1）分层是指湖（库）水温度分层状况； （2）水深不足 1m，在水深 1/2 设置测点； （3）有充分数据证实垂线水质均匀时，可酌情减少测点
5~10	不分层	2 点（水面下 0.5m，水底以上 0.5m 处）	
	分层	3 点（水面下 0.5m，1/2 斜温层，水底以上 0.5m 处）	
>10		除水面下 0.5m 处、水底以上 0.5m 处外，按每一层斜温分层 1/2 处设置	

（2）污水采样点位确定。污染源的采样取决于调查的目的和检测分析工作要求。采样涉及时间、地点和频次 3 个方面。采样前应了解污染源的排放规律和污水中污染浓度的时空变化，必须在全面掌握与污水排放有关的工艺流程、污水类型、排放规律、污水管网走向等情况的基础上确定采样点位。污水采样点位的布设原则为：

1）第一类污染物采样点位一律设在车间排放口或专门处理此类污染物设施的排放口。

2）第二类污染物采样点位一律设在排污单位的外排口。

3）进入集中污水处理厂和进入城市污水管网的污水应根据地方环境保护行政主管部门的要求确定。

4）污水处理设施效率监测采样点的布设：对整体污水处理设施效率进行监测时，在进入污水处理设施各种污水的入口和污水处理设施的总排口设置采样点；对各污水处理单元进行效率监测时，在进入污水处理单元各种污水的入口和污水处理单元的排口设置采样点。

2.3.2.2 水样的预处理

水样的组成复杂并且污染组分的存在形态不同，所以在水样测定以前需要对其进行有针对性的预处理，水样的预处理工作十分复杂，需要根据所采集水样的实际情况来进行预处理方法的判定。水的浊度会影响水质分析的结果，对浊度较高的水样需要通过过滤方法进行预处理，也可通过离心分离或蒸发等方法来处理。在水样中需要测定的组分过低而影响水样分析的情况下，需要进行富集和分离处理，常用的富集和分离方法有过滤、挥发、溶剂萃取、离子交换等。若水样中含有过多有机物，需要进行消解处理，消解是指将有机物、悬浮颗粒等干扰组分分解，如在许多废水和污水的分析中，水样中的有机物会和其中的金属离子发生配合反应，所以在这些情况下消解处理能够减小有机物对污水分析的影响，消解水样包括湿式消解法和干式消解法，应当以水样中无沉淀、清澈、透明为标准。

2.3.2.3 水样的保存

各种水质的水样，从采集到分析这段时间里，由于物理的、化学的和生物的作用会发生不同程度的变化，这些变化使得进行分析时的样本已不再是采样时的样本，为了使这种变化降低到最小的程度，必须在采样时对样本加以保护。

水样发生变化的原因包括以下几个方面。

(1) 生物作用。细菌、藻类及其他生物体的新陈代谢会消耗水样中的某些组分，产生一些新的组分，改变一些组分的性质，生物作用会对样本中待测的一些项目，如溶解氧、二氧化碳、含氮化合物、磷及硅等的含量产生影响。

(2) 化学作用。水样各组分间可能发生化学反应，从而改变某些组分的含量与性质。例如，溶解氧或空气中的氧能使二价铁、硫化物等氧化，聚合物可能解聚，单体化合物也有可能聚合。

(3) 物理作用。光照、温度、静置或振动、敞露或密封等保存条件及容器材质都会影响水样的性质。如温度升高或强振动会使得一些物质如氧、氰化物及汞等挥发；长期静置会使 $Al(OH)_3$、$CaCO_3$ 及 $Mg_3(PO_4)_2$ 等沉淀。某些容器的内壁能不可逆地吸附或吸收一些有机物或金属化合物等。水样在储存期内发生变化的程度主要取决于水的类型及水样的化学性质和生物学性质，也取决于保存条件、容器材质、运输及气候变化等因素。必须强调的是，这些变化往往非常快，常在很短的时间里样本就明显地发生了变化，因此，必须在一定情况下采取必要的保护措施，并尽快进行分析。

无论是生活污水、工业废水还是天然水，实际上都不可能完全不变化地保存。使水样的各组成成分完全稳定是做不到的，合理的保存技术只能延缓各组成成分的化学、生物学性质的变化。各种保存方法旨在延续生物作用、化合物和配合物的水解以及已知各组成成分的挥发。

一般来说，采集水样和分析之间的时间间隔越短，分析结果越可靠。对于某些成分（如溶解性气体）的物理特性（如温度）应在现场立即测定。水样允许存放的时间随水样的性质、所要检测的项目和储存条件而定，采样后立即分析最为理想。水样存放在暗处和低温（4℃）环境中可大大延缓生物繁殖所引起的变化。大多数情况下，低温储存可能是最好的方法。当使用化学保存剂时，应在灌瓶前就将其加到水样瓶中，使刚采集的水样得到保存，但所有保存剂都会对某些试剂产生干扰，影响测试结果。没有一种单一的保存方法能完全令人满意，一定要针对所要检测的项目选择合适的保存方法。水样的具体保存方法可参考 HJ 493—2009《水质采样样品的保存和管理技术规定》。

2.3.3 固体样本的采集与保存

2.3.3.1 固体样本的采集

A 固体样本采样点布设

a 固体废物样本的采样点布设

(1) 垃圾收集点的采样。各类垃圾收集点的采样在收集点收运垃圾前进行。在大于 $3m^3$ 的设施（箱、坑）中采用立体对角线布点法：在等距点（不少于 3 个）采集等量的固体废物，共 100~200kg。在小于 $3m^3$ 的设施（箱、桶）中，每个设施采 20kg 以上，最少采 5 个，共 100~200kg。

(2) 混合垃圾点采样。应采集当日收运到堆放处理厂的垃圾车中的垃圾，在间隔的每辆车内或其卸下的垃圾堆中采用立体对角线法在 3 个等距点采集等量垃圾 20kg 以上，最少采 5 个，总共 100~200kg。在垃圾车中采样，采样点应均匀分布在车厢的对角线上，端点距车角应大于 0.5m，表层去掉 30cm。

(3) 废渣堆采样布点法。在渣堆侧面距离堆底 0.5m 处画第一条横线，然后每隔 0.5m 画一条横线；再每隔 2m 画一条横线的垂线，以其交点作为采样点。

b 土壤样本的采样点布设

污染土壤样本的采样点应在调查研究的基础上，选择一定数量能代表被调查地区的地块作为采样单元（0.13~0.2hm^2），在每个采样单元中，布设一定数量的采样点。采样点的布设视污染情况和实验目的而定，同时应尽量照顾到土壤的全面情况。布设方法有以下几种。

(1) 对角线布点法。该法适用于面积小、地势平坦的污水灌溉或受污染河水灌溉的田块。布点方法是由田块进水口向对角线引一斜线，将此对角线三等分，在每等分段的中间设一采样点，即每一田块设 3 个采样点，根据调查目的，田块面积和地形等条件可做变动，多划分几个等分段，适当增加采样点。

(2) 梅花形布点法。该法适用于面积较小、地势平坦、土壤较均匀的田块，中心点设在两对角线相交处，一般设 5~10 个采样点。

(3) 棋盘式布点法。这种布点方法适用于中等面积、地势平坦、地形完整开阔但土壤较不均匀的田块，一般设 10 个以上采样点。此法也适用于受固体废物污染的土壤，因为固体废物分布不均匀，应设 20 个以上采样点。

(4) 蛇形布点法。这种布点方法适用于面积较大、地势不很平坦、土壤不够均匀的田块，布设采样点数很多。

B 固体样本采样方法

a 固体废物样本采集方法

在根据取样地特征以及实验目的选择好采样点布设方法后，采用相应的工具进行固体废物样本采样。对于固体废物中底泥和沉积物样本（如河道底泥、城市垃圾中的下水道污泥等），其形态和位置较为特殊，主要采集方法有如下两种。

(1) 直接挖掘法。此法适用于大量样本的采集或一般需求样本的采集。在无法采到很深的河、海、湖底泥的情况下，亦可采用沿岸直接挖掘的方法。但是采集的样本极易相互混淆，当挖掘机打开时，黏度不够的泥土组分容易流失，这时可以采用自制的工具采集。

(2) 装置采集法。采用类似岩芯提取器的采集装置，适用于采样量较大而不宜相互混淆的样本，用这种装置采集的样本，同时也可以反映沉积物不同深度层面的情况。使用金属采样装置，需要内衬塑料内套以防止金属沾污。当沉积物不是非常坚硬难以挖掘时，甲基丙烯酸甲酯有机玻璃材料可以用来制作提取装置。对于深水采样，需要能在船上操作的机动提取装置，倒出来的沉积物可以分层装入聚乙烯瓶中储存。在某些元素的形态分析中，样本的分装最好在充有惰性气体的胶布套箱里完成，以避免一些组分的氧化或引起形态分布的变化。

b 土壤样本采集方法。

土壤样本采集方法主要根据土壤样本实验的目的不同而定。一般了解土壤污染状况，只需取 0~15cm 或 0~20cm 表层或耕层土壤，使用土壤采样铲采样。如果需要了解土壤污染深度，则应按土壤剖面层次分层采样。采集土壤剖面样本时，需在特定采样地点挖掘一个 1m×1.5m 左右的长方形土坑，深度在 2m 以内，一般要求达到母质或潜水处即可。根据土壤剖面颜色、结构、质地、松紧度、温度、植物根系分布等划分土层，并进行仔细观察，将剖面形态、特征自上而下逐一记录，然后在各层次典型的中部自下而上逐层采样，在各层内分别用小土铲切取一片片土壤样，每个采样点的取土深度和取样量应一致。根据实验目的和要求可以获得分层试样或混合样。用于重金属分析的样本，应将和金属采样器接触部分的土样弃去。

C 固体样本采样注意事项

在固体样本的采样过程中，应当注意以下几点。

(1) 采样应在无大风、雨、雪的条件下进行。

(2) 在同一市区每次各点的采样应尽可能同时进行。

(3) 污染土壤样本的取样应以污染源为中心，根据污染扩散的各种因素选择在一个或几个方向上进行。

(4) 土壤背景值的采样过程中，在各层次典型中心部位应自下而上采样，切忌混淆层次、混合采样。

2.3.3.2 固体样本的保存

A 固体废物样本的保存

固体废物采样后应立即分析，否则必须将样本摊铺在室内阴凉干燥的铺有防渗塑胶布的水泥地面上，厚度不超过 50mm，并防止样本损失和其他物质的混入，保存期不超过 24h。

固体废物采样后一般不便于直接进行实验测定，为便于长期保存，需要进行样本的制备。制样程序一般有两个步骤：粉碎和缩分。首先用机械或人工的方法将全部样本逐级破碎，通过5mm筛孔。粉碎过程中不可随意丢弃难以破碎的颗粒。缩分采用四分法进行，将粉碎后样本于清洁、平整、不吸水的板面上堆成圆锥形，每铲物料自圆锥顶端落下，使其均匀地沿锥尖散落，不可使圆锥中心错位。反复转堆，至少3周，使其充分混合。然后将圆锥顶端轻轻压平，摊开物料后，用“十字”板自上压下，分成4等份，取两个对角的等份，重复操作次数，直至不少于1kg试样为止。制好的样本密封于容器中保存（容器应对样本不产生吸附，不使样本变质），贴上标签备用。特殊样本可采取冷冻或充惰性气体等方法保存。制备好的样本，一般有效保存期为3个月，易变质的试样不受此限制。

对于底泥和沉积物的贮存，要求放置于惰性气体保护的胶皮套箱中以避免氧化。岩芯提取器采集的沉积物样本可利用气体压力倒出，分层放于聚乙烯容器中。干燥的沉积物可以贮存在塑料或玻璃容器中，各种形态的金属元素含量不会发生变化。湿的样本在4℃保存或冷冻贮存。最好的方法是密封在塑料容器里并冷冻存放，这样可以避免铁的氧化，但容易引起样本中金属元素分布的变化。

B 土壤样本的保存

土壤样本一般先经过风干、磨碎、过筛等制备过程，然后进行保存。

土壤样本的保存周期一般较长，为半年至1年，以备必要时查核。保存时常使用玻璃材质容器，聚乙烯塑料容器也是推荐的容器。

将风干的土样储存于洁净的玻璃或聚乙烯容器内，在常温、阴凉、干燥、避日光和酸碱气体、密封（石蜡封存）条件下保存30个月是可行的。

2.4 误差分析及数据处理

2.4.1 实验误差分析

2.4.1.1 真值与平均值

真值是待测物理量客观存在的确定值，也称理论值或定义值。通常真值是无法测得的。若在实验中，对同一项目测量的次数无限多时，根据误差分布定律正负误差出现的概率相等的概念，求得各测试值的平均值，在无系统误差的情况下，此值为接近真值的数值。一般来说，测试次数总是有限的，用有限测试次数求得的平均值，只能是真值的近似值。常用的平均值有下列几种。

（1）算术平均值。算术平均值是最常见的一种平均值，当观测值呈正态分布时，算术平均值最近似真值。设x_1、x_2、…、x_n为各次测量值，n代表测量次数，则算术平均值为：

$$\bar{x}=\frac{x_1+x_2+\cdots+x_n}{n}=\frac{1}{n}\sum_{i=1}^{n}x_i \tag{2-1}$$

（2）几何平均值。如果一组观测值是非正态分布，当对这组数据取对数后，所得图形的分布曲线更对称时，常用几何平均值。几何平均值是一组n个观测值相乘并开n次方求得的值，计算公式如下：

$$\bar{x} = \sqrt[n]{x_1 x_2 x_3 \cdots x_n} \tag{2-2}$$

（3）均方根平均值。均方根平均值应用较少，其计算公式如下：

$$\bar{x} = \sqrt{\frac{x_1^2 + x_2^2 + \cdots + x_n^2}{n}} = \sqrt{\frac{\sum_{i=1}^{n} x_i^2}{n}} \tag{2-3}$$

（4）加权平均值。若对同一事物用不同方法去测定，或者由不同的人去测定，计算平均值时，常用加权平均值。计算公式如下：

$$\bar{x} = \frac{w_1 x_1 + w_2 x_2 + \cdots + w_n x_n}{w_1 + w_2 + \cdots + w_n} = \frac{\sum_{i=1}^{n} w_i x_i}{\sum_{i=1}^{n} w_i} \tag{2-4}$$

式中，w_1、w_2、…、w_n 代表与各观测值相应的权，其可以是观测值的重复次数或观测者在总数中所占的比例，或者根据经验确定。

（5）中位值。中位值是指一组观测值按大小依次排序的中间值。若观测次数是偶数，则中位值为正中两个数的平均值。中位值的优点是能简单直观说明一组测量数据的结果，且不受两端具有过大误差数据的影响；缺点是不能充分利用数据，因而不如平均值准确。

2.4.1.2 误差及其分类

在实验中，由于被测量的数值形式通常不能以有限位数表示，且因受认识能力和科技水平的限制，测量值与其真值并不完全一致，这种差异表现在数值上称为误差。误差存在于一切实验中。误差根据其性质及形成原因可分为系统误差、偶然误差和过失误差。

（1）系统误差（恒定误差）。系统误差是指在测定中由未发现或未确认的因素所引起的误差，这些因素使测定结果永远朝一个方向发生偏差，其大小及符号在同一实验中完全相同。产生系统误差的原因包括仪器不良（如刻度不准、砝码未校正等）、环境的改变（如外界温度、压力和湿度的变化等）、个人习惯和偏向（如读数偏高或偏低等）等。这类误差可根据仪器性能、环境条件或个人偏差等加以校正克服，使之降低。

（2）偶然误差（随机误差）。在相同的观测条件下做一系列的观测，如果误差在大小、符号上都表现出偶然性，即从单个误差看，该列误差的大小和符号没有规律性，这种误差称为偶然误差。偶然误差的产生原因一般不清楚，无法人为控制。但是，倘若对某一量值做足够多次的等精度测量后，就会发现偶然误差完全服从统计规律，误差的大小或正负的出现完全由概率决定。因此，偶然误差可用概率理论处理数据而加以避免。

（3）过失误差。过失误差又称为错误，是由实验人员的不正确操作或粗心等引起的，是一种与事实明显不符的误差。过失误差无规律可循，只要加强责任感，多方警惕，细心操作，过失误差是可以避免的。

2.4.1.3 误差的表示方法

A 绝对误差与相对误差

a 绝对误差

对某一指标进行测试后，观测值与真值之间的差值称为绝对误差。绝对误差用以反映观测值偏离真值的程度大小，其单位与观测值相同。即：

$$绝对误差=观测值-真值 \tag{2-5}$$

b 相对误差

绝对误差与真值的比值称为相对误差。相对误差用于对不同观测结果可靠性的对比，常用百分数表示。即：

$$相对误差=\frac{绝对误差}{真值}\times 100\% \tag{2-6}$$

B 绝对偏差与相对偏差

a 绝对偏差（d_i）

对某一指标进行多次测试后，某一观测值与全部观测值的均值之差，称为绝对偏差。即：

$$d_i = x_i - \bar{x} \tag{2-7}$$

b 相对偏差

绝对偏差与平均值的比值称为相对偏差，常用百分数表示。即：

$$相对偏差 = \frac{d_i}{\bar{x}} \times 100\% \tag{2-8}$$

C 算术平均偏差与相对平均偏差

a 算术平均偏差（δ）

观测值与平均值之差的绝对值的算术平均值称为算术平均偏差。即：

$$\delta = \frac{\sum_{i=1}^{n} |x_i - \bar{x}|}{n} = \frac{\sum_{i=1}^{n} |d_i|}{n} \tag{2-9}$$

b 相对平均偏差

算术平均偏差与平均值的比值称为相对平均偏差。即：

$$相对平均偏差 = \frac{\delta}{\bar{x}} \times 100\% \tag{2-10}$$

D 标准偏差与相对标准偏差

a 标准偏差（σ）

标准偏差也叫均方根偏差、均方偏差、标准差，是指各观测值与平均值之差的平方和的算术平均值的平方根。即：

$$\sigma = \sqrt{\frac{\sum_{i=1}^{n} (x_i - \bar{x})^2}{n}} \tag{2-11}$$

在有限观测次数中，标准偏差常用下式表示：

$$\sigma = \sqrt{\frac{\sum_{i=1}^{n} (x_i - \bar{x})^2}{n - 1}} \tag{2-12}$$

由此可以看出，观测值越接近平均值，标准偏差越小；观测值与平均值相差越大，标准偏差越大。

b 相对标准偏差

相对标准偏差又称变异系数，是样本的标准偏差与平均值的比值。相对标准偏差记为 RSD，变异系数记为 CV。计算方法如下：

$$\mathrm{RSD(CV)} = \frac{\sigma}{\bar{x}} \times 100\% \tag{2-13}$$

2.4.1.4 误差分析

A 单次测量值误差分析

环境工程实验的影响因素较多，有时由于条件限制或准确度要求不高，特别是在动态实验中不容许对被测值做重复测量，故实验中往往对某些指标只能进行一次测定。例如，曝气设备清水充氧实验中，取样时间、水中溶解氧值测定（仪器测定）、压力计量等，均为一次测定值。这些测定值的误差应根据具体情况进行具体分析，对于偶然误差较小的测定值，可按仪器上注明的误差范围分析计算，无注明时，可按仪器最小刻度的1/2作为单次测量的误差。

B 重复多次测量值误差分析

在条件允许的情况下，进行多次测量可以得到比较准确可靠的测量值，并用测量结果的算术平均值近似替代真值。误差的大小可用算术平均偏差和标准偏差来表示。

采用算术平均偏差表示误差时，真值可表示为：

$$a = \bar{x} \pm \delta \tag{2-14}$$

采用标准偏差表示误差时，真值可表示为：

$$a = \bar{x} \pm \sigma \tag{2-15}$$

工程中多用标准偏差来表示。

C 间接测量值误差分析

实验过程中，由实测值经过公式计算后获得另外一些测得值被用来表达实验结果，或用于进一步分析，这些由实测值计算而得的测量值称为间接测量值。由于实测值均存在误差，间接测量值也存在误差，称为误差的传递。表达各实测值误差与间接测量值间关系的公式称为误差传递公式。

2.4.2 实验数据处理

2.4.2.1 有效数字及其运算

A 有效数字

实验测定总含有误差，因此表示测定结果数字的位数应恰当，不宜太多，也不能太少。太多容易使人误认为测试的精密度很高，太少则精密度不够。数值准确度大小由有效数字位数来决定。有效数字，即表示数字的有效意义，它规定一个有效数字只保留最后一位数字是可疑的或者说是不准确的，其余数字均为确定数字或者是准确数字。

由有效数字构成的数值与通常数学上的数值在概念上是不同的。例如 12.3、12.30、12.300 这 3 个数在数学上是表示相同数值的数，但在分析上，它不仅反映了数字的大小，而且反映了测量这一数值的准确程度。第一个数值（12.3）表示测量的准确程度为 0.1，相对误差为 0.1/12.3×100%＝0.8%；第二个数值（12.30）表示测量的准确程度为 0.01，相对误差为 0.01/12.30×100%＝0.08%；第三个数值（12.300）表示测量的准确程度达到 0.001，相对误差为 0.001/12.300×100%＝0.008%。3 个数字反映了 3 种测量情况，这 3 个数字的区别就是有效数字位数不同，它们分别是 3 位有效数字、4 位有效数字和 5 位有效数字。

B　有效数字运算

（1）记录测量数值时，只保留 1 位可疑数字，其余数一律弃去。

（2）计算有效数字位数时，若首位有效数字是 8 或 9 时，则有效数字位数要多计 1 位，例如 9.35，虽然实际上只有 3 位，但在计算有效数字时可作 4 位计算。

（3）当有效数字位数确定后，其余数字一律舍弃。舍弃办法是四舍六入，即末位有效数字后边第一位小于 5，则舍弃不计；大于 5 则在前一位数上增 1；等于 5 时，前一位为奇数，则进 1 为偶数，前一位为偶数，则舍弃不计。

（4）在加减运算中，运算后得到的数所保留的小数点后的位数，应与所给各数中小数点后位数最少的相同。

（5）在乘除运算中，各数所保留的位数，以各数中有效数字位数最少的那个数为准，其结果的有效数字位数亦应与原来各数中有效数字最少的那个数相同。

（6）在对数计算中，所取对数位数与真数有效数字位数相同。

（7）计算平均值时，若为 4 个数或超过 4 个数相平均时，则平均值的有效数字位数可增加 1 位。

2.4.2.2　实验数据处理

在对实验数据进行误差分析、整理并剔除错误数据和分析各个因素对实验结果的影响后，还要将实验所获得的数据进行归纳整理，用表格、图形或经验公式加以表示，以找出影响研究对象的各因素之间的规律，为得到正确的结论提供可靠的信息。常用的实验数据表示方法有列表表示法、图形表示法和方程表示法 3 种。表示方法的选择主要是依靠经验，可用其中的一种或多种方法同时表示。

A　列表表示法

列表表示法是将一组实验数据中的自变量、因变量的各个数值依一定的形式和顺序一一对应列出来，借以反映各变量之间的关系。列表法具有简单易做、形式紧凑、数据容易参考比较等优点，但对客观规律的反映不如图形表示法和方程表示法明确，在理论分析方面使用不方便。完整的表格应包括表的序号、表题、表内项目的名称和单位、说明及数据来源等。

实验数据表可以分为原始记录数据表和整理计算数据表两大类。原始记录数据表在实验前就需要设计好，以便能清楚地记录原始数据。整理计算数据表应简明扼要，只需表达物理量的计算结果，有时还可以列出实验结果的最终表达式。

拟定实验数据表需注意以下事项：

(1) 数据表的表头要列出物理量的名称、符号和单位。

(2) 注意有效数字的位数。

(3) 物理量的数值较大或较小时，要用科学计数法表示。

(4) 每一个数据表都应有表号和表题，并应标注在表的上方。

(5) 填写数据应清晰、整齐。错误的数据应用单线划掉，并将正确的数据写在其下面。

B 图形表示法

实验数据图形表示法是将实验数据在坐标纸上绘制成图线来反映研究变量之间的相互关系的一种表示法。图形表示法的优点在于形式直观清晰，便于比较，容易看出实验数据中的极值点、转折点、周期性、变化率及其他特异性。当图形做得足够准确时，可以在不必知道变量间的数学关系的情况下进行微积分运算，因此用途非常广泛。

实验数据图形表示法的步骤如下：

(1) 坐标纸的选择。坐标纸分为直角坐标纸、半对数坐标纸、双对数坐标纸等，做图时要根据研究变量之间的关系进行选择应用。

(2) 坐标轴及坐标分度。一般以 x 轴代表自变量，y 轴代表因变量。在坐标轴上应注明名称及所用计量单位。

坐标分度的选择应使每一点在坐标纸上都能迅速方便找到。坐标的原点不一定是零点，可用小于实验数据中最小值的某一整数作为起点，大于最大值的某一整数作为终点。坐标分度应与实验精度一致，不宜过细，也不能过粗。两个变量的变化范围表现在坐标纸上的长度应相差不大，以使图线尽可能显示在图纸正中。

(3) 描点与做曲线。描点即将实验所得的自变量与因变量一一对应的点描在坐标纸上。当同时需要描述几条图线时，应采用不同的符号加以区别，并在空白处注明各符号所代表的意义。

做曲线时，若实验数据较充分，自变量与因变量呈函数关系，可做出光滑连续的曲线；若数据不够充分，不易确定自变量与因变量之间的关系，或者自变量与因变量不一定呈函数关系时，此时最好做折线图（即各点用直线连接）。

(4) 注解说明。每个图形下面应有图名，将图形的意义清楚准确地表示出来，有时在图名下还需加以简要说明。此外，还应注明数据的来源，如作者姓名、实验地点、日期等。

C 方程表示法

实验数据用列表或图形表示后，使用时虽然比较直观简便，但不便于理论分析研究，故常需要用数学表达式来反映自变量与因变量的关系。方程表示法通常包括下面两个步骤。

(1) 选择经验公式。表示一组实验数据的经验公式应该是形式简单紧凑，式中系数不宜太多。一般没有一个简单方法可以直接获得一个较理想的经验公式，通常是先将实验数据在直角坐标纸上描点，再根据经验和解析几何知识推测经验公式的形式，若经验表明此形式不够理想，则应另立新式，再进行实验，直至得到满意的结果为止。表达式中容易直接用于实验验证的是直线方程，因此，应尽量使所得函数的图形呈直线式。若得到的函数的图形不是直线式，可以通过变量变换，使所得图形变为直线。

（2）确定经验公式的系数。确定经验公式系数的方法包括直线图解法、一元线性回归法和一元非线性回归法。下面逐一介绍各种方法。

1）直线图解法。直线图解法是选择直线方程 $y=a+bx$ 为表达式，通过做直线图求得系数 a 和 b 数值的方法。具体方法为：将自变量与因变量一一对应的点绘在坐标纸上做直线，使直线两边的点数基本相等，并使每一个点尽可能靠近直线。所得直线的斜率即为系数 b，y 轴上的截距即为系数 a。

直线图解法的特点是简便易行，但由于每个人做直线的感觉不同而产生误差，因此，精度较差。直线图解法适用于可直接绘成一条直线或经过变量转换后可变为直线的情况。

2）一元线性回归法。一元线性回归就是工程中经常遇到的配直线的问题，即两个变量 x 和 y 存在一定的线性相关关系，通过实验取得数据后，用最小二乘法求出系数 a 和 b，并建立回归方程 $y=a+bx$（称为 y 对 x 的回归）。所谓最小二乘法，就是要求实验各点与直线的偏差的平方和达到最小，因此而得的回归线即为最佳线。

3）一元非线性回归法。实际问题中，有时两个变量之间的关系并非线性关系，而是某种曲线关系，这就需要用曲线作为回归线。变量函数关系类型一般可以根据已有的专业知识分析确定，当事先无法确定变量间函数关系的类型时，可以先根据实验数据做散点图，再根据散点图的分布形状以及所掌握的专业知识与解析几何知识，选择相近的已知曲线配合确定函数类型。

函数类型确定后，需要确定函数关系式中的系数。对于已知曲线的关系式，有些只要经过某种变换就可以变成线性关系式。因此，系数的确定方法如下：先通过变量变换把非线性函数关系转化为线性函数关系；在新坐标系中用线性回归方法配出回归线；最后再通过变量变换还原，即得所求回归方程。

如果散点图所反映的变量之间的关系与两种以上函数类型相似，无法确定选用哪一种曲线形式更合适时，可全部都做回归线，再计算它们的剩余标准差并进行比较，剩余标准差最小的类型为最佳函数类型。

3 水污染控制工程实验

3.1 基础实验

3.1.1 混凝沉淀实验

3.1.1.1 实验目的

(1) 观察矾花的形成过程及混凝沉淀效果，加深对混凝机理的理解。

(2) 学会确定最佳混凝条件（包括投药量、pH 值）的基本方法。

(3) 了解影响混凝条件的主要因素。

3.1.1.2 实验原理

混凝阶段处理的对象主要包括水中悬浮物和胶体杂质等。混凝过程的完善程度对后续处理（如沉淀、过滤等）影响很大，也是水处理工艺中十分重要的环节。天然水中存在着大量形态各异的悬浮物，有些大颗粒悬浮物可在自身重力作用下实现沉降过程，但水中的胶体颗粒靠自然沉降是不能除去的，这是因为分散在水中的胶体颗粒带有电荷，同时在布朗运动及其表面水化膜作用下，长期处于稳定分散状态，难以用自然沉淀法去除，导致水中这种混浊状态稳定，这也是水体产生混浊现象的一个重要原因。通过向水中加入混凝剂后，由于降低了颗粒间的排斥能峰，降低胶粒的 ζ 电位，实现胶粒脱稳，同时，也能发生高聚物式高分子混凝剂的吸附架桥作用、网捕作用，从而达到颗粒物的凝聚，最终沉淀从水中分离出来。消除或降低胶体颗粒稳定因素的过程叫脱稳，脱稳后的胶粒在一定的水力条件下，才能形成较大的絮凝体，俗称矾花，直径较大且较密的矾花容易下沉，自投加混凝剂直至形成矾花的过程叫混凝。

整个混凝过程可看作两个阶段：混合阶段和反应阶段。在混合阶段，要求原水与混凝剂快速均匀混合，所以搅拌强度要大，但搅拌时间要短。在该阶段，主要使胶体脱稳，形成细小矾花，一般用眼睛难以看见。在反应阶段，要求将细小矾花进一步增大，形成较密实的大矾花，所以搅拌强度不能太大，太大容易打碎矾花，但反应时间要长，为矾花的增大提供足够的时间。由于各种原水有很大差别，混凝效果不尽相同，混凝剂的混凝效果不仅取决于混凝剂的投加量，同时还取决于水的 pH 值、水流速度梯度等因素。

3.1.1.3 实验仪器及药品

A 实验仪器

(1) 六联搅拌器（1台）。

(2) 浊度仪（1台）。

(3) pH计（1台）。

(4) 移液管（1mL、2mL、5mL、10mL）。

(5) 烧杯（200mL、500mL、1000mL）。

(6) 温度计、量筒、玻璃棒、洗耳球等。

B 实验药品

(1) 聚合硫酸铝。

(2) 盐酸（质量分数10%）。

(3) 氢氧化钠（质量分数10%）。

3.1.1.4 实验操作步骤

(1) 确定混凝剂的最佳投加量。

1）了解六联搅拌器的使用方法。

2）确定原水特征，即测定原水水样浊度、pH值、温度，并做好记录。

3）确定形成矾花所用的最小混凝剂量。在烧杯中加入100mL原水，慢速搅拌，混凝剂的投加量每次增加0.2mL，直至矾花出现为止，此时混凝剂的总投加量为形成矾花的最小投加量。

4）分别用量筒量取500mL原水水样加入1~6号六联搅拌仪专用烧杯内，并置于实验搅拌器平台上。

5）确定实验时的混凝剂投加量。根据步骤3）中得出的形成矾花最小混凝剂投加量，取其1/4作为1号烧杯混凝剂投加量，取其2倍作为6号烧杯的混凝剂投加量，利用均分法确定2~5号烧杯混凝剂投加量，确定好投加量后向1~6号烧杯中加入对应量的混凝剂。

6）启动搅拌器，以300r/min快速搅拌0.5min，以100r/min中速搅拌4min，以50r/min慢速搅拌8min。如果用污水进行混凝实验，污水胶体颗粒比较脆弱，搅拌速度可适当放慢。搅拌过程中注意观察并记录矾花的形成过程，包括矾花形成的快慢、外观、大小、密实程度、下沉快慢等。

7）搅拌结束后静置沉淀10min，从1~6号烧杯中依次取出约20mL的上清液，置于浊度仪水样瓶中，用浊度仪测出其剩余浊度，并记录。水样沉淀时继续观察并记录矾花沉淀过程。

(2) 确定最佳pH值。

1）确定原水特征，即测定原水水样浊度、pH值、温度，并做好记录。

2）分别向1~6号烧杯中加入500mL原水，并调节原水pH值。用盐酸和氢氧化钠溶液调节原水pH值，用盐酸调节1号烧杯水样使其pH值为4，用氢氧化钠溶液调节6号烧杯水样使其pH值为9，2~5号烧杯依次增加一个pH值单位。

3）分别向1~6号烧杯中加入相同剂量的混凝剂，投药剂量按照最佳投药量实验中得出的最佳投药量而确定。加药完成后将烧杯置于实验搅拌器平台上。

4）启动搅拌机，以300r/min快速搅拌0.5min，以100r/min中速搅拌4min，以50r/min慢速搅拌8min。搅拌过程中注意观察并记录矾花的形成过程，包括矾花形成的快慢、外观、大小、密实程度、下沉快慢等。

5）搅拌结束后静置沉淀10min，从1~6号烧杯中依次取出约20mL的上清液，置于浊度仪水样瓶中，用浊度仪测出其剩余浊度，并记录。水样沉淀时继续观察并记录矾花沉淀过程。

(3) 确定混凝阶段最佳速度梯度。

1）按照最佳投药量实验和最佳pH值实验所得出的最佳投药量和最佳混凝pH值，向1~6号烧杯水样中加入相同剂量的混凝剂并调节至最佳混凝pH值，置于实验搅拌器平台上。

2）启动搅拌器快速搅拌1min，转速约300r/min，随即把2~6号烧杯移动到别的搅拌器上，1号烧杯继续以20r/min搅拌20min，2~6号烧杯分别用50r/min、80r/min、110r/min、140r/min、180r/min搅拌20min。

3）搅拌结束后静置沉淀10min，从1~6号烧杯中依次取出约20mL的上清液，置于浊度仪水样瓶中，用浊度仪测出其剩余浊度，并做好记录。

3.1.1.5 实验注意事项

(1) 取原水水样时，所有水样要搅拌均匀，尽量一次量取以减少取样浓度上的误差。

(2) 实验过程中向各烧杯投加药剂时尽量同时投加，避免因时间间隔较长而导致各水样加药后反应时间长短相差太大，混凝效果悬殊。

(3) 在测定静置水样浊度实验中，移取上清液时尽量不要扰动底部沉淀物，同时应尽量减少各烧杯移取水样的时间间隔。

3.1.1.6 实验数据及结果处理

A 混凝剂最佳投加量

(1) 记录原水特征、混凝剂投加情况、沉淀后的剩余浊度。

(2) 以投药量为横坐标，以剩余浊度为纵坐标，绘制混凝曲线图。根据混凝曲线图及对水样混凝沉淀观察记录的分析，对最佳投药量做出判断。

B 最佳pH值

(1) 记录原水特征、混凝剂加注量、酸碱加注情况、沉淀后的剩余浊度。

(2) 以水样pH值为横坐标，水样沉淀后的剩余浊度为纵坐标绘制pH值与浊度的关系曲线，从图上求出所投加混凝剂的混凝最佳pH值及其适用范围。

C 混凝阶段最佳速度梯度

(1) 记录原水特征、水样沉淀后的剩余浊度、搅拌速度。

(2) 以速度梯度G值为横坐标、沉淀后的剩余浊度为纵坐标绘制G值与浊度的关系曲线，从曲线中求出所加混凝剂混凝阶段适宜的G值。

3.1.1.7 思考题

(1) 根据实验结果及实验现象，分析影响混凝效果的几个主要因素。
(2) 混凝实验受哪些因素的影响较大？有什么改进办法？
(3) 实验过程中是否投药量越大混凝效果越好？为什么？

3.1.2 自由沉淀实验

3.1.2.1 实验目的

(1) 掌握颗粒自由沉淀的实验方法。
(2) 通过实验加深对颗粒自由沉淀基本概念、沉淀特点及沉淀规律的理解。
(3) 对实验数据进行分析处理，根据实验结果绘制颗粒自由沉淀曲线。

3.1.2.2 实验原理

沉淀是指从液体中借重力作用去除固体颗粒的一种过程，浓度较低的、颗粒状的沉淀属于自由沉淀，其特征是：水中的固体悬浮物浓度不是很高，而且不具有凝聚的性质，在沉淀的过程中，固体颗粒不改变形状、尺寸，也不相互粘合，各自独立地完成沉淀过程。废水中的固体颗粒在沉砂池中的沉淀以及低浓度污水在初沉池中的沉降过程都是自由沉淀。自由沉淀过程可以由斯托克斯（Stokes）公式进行描述：

$$u = \frac{1}{18} \times \frac{\rho_g - \rho}{\mu} g d^2 \tag{3-1}$$

式中 u——颗粒沉降速度；
ρ_g——颗粒的密度；
ρ——液体的密度；
μ——液体的黏滞系数；
g——重力加速度；
d——颗粒的直径。

废水中悬浮物组成十分复杂，颗粒形式多样，粒径不均匀，密度也有差异，采用斯托克斯公式计算颗粒的沉速十分困难，因而对沉降效率、特性的研究，通常要通过颗粒自由沉淀实验来实现。自由沉淀时颗粒是等速下沉，下沉速度与沉淀高度无关，因而自由沉淀实验一般可在沉淀柱里进行，其直径应该足够大，一般应使直径 $D \geqslant 100\text{mm}$，以免颗粒沉淀受柱壁干扰。

取一定直径、一定高度的沉淀柱，在沉淀柱中下部设有取样口，将已知悬浮物浓度 C_0 的水样注入沉淀柱中，取样口与液面之间的高度为 h_0，在搅拌均匀后开始沉淀实验，并开始计时，经沉淀时间 t_1、t_2、…、t_i 从取样口取一定体积水样，分别记录取样口高度 H，分析各水样的悬浮物浓度 C_1、C_2、…、C_i，同时计算残余悬浮物剩余率 P_i 和沉降速度 U_i。

$$P_i = \frac{C_i}{C_0} \tag{3-2}$$

式中 C_i——t_i 时刻悬浮物质量浓度，mg/L；

C_0——原水样悬浮物的浓度，mg/L。

$$U_i = \frac{H}{t_i} \tag{3-3}$$

式中 U_i——沉淀速度，cm/min；

H——取样口高度，cm；

t_i——沉淀时间，min。

3.1.2.3 实验仪器与设备

（1）沉淀装置（沉淀柱）。

（2）计时器。

（3）分析天平（万分之一）。

（4）恒温烘箱、干燥器。

（5）量筒、烧杯。

（6）滤纸、漏斗。

3.1.2.4 实验操作步骤

（1）准备好悬浮固体测定工作，将 8 张滤纸编号 0~7 号后放入相应的称量瓶，放入烘箱 45min 后取出放入干燥器冷却 30min，称量后记录备用。同时取 8 个干净烧杯编号 0~7 后备用。

（2）打开沉淀柱进水阀门，将水样注入沉淀柱，注意观察沉淀柱液面高度不能超过标尺高度，关闭进水阀门。

（3）搅拌均匀后开始沉淀实验，此时用 0 号烧杯取水样 100mL，记录取样口距离液面间的高度 h，记录后启动秒表，开始记录沉淀时间。

（4）用 1~7 号烧杯分别取时间为 5min、10min、15min、20min、30min、40min、60min 时，在同一取样口取水样 100mL，并记录取样前后沉淀柱液面至取样口的高度，计算是采用两者的平均值。

（5）将步骤 1 中备好的滤纸分别放在 8 个玻璃漏斗中，并将 0~7 号烧杯中的水样倒入对应编号的滤纸中，过滤水样后并用蒸馏水反复冲洗烧杯中的残留水样，使滤纸得到全部悬浮固体。

（6）最后将带有滤渣的滤纸移入相应编号的称量瓶，再将称量瓶移入烘箱，在 105℃ 烘干 45min，取出后放入干燥器中冷却 30min 后称重并记录滤纸质量。

3.1.2.5 实验注意事项

（1）沉淀实验开始前应充分搅拌水样，否则沉淀柱内的悬浮物浓度不够高或者不均匀，会导致曲线的范围变窄。

（2）搅拌停止后要尽快采集原水悬浮物浓度的样品，否则会因悬浮物自身的沉淀而导致数据出现偏差。

（3）若滤渣样品放入烘箱的时间不同，应分别记录时间，尽量保证各样品烘干时间段相同。

（4）采样间隔的时间不必规定死，但要保证数据足够，并且开始的时候采样时间间隔应该较短。

3.1.2.6 实验数据及结果处理

A 悬浮性固体浓度

水样中悬浮性固体浓度 C 计算如下：

$$C = \frac{(W_2 - W_1) \times 1000 \times 1000}{V} \tag{3-4}$$

式中 C——水样中悬浮性固体浓度，mg/L；

W_1——过滤前滤纸质量，g；

W_2——过滤后滤纸质量，g；

V——水样体积，100mL。

B 绘制沉淀速度分布曲线

（1）根据公式分别计算 P_i 和 U_i。

（2）以 P_i 为纵坐标，以 U_i 为横坐标绘制沉淀速度分布曲线。

3.1.2.7 思考题

（1）绘制自由沉淀曲线有何作用？

（2）同样的水样，沉淀柱有效水深分别为 $H = 1\text{m}$ 和 $H = 1.5\text{m}$，两组实验结果是否一样，为什么？

（3）自由沉淀和混凝沉淀有何区别和联系？

3.1.3 絮凝沉降实验

3.1.3.1 实验目的

（1）加深对絮凝沉淀的基本概念、特点及沉淀规律的理解。

（2）掌握絮凝沉淀实验方法和实验数据整理方法。

3.1.3.2 实验原理

水处理中遇到的沉淀多属于絮凝颗粒沉淀，当悬浮物浓度不太高，一般为 600～700mg/L 以下的絮凝颗粒时，在沉降过程中，颗粒的大小、形状和密度都有所变化，随着沉淀深度和时间的增长，沉速越来越快。絮凝颗粒的沉淀轨迹是一条曲线，难以用数学方式来表达，只能用实验的数据来确定必要的设计参数。如给水工程中混凝沉淀、污水处理中初沉池内的悬浮物沉淀均属于絮凝沉淀。

絮凝沉降实验在沉淀柱内进行。沉淀柱的不同深度设有取样口。在不同的沉淀时间，从不同的取样口取出水样，测定悬浮物的浓度，并计算出悬浮物的去除率。然后将这些去除率点绘于相应的深度与时间的坐标上，并绘出等效率曲线，最后借助于这些等效率曲线计算对应于某一停留时间的悬浮物去除率。

3.1.3.3 实验仪器与设备

(1) 絮凝沉淀设备1套，包括有机玻璃沉淀柱6根，直径100mm，高度1700mm，柱体有高度刻度标识、搅拌设备、不锈钢支架、PVC水箱、不锈钢潜水泵、调速电机、不锈钢搅拌器、调速器、铜阀门取样口、金属电控制箱等。

(2) 分析天平、烘箱、定时钟、絮凝剂、滤纸、漏斗、漏斗架、量筒或烧杯、称量瓶。

3.1.3.4 实验操作步骤

(1) 在PVC水箱中放满自来水，计算水箱体积和高岭土投加量，使投加后水箱中高岭土浓度为100mg/L。将计算称量好的高岭土加入水箱中，搅拌均匀后取样测定原水悬浮物浓度。

(2) 开启水泵，依次向1~6号沉淀柱进水，当水位达到溢流孔时，关闭进水闸门，同时记录沉淀时间。6根沉淀柱的沉淀时间分别是10min、20min、40min、60min、80min、120min。

(3) 当达到各柱的沉淀时间时，在每根柱上，自上而下地依次取样，测定水样悬浮物的浓度，记录于表3-1中。

3.1.3.5 实验注意事项

(1) 向沉淀柱进水时，速度要适中，既要防止悬浮物由于进水速度过慢而絮凝沉淀，又要防止由于进水速率过快，沉淀开始后还存在柱内紊流，影响沉淀效果。

(2) 每个柱的取样口取样要同时进行，故烧杯编号、人员分工和协作要做好。

(3) 测定悬浮物浓度时，一定要注意平行水样的均匀性。

(4) 观察和描述颗粒沉降过程中自然絮凝作用及沉速的变化。

3.1.3.6 实验数据及结果处理

(1) 将实验数据记录于表3-1中。

表3-1 絮凝沉降实验记录表

水样性质及来源________；水样悬浮物浓度（mg/L）________

水温（℃）________；沉淀柱直径（mm）________；柱高（mm）________

柱号	沉淀时间/min	取样点编号	SS/mg·L^{-1}	SS平均值/mg·L^{-1}	取样点水深/m
1	10	1-1			
		1-2			
		1-3			
		1-4			

续表 3-1

柱号	沉淀时间/min	取样点编号	SS/mg · L^{-1}	SS 平均值/mg · L^{-1}	取样点水深/m
2	20	2-1			
		2-2			
		2-3			
		2-4			
3	40	3-1			
		3-2			
		3-3			
		3-4			
4	60	4-1			
		4-2			
		4-3			
		4-4			
5	80	5-1			
		5-2			
		5-3			
		5-4			
6	120	6-1			
		6-2			
		6-3			
		6-4			

(2) 根据上述实验数据计算各取样点的去除率 E，然后将这些去除率绘于相应的深度与时间的坐标轴上，并绘出等效率曲线。

(3) 选择一有效水深 H，过 H 做 X 轴平行线，与各去除率线相交，根据公式计算不同沉淀时间的总去除率。

(4) 以沉淀时间 t 为横坐标，以去除率 E 为纵坐标，绘制不同有效水深的 $E-t$ 关系曲线。

(5) 以沉淀速度 u 为横坐标，以去除率 E 为纵坐标，绘制不同沉淀时间的 $E-u$ 曲线。

3.1.3.7 思考题

(1) 有资料介绍可以用仅在沉淀柱中部（1/2 柱高处）取样分析的实验方法近似地求絮凝沉淀去除率，试用实验结果比较两种方法的误差，并讨论其优缺点。

(2) 观察絮凝沉淀现象，并叙述与自由沉淀现象有何不同，实验方法有何区别。

(3) 实际工程中，哪些沉淀属于絮凝沉淀？

3.1.4 过滤与反冲洗实验

3.1.4.1 实验目的

(1) 了解过滤实验装置的组成与构造。

(2) 掌握反冲洗时冲洗强度与滤层膨胀度之间的关系。

(3) 掌握滤池主要技术参数的测定方法。

3.1.4.2 实验原理

A 过滤原理

过滤是根据地下水通过地层过滤形成清洁井水的原理而创造的处理混浊水的方法。在处理过程中，以石英砂等颗粒状滤料层截流水中悬浮杂质，从而使水达到澄清的工艺过程称为过滤。过滤是水中悬浮颗粒与滤料颗粒之间黏附作用的结果。黏附作用主要取决于滤料和水中颗粒的表面物理化学性质，当水中颗粒迁移到滤料表面上时，在范德华引力和静电引力以及某些化学键和特殊的化学吸附作用下，它们黏附到滤料颗粒的表面上。此外，某些絮凝颗粒的架桥作用也同时存在。研究表明，过滤主要还是悬浮颗粒与滤料颗粒经过迁移和黏附两个过程来完成去除水中杂质的过程。

B 影响过滤的因素

随着过滤时间的增加，滤层截留杂质的增多，滤层的水头损失也随之增大，其增长速度随滤速大小、滤料颗粒的大小和形状，过滤进水中悬浮物含量及截留杂质在垂直方向的分布而定。在处理一定性质的水时，正确确定滤速、滤料颗粒的大小、进水水质、滤料厚度之间的关系，具有重要的技术意义和经济意义。

C 滤料层的反冲洗

过滤时，随着滤层中杂质截留量的增加，当水头损失增至一定程度时，导致滤池产生水量锐减，或由于出水水质不符合要求时，水位上升至最高允许水位时，滤池必须停止过滤，并进行反冲洗。反冲洗的目的是清除滤层中的污物，使滤池恢复过滤能力。反冲洗采用自上而下的水流进行。反冲洗时，滤料层膨胀起来，截留于滤层的污物，在滤层空隙中的水流剪力以及颗粒互相碰撞摩擦的作用下，从滤料表面脱落下来，然后被反冲洗水流带出滤池。反冲洗效果主要取决于滤层孔隙水流剪力。该剪力与冲洗流速和滤层膨胀率有关。冲洗流速小，水流剪力小，而冲洗流速较大时，滤层膨胀度大，滤层孔隙中水流剪力又会降低，因此冲洗流速应控制在适当范围。反冲洗效果通常由滤床膨胀率 e 来控制，即：

$$e = \frac{L - L_0}{L} \times 100\% \tag{3-5}$$

式中 L——砂层膨胀后的厚度，cm；

L_0——砂层膨胀前的厚度，cm。

3.1.4.3 实验设备及仪器

（1）过滤柱。

（2）测压板。

（3）测压管。

（4）浊度仪。

（5）钢尺、温度计等。

3.1.4.4 实验操作步骤

（1）实验前准备。

1）将滤料先进行一定冲洗，冲洗强度加大至 12~15L/(m^2·s)，冲洗流量为 0.35~0.43m^3/h，时间几分钟，目的是去除滤层内气泡。

2）冲洗完毕，开初滤水排水阀门，降低柱内水位。

3）熟悉和掌握设备使用方法。

（2）清洁砂层过滤水头损失实验步骤。

1）开启反冲洗进水阀门，冲洗滤层 1min。

2）关闭反冲洗进水阀门，开启过滤进水阀门和过滤出水阀门，快滤 5min，使砂面保持稳定。

3）调节过滤进水阀门和过滤出水阀门，使过滤柱中滤速为 4m/h，即出水流量约 31.4L/h，待测压管中水位稳定后，记下滤柱最高和最低两根测压管中水位值。

4）增大过滤滤速，使滤速依次为 6m/h、8m/h、10m/h、12m/h、14m/h、16m/h，分别测出滤柱最高和最低两根测压管中水位值，依次计算水头损失。

（3）滤层反冲洗实验步骤。

1）量出滤层厚度 L_0，慢慢开启反冲洗进水阀门，使滤料刚刚膨胀起来，反冲洗强度为 3L/(m^2·s)，流量约为 0.085m^3/h，待滤层表面稳定后，记录反冲洗流量和滤层膨胀后的厚度 L。

2）改变反冲洗流量 6~8 次（反冲洗强度可设定为 6L/(m^2·s)、9L/(m^2·s)、12L/(m^2·s)、14L/(m^2·s)、16L/(m^2·s)），测出反冲洗流量和滤层膨胀后的厚度 L。

3.1.4.5 实验注意事项

（1）反冲洗滤柱中的滤料时，不要使进水阀门开启度过大，应缓慢打开以防滤料冲出柱外。

（2）在过滤实验前，滤层中应保持一定水位，不要把水放空以免过滤实验使测压管中积存空气。

（3）反冲洗时，为了准确地量出砂层厚度，一定要在砂面稳定后再测量，并在每一个反冲洗流量下连续测量 3 次。

3.1.4.6 实验数据及结果处理

（1）绘制滤床水头损失与滤速关系变化曲线。

（2）计算滤床膨胀率 e，并绘制 e-冲洗强度关系曲线。

3.1.4.7 思考题

（1）滤层内有空气泡时对过滤、冲洗有何影响？
（2）冲洗强度为何不宜过大？

3.1.5 活性炭吸附实验

3.1.5.1 实验目的

（1）了解活性炭吸附工艺及性能，理解活性炭吸附的基本原理。
（2）掌握用间歇式静态吸附法确定活性炭等温吸附式的方法。
（3）绘制吸附等温曲线，确定吸附系数 K，$1/n$。

3.1.5.2 实验原理

活性炭吸附是应用较多的一种水处理工艺，由于活性炭对水中大部分污染物都有较好的吸附作用，因此活性炭吸附应用于水处理时往往具有出水水质稳定、适用于多种污水的优点。活性炭吸附过程包括物理吸附和化学吸附，其基本原理就是利用活性炭的固体表面对水中一种或多种物质的吸附作用，以达到净化水质的目的。当活性炭对水中所含杂质吸附时，水中的溶解性杂质在活性炭表面积聚而被吸附，同时也有一些被吸附物质由于分子的运动而离开活性炭表面，重新进入水中，也就是发生解吸现象。当吸附和解吸处于动态平衡状态时，称为吸附平衡，此时吸附质在溶液中的浓度称为平衡浓度 C。

活性炭的吸附能力用吸附容量 q 表示，单位为 mg/g。所谓吸附容量是指单位质量的吸附剂所吸附的吸附质的质量。实验采用粉末活性炭吸附废水中的有机染料，达到吸附平衡后，用分光光度法测得吸附前后有机染料的初始浓度 C_0 及平衡浓度 C，活性炭的吸附容量计算如下：

$$q = \frac{(C_0 - C) \times V}{W} \tag{3-6}$$

式中 q——活性炭吸附容量，mg/g；
C_0——水中有机物初始浓度，mg/L；
C——水中有机物平衡浓度，mg/L；
V——废水量，L；
W——活性炭投加量，g。

在一定的温度条件下，当存在于溶液中的被吸附物质的浓度与固体表面的被吸附物质的浓度处于动态平衡时，吸附就达到平衡。在水处理中通常用 Fruendlich 表达式来比较不同温度和不同溶液浓度时的活性炭吸附容量，即：

$$q = KC^{\frac{1}{n}} \tag{3-7}$$

式中 q——活性炭吸附容量，mg/g；

K——与吸附比表面积、温度有关的系数；

n——与温度有关的常数，$n>1$；

C——吸附平衡时的溶液浓度，mg/g。

式（3-7）是一个经验公式，通常用图解方法求出 K、n 的值，为了方便易解，往往将式（3-7）变换成线性对数关系式：

$$\lg q = \lg K + \frac{1}{n}\lg C \tag{3-8}$$

以 $\lg C$ 为横坐标，$\lg q$ 为纵坐标，绘制吸附等温曲线，求得直线斜率 $1/n$ 和截距 $\lg K$，即可求得 n 和 K。

3.1.5.3　实验仪器及药品

A　实验仪器

（1）恒温振荡器。

（2）分析天平。

（3）分光光度计。

（4）三角瓶、容量瓶、移液管。

B　实验药品

（1）活性炭。

（2）亚甲基蓝。

3.1.5.4　实验操作步骤

（1）标准曲线的绘制。

1）配制100mg/L的亚甲基蓝溶液：称取0.1g亚甲基蓝，用蒸馏水溶解后移入1000mL容量瓶中，并稀释至标线。

2）用移液管分别移取亚甲基蓝标准溶液0mL、5mL、10mL、20mL、30mL于100mL容量瓶中，用蒸馏水稀释至100mL刻度线处，摇匀后以水为参比，在波长470nm处，用1cm比色皿测定吸光度，绘制标准曲线。

（2）吸附等温曲线间歇式吸附实验步骤。

1）用分光光度法测定原水中亚甲基蓝含量，同时测定水温和pH值。

2）将活性炭粉末，用蒸馏水洗去细粉，并在105℃下烘至恒重。

3）在5个三角瓶中分别放入100mg、200mg、300mg、400mg、500mg粉末状活性炭，加入200mL水样。

4）将三角瓶置于恒温振荡器上振动1h后静置10min。

5）吸取上清液，在分光光度计上测定吸光度，并在标准曲线上查得相应的浓度，计算活性炭对亚甲基蓝的吸附容量。

3.1.5.5　实验注意事项

（1）实验得到的 q 若为负值，则说明活性炭明显地吸附了溶剂，此时应调换活性炭或水样。

（2）在测定水样吸光度时，应该吸取水样上清液然后在分光光度计上测相应的吸光度。

3.1.5.6 实验数据及结果处理

（1）列表记录实验数据。

（2）绘制吸附等温曲线。

（3）确定吸附参数 K 和 $1/n$。

3.1.5.7 思考题

（1）简述活性炭吸附等温曲线的意义。

（2）吸附剂的比表面积越大，其吸附容量和吸附效果就越好吗？为什么？

（3）活性炭投加量对于吸附平衡浓度的测定有什么影响？该如何控制？

3.1.6 加压溶气气浮实验

3.1.6.1 实验目的

（1）了解和掌握气浮净水方法的原理。

（2）通过实验模型的运行，了解气浮工艺流程及运行操作。

（3）加深对悬浮颗粒浓度、操作压力、气固比与澄清效果间关系的理解。

3.1.6.2 实验原理

气浮法是固液分离或液液分离的一种技术，它是指人为采取某种方式产生大量的微小气泡，使其与废水中密度接近于水的固体或液体微粒黏附，形成密度小于水的气浮体，在浮力的作用下，上浮至水面而形成浮渣，进而达到杂质与水分离的目的。

气浮法按水中气泡产生的方式可分为布气气浮法、溶气气浮法和电解气浮法。由于布气气浮法一般气泡直径较大，气浮效果较差，而电解气浮直径虽小但耗电量较大，因此在目前应用气浮法的工程中，溶气气浮法最多。其中溶气气浮法可分为溶气真空气浮法和加压溶气气浮法。加压溶气气浮指的是，使空气在加压条件下溶解在水中，在常压下将水中过饱和的空气以微小气泡的形式释放出来。

加压溶气气浮装置主要由以下部分组成。

（1）空气供给及空气饱和设备。这部分的作用就是在一定的压力下，将供给的空气溶于水中，以提供废水处理所要求的溶气水。这一部分主要是由以下部分组成：1）加压水泵，作用是提供压力水；2）溶气罐，作用是使水与空气充分接触，加速空气溶解，并在其中形成溶气水；3）空气供给设备，提供制造溶气水所需要的空气，该设备的形式主要取决于溶气方式，通常采取空压机为空气供给设备。

（2）溶气水减压释放设备。这一部分设备的作用是将压力溶气水减压后迅速将溶于水中的空气以微小气泡的形式释放出来。

（3）气浮池。这部分设备的作用是使释放的微气泡与废水充分接触，并形成气浮体，完成水与杂质的分离过程。

3.1.6.3 实验仪器及药品

A 实验仪器

（1）加压溶气气浮装置。

（2）空压机、水泵。

（3）转子流量计。

（4）止回阀、减压阀。

（5）废水水箱及加压水箱。

（6）搅拌器。

B 实验药品

（1）硫酸铝混凝剂溶液（10%）。

（2）分析天平，烧杯，移液管，称量瓶，滤纸、烘箱等。

3.1.6.4 实验操作步骤

（1）检查气浮设备是否完好，各部分是否连接正确，确认无误后向回流加压水箱与其父池中注水至有效水深的90%高度。

（2）将含有悬浮物的待处理废水加到废水水箱中，并测定原水中SS浓度，根据水箱水量加入适量的硫酸铝混凝剂后搅拌混合。

（3）先开动空压机加压，必须加压至0.3MPa左右。

（4）打开水泵，向溶气罐内送入压力水，在压力作用下将气体溶于水中，形成溶气水，此时加压水量控制在2~4L/min，进气流量为0.1~0.2L/min。

（5）待气罐中的水位升至一定高度，缓慢打开溶气罐底部阀门，其流量控制与加压水量相同，维持在2~4L/min。

（6）经加压溶气的水在气浮池中释放并形成大量微小气泡时，再打开原废水配水箱，废水进水量可按4~6L/min控制。

（7）浮渣由排渣管排至下水道，处理水可排至下水道也可部分回流至回流水箱。

（8）测定原废水与处理水的水质变化。也可多次改变进水量、空气在溶气罐内的压力、加压水量等，测定分析原废水与处理水的水质。

3.1.6.5 实验注意事项

（1）实验过程中待空压机加压至0.3MPa（并开启加压水泵）后，其空气流量可先按0.1~0.2L/min控制，但考虑到加压溶气罐及管道中难以避免的漏气，其空气流量可按水面在溶气罐内的中间部位控制即可，多余的空气可以通过其顶部的排气阀排出。

（2）实验开始前应检查气浮设备是否完好，各部分连接是否正确。

（3）原废水与处理水中的悬浮物浓度测试条件应保持一致，以减少实验误差。

3.1.6.6 实验数据及结果处理

(1) 根据进水与出水悬浮物浓度(SS)计算水中悬浮物去除率 E,公式如下:

$$E = \frac{c_0 - c}{c_0} \times 100\% \tag{3-9}$$

式中 c_0——废水 SS 值,mg/L;

c——处理水 SS 值,mg/L。

(2) 计算不同运行条件下,废水中 SS 的去除率,以其去除率为纵坐标,以某一运行参数(如溶气罐的压力、进水流量及气浮时间等)为横坐标,画出 SS 去除率与某运行参数之间的定量关系曲线。

3.1.6.7 思考题

(1) 简述气浮法的含义及原理。

(2) 加压溶气气浮法有何特点?

3.1.7 工业污水可生化性实验

3.1.7.1 实验目的

(1) 了解工业污水可生化性的含义。

(2) 掌握测定工业污水可生化性的实验方法。

3.1.7.2 实验原理

某些工业污水在进行生物处理时,由于含有生物难降解的有机物、抑制或毒害微生物生长的物质或者缺少微生物所需要的营养物质和环境条件,使得生物处理不能正常进行,因此需要通过实验来考察这些污水生物处理的可能性,研究某些组分可能产生的影响,确定进入生物处理设施的允许浓度。

如果污水中的组分对微生物生长无毒害抑制作用,微生物与污水混合后,立即大量摄取有机物合成新细胞,同时消耗水中的溶解氧。如果污水中的一种或几种组分对微生物的生长有毒害抑制作用,微生物与污水混合后,其降解利用有机物的速率便会减慢或停止。可以通过实验测定活性污泥的呼吸速率,用氧吸收量累积值与时间的关系曲线,呼吸速率与时间的关系曲线来判断某种污水生物处理的可能性以及某种有毒有害物质进入生物处理设备的最大允许浓度。

3.1.7.3 实验仪器及药品

(1) 工业污水可生化性实验装置,主要包括生化反应器和曝气设备。

(2) 秒表、温度计、坐标纸、间甲酚等。

3.1.7.4 实验操作步骤

（1）从城市污水厂曝气池出口取回活性污泥混合液，搅拌均匀后，在6个反应器内分别加混合液约1.3L，再加自来水约3L，使每个反应器内浓度为1~2g/L。

（2）开动充氧泵，曝气1~2h，使微生物处于内源呼吸状态。

（3）除欲测内源呼吸速率的1号反应器以外，其他5个反应器都停止曝气。

（4）静置沉淀，待反应器内污泥沉淀后，用虹吸去除上层清液。

（5）在2~6号反应器内均加入从污水厂初次沉淀池出口处取回的城市污水至虹吸前水位，测定反应器内水容积。

（6）继续曝气，并投加间甲酚，投加量分别为：1号反应器0mg/L，2号反应器0mg/L，3号反应器100mg/L，4号反应器300mg/L，5号反应器600mg/L，6号反应器1000mg/L。

（7）混合均匀后用溶氧仪测定反应器内溶解氧浓度，当溶解氧浓度大于6~7mg/L时，立即取样测定呼吸速率（dO/dt）。以后每隔30min测定一次呼吸速率，3h后改为每隔1h测定一次，5~6h后结束实验。

（8）呼吸速率测定方法：用250mL的广口瓶取反应器内混合液1瓶，迅速用装有溶解氧探头的橡皮塞塞进瓶口（不能有气泡和漏气），将瓶子放在电磁搅拌器上，启动搅拌器，定期测定溶解氧浓度ρ(0.5~1min)，并做好记录，测定10min。然后以ρ对t做图，所得直线的斜率即微生物的呼吸速率。

3.1.7.5 实验注意事项

（1）应假定各生化反应器的活性污泥混合液量相等（即MLSS相同），这样才能使各反应器内的活性污泥的呼吸速率相同，使各反应器的实验结果有可比性。

（2）取样测定呼吸速率时，应充分搅拌使反应器内活性污泥浓度保持均匀，以避免由于采样带来的误差。

3.1.7.6 实验数据及结果处理

（1）记录实验操作条件。

实验日期______年______月______日 反应器序号______

间甲酚投加量______g或mL 污泥浓度______g/L

（2）测定dO/dt的实验记录。

（3）以溶解氧测定值为纵坐标、时间t为横坐标做图，所得直线斜率即dO/dt（测定5h可得9个dO/dt值）。

（4）以呼吸速率dO/dt为纵坐标、时间t为横坐标做图，得dO/dt与t的关系曲线。

（5）用dO/dt与t的关系曲线，根据表3-2计算氧吸收量累计值O_u。表中$(dO/dt)\times t$和O_u可参照下列公式计算：

$$\left(\frac{dO}{dt}\times t\right)_n=\frac{1}{2}\left[\left(\frac{dO}{dt}\right)_n+\left(\frac{dO}{dt}\right)_{n-1}\right]\times(t_n-t_{n-1}) \tag{3-10}$$

$$(O_u)_n = (O_u)_{n-1} + \left(\frac{dO}{dt} \times t\right)_n \tag{3-11}$$

计算时，n=2，3，4，…

表 3-2 实验数据记录表

序号	1	2	3	4	…	n-1	n
时间 t/h	0	0.5	1.0	1.5			
dO/dt/mg·min^{-1}							
$(dO/dt)\times t$/mg							
O_u/mg							

(6) 以氧吸收量累计值 O_u 为纵坐标、时间 t 为横坐标做图，得到间甲酚对微生物氧吸收过程的影响曲线。

3.1.7.7 思考题

(1) 根据实验结果谈谈对“废水可生化性”问题的认识。

(2) 参考本实验拟定一个有毒物质进入生物处理构筑物的允许浓度实验的方案。

3.1.8 活性污泥评价指标实验

3.1.8.1 实验目的

(1) 通过实验加深对活性污泥的理解。

(2) 了解评价活性污泥性能的四项指标及其相互关系。

(3) 掌握 SV、SVI、MLSS、MLVSS 的测定和计算方法。

3.1.8.2 实验原理

活性污泥是人工培养的生物絮凝体，它是由好氧和兼氧微生物及其吸附的有机物和无机物组成的。活性污泥具有吸附和分解废水中有机物的能力，显示出生物化学活性。在活性污泥法处理系统的运行和管理中，除用显微镜观察其生物相外，混合液悬浮固体浓度（MLSS）、混合液挥发性悬浮固体浓度（MLVSS）、污泥沉降比（SV）、污泥体积指数（SVI）等指标是经常要进行测定的，这些指标反映了污泥的活性，它们与剩余污泥排放量及处理效果等都有密切关系。

混合液悬浮固体浓度（MLSS）又称混合液污泥浓度，它表示曝气池单位容积混合液内所含活性污泥固体物的总质量，由活性细胞（M_a）、内源呼吸残留的不可生物降解的有机物（M_e）、入流水中生物不可降解的有机物（M_i）和入流水中的无机物（M_{ii}）4 部分组成。混合液挥发性悬浮固体浓度（MLVSS）表示混合液活性污泥中有机性固体物质部分的浓度，即由 MLSS 中的前三项组成。活性污泥净化废水靠的是活性细胞（M_a），当 MLSS 一定时，M_a 越高，表明污泥的活性越好，反之越差。MLVSS 不包括无机部分（M_{ii}），所以用其来表示活性污泥的活性数量上比 MLSS 好，但它还不能真正代表活性污泥微生物（M_a）的量。这两项指标虽然在代表混合液生物量方面不够精确，但测定方法简单易行，也能够在一定程度上表示相对的生物量，因此广泛应用于活性污泥处理系统的设计、运行。对于以生活污水和以生活污水为主体的城市污水，MLVSS 与 MLSS 的比值在 0.75 左右。

性能良好的活性污泥，除了具有去除有机物的能力以外，还应有好的絮凝沉降性能。这是发育正常的活性污泥所应具有的特性之一，也是二沉池正常工作的前提和出水达标的保证。活性污泥的絮凝沉降性能可用污泥沉降比（SV）和污泥体积指数（SVI）这两项指标来加以评价。污泥沉降比是指曝气池混合液在 100mL 筒中沉淀 30min，污泥体积与混合液体积之比，用百分数（%）表示。活性污泥混合液经 30min 沉淀后，沉淀污泥可接近最大密度，因此可用 30min 作为测定污泥沉降性能的依据。一般生活污水和城市污水的 SV 为 15%~30%。污泥体积指数是指曝气池混合液经 30min 沉淀后，每克干污泥所形成的沉淀污泥所占有的容积，以 mL 计，即 mL/g。SVI 的计算式为：

$$SVI=\frac{SV(mL/L)}{MLSS(g/L)} \tag{3-12}$$

在一定的污泥量下，SVI 反映了活性污泥的凝聚沉淀性能。如 SVI 较高，表示 SV 较大，污泥沉降性能较差；如 SVI 较小，污泥颗粒密实，污泥老化，沉降性能好。但如果 SVI 过低，则污泥矿化程度高，活性及吸附性都较差。一般来说，当 SVI<100 时，污泥沉降性能良好；当 SVI=100~200 时，污泥沉降性能一般；而当 SVI>200 时，沉降性能较差，污泥易膨胀。一般城市污水的 SVI 在 100 左右。

3.1.8.3 实验装置与设备

（1）曝气池，1 套。

（2）电子分析天平，1 台。

（3）烘箱，1 台。

（4）马弗炉，1 台。

（5）量筒，100mL，1 只。

（6）三角烧瓶，250mL，1 只。

（7）短柄漏斗，1 只。

（8）称量瓶，ϕ40mm×70mm，1 只。

（9）瓷坩埚，30mL，1 只。

（10）干燥器，1 台。

3.1.8.4 实验操作步骤

（1）将 ϕ12.5cm 的定量中速滤纸折好并放入已编号的称量瓶中，置于 105℃ 烘箱中烘干 2h，去除称量瓶并放置于干燥器中冷却 30min，在电子天平上称重并记录称量瓶编号和质量 m_1(g)。

（2）将已编号的瓷坩埚放入马弗炉中，在 600℃ 温度下煅烧 30min，取出瓷坩埚，放入干燥器中冷却 30min，在电子天平上称重后记录坩埚编号和质量 m_2(g)。

（3）用 100mL 量筒量取曝气池混合液 100mL（V_1），静置沉淀 30min，观察活性污泥在量筒中的沉降现象，并记录沉淀污泥的体积 V_2（mL）。

（4）从已知编号和称重的称量瓶中取出滤纸，放置到已插在 250mL 三角烧瓶上的玻璃漏斗中，取 100mL 曝气池混合液慢慢倒入漏斗过滤。

（5）将过滤后的污泥连同滤纸放入原称量瓶中，在 105℃ 条件下烘干 2h，取出称量瓶，放入干燥器中冷却 30min 后，在电子天平上称重并记录质量 m_3（g）。

（6）取出称量瓶中已烘干的污泥和滤纸，放入已编号和称重的瓷坩埚中，在 600℃ 温度下煅烧 30min，取出瓷坩埚，放入干燥器中冷却 30min，在电子天平上称重并记录瓷坩埚编号和质量 m_4（g）。

3.1.8.5 实验注意事项

（1）测试污泥沉降比时，应该将曝气池混合液静置沉淀 30min，以保证污泥沉降充分。

（2）称量过程中各样品涉及的煅烧时长和干燥器冷却时长应保持一致，尽量减少称量过程产生的误差。

3.1.8.6 实验数据及结果处理

（1）污泥沉降比计算：

$$SV = \frac{V_2}{V_1} \times 100\% \tag{3-13}$$

（2）混合液悬浮固体浓度（g/L）计算：

$$MLSS = \frac{(m_3 - m_1) \times 1000}{V_1} \tag{3-14}$$

（3）污泥体积指数计算：

$$SVI = \frac{SV(mL/L)}{MLSS(g/L)} \tag{3-15}$$

（4）混合液挥发性悬浮固体浓度（g/L）计算：

$$MLVSS = \frac{(m_3 - m_1) - (m_4 - m_2)}{V_1 \times 10^{-3}} \tag{3-16}$$

3.1.8.7 思考题

（1）发育良好的活性污泥具有哪些特征？

（2）活性污泥沉降性能测定的意义是什么？

（3）简述污泥容积指数与污泥沉降比的区别与联系。

3.1.9 生物接触氧化运行实验

3.1.9.1 实验目的

（1）了解和掌握生物接触氧化的构造与原理。

（2）初步理解和掌握生物接触氧化处理系统的特征。

（3）初步掌握生物接触氧化的运行管理和异常对策。

3.1.9.2 实验原理

生物接触氧化法是生物膜法的一种，也是目前应用较多的一种水处理方法，因其具有BOD负荷高、处理时间短、占地面积小、无须污泥回流、剩余污泥量少、不存在污泥膨胀问题、维护管理方便等一系列优点而受到广泛重视。生物接触氧化法是以附着在载体（俗称填料）上的生物膜为主，净化有机废水的一种高效水处理工艺。具有活性污泥法特点的生物膜法，兼有活性污泥法和生物膜法的优点。在可生化条件下，生物接触氧化法应用于工业废水、养殖污水和生活污水的处理，都取得了良好的经济效益。

生物处理是有机工业废水处理的重要环节，在这里氨/氮、亚硝酸、硝酸盐、硫化氰等有害物质都将得到去除，对后续流程中水质的进一步处理将起到关键作用。如果能配合JBM新型组合式生物填料使用，可加速生物分解过程，具有运行管理简便、投资小、处理效果好、最大限度地减少占地等优点。

A　生物接触氧化法的反应机理

生物接触氧化法是一种介于活性污泥法与生物滤池之间的生物膜法工艺，其特点是在池内设置填料，池底曝气对污水进行充氧，并使池体内污水处于流动状态，以保证污水与污水中的填料充分接触，避免生物接触氧化池中存在污水与填料接触不均的缺陷。

该法中微生物所需氧由鼓风曝气供给，生物膜生长至一定厚度后，填料壁的微生物会因缺氧而进行厌氧代谢，产生的气体及曝气形成的冲刷作用会造成生物膜的脱落，并促进新生物膜的生长，此时，脱落的生物膜将随出水流出池外。生物接触氧化法具有以下特点：

（1）由于填料比表面积大，池内充氧条件良好，池内单位容积的生物固体量较高，因此，生物接触氧化池具有较高的容积负荷；

（2）由于生物接触氧化池内生物固体量多，水流完全混合，故对水质水量的骤变有较强的适应能力；

（3）剩余污泥量少，不存在污泥膨胀问题，运行管理简便。

影响生物膜生长、繁殖、处理废水效果的环境因素主要有：

（1）营养物。即水中碳、氮、磷之比应保持在100：5：1。

（2）溶解氧。溶解氧控制在2~4mg/L较为适宜。

（3）温度。任何一种细菌都有一个最适生长温度，随温度上升，细菌生长加速，但有一个最低和最高生长温度范围，一般为10~45℃。适宜温度为15~35℃，此范围内温度变化对运行影响不大。

（4）酸碱度。一般pH值为6.5~8.5。超过上述规定值时，应加酸碱调节。

B　生物接触氧化法处理有机工业废水的启动

生物接触氧化法处理有机工业废水系统的启动包括微生物的接种、培养、驯化三个阶段。接种可以引入用于有机废水降解的微生物；通过培养，可以使得专性的好氧微生物生长、繁殖、占主体地位；通过对微生物的驯化，可以筛选适合该工艺废水处理及环境的微生物。因此，微生物处理系统的启动对于采用生物法处理有机工业废水的投入运行有至关重要的作用。

（1）微生物的接种：可从学校附近的城市污水处理厂取浓缩污泥，置于生物接触氧化池中进行培养。

（2）微生物的培养：是利用接种的少量微生物逐步繁殖的培养过程。生物膜的培养实质就是在一段时间内，通过一定的手段，使处理系统中产生并积累一定量的微生物，使生物膜达到一定厚度。可通过向置有接种污泥的生物接触氧化池投加营养物（葡萄糖、面粉、啤酒、KNO_3、$(NH_4)_2HPO_4$ 等），并曝气，使微生物生长、繁殖。

（3）微生物的驯化：驯化的目的是选择适应实际水质情况的微生物，淘汰无用的微生物。当生物膜的平均厚度在 2mm 左右，生物膜培养即告成功，直到出水 BOD_5、SS、COD_{Cr} 等各项指标达到设计要求。

3.1.9.3 实验仪器及药品

（1）生物接触氧化池一座，主要由进空气和进水装置、布气装置、格栅支架、填料、池体等设备组成。

（2）有机工业废水、浓缩污泥（可从附近城市污水处理厂获取）。

3.1.9.4 实验操作步骤

（1）某未知有机工业废水的水质分析。分析指标：pH 值、水温、DO、COD、BOD_5、BOD_5/COD_{Cr}、总氮、总磷。根据该有机工业废水污染物成分，判断其可生化性。

（2）生物接触氧化处理系统的组装，计算主要构筑物的工艺参数。

（3）浓缩污泥接种。从学校附近的城市污水处理厂取浓缩污泥，置于生物接触氧化池中进行培养。具体做法为：将取回的浓缩污泥置于接触氧化池中，接种污泥体积为生化池有效容积的 10%，加满清水，然后静置 24h，使固着态微生物接种到填料上。

（4）微生物的培养。将接种后的微生物系统的水放空，每天一次以 BOD_5 : N : P = 100 : 5 : 1 比例投加由营养物（葡萄糖、面粉、啤酒、KNO_3、$(NH_4)_2HPO_4$ 等）配制而成的有机营养液，营养液的 COD 以 500~800mg/L 为宜。然后开始曝气培养（溶解氧平均控制在 2~4mg/L）。连续曝气 22h（溶解氧控制在 2~4mg/L），静置沉淀 2h 后，排放池中的水。再投加营养液，曝气，每天重复一次，持续 7d，可看到填料表面已经生长了薄薄一层黄褐色生物膜。

测定指标：

1）每天测定生物接触氧化池溶解氧、温度、pH 值 2~3 次。

2）每天测定曝气池投加的营养液的 COD、处理后（静置沉淀后的排放水）的 COD。

（5）微生物的驯化。经过接种、培养过程后，接触氧化池的填料已长满一层生物膜。通过逐步进水的方式，使生物膜逐渐适应该有机工业废水，并筛选出优势菌种。具体进水方式如表 3-3 所示。

表 3-3 进水配比一览表

日期/d	进水配比	
1	10%体积工业废水	90%体积营养液
2	20%体积工业废水	80%体积营养液
3	30%体积工业废水	70%体积营养液

续表 3-3

日期/d	进水配比	
4	40%体积工业废水	60%体积营养液
5	50%体积工业废水	50%体积营养液
6	60%体积工业废水	40%体积营养液
7	70%体积工业废水	30%体积营养液
8	80%体积工业废水	20%体积营养液
9	90%体积工业废水	10%体积营养液
10	100%体积工业废水	

每天连续曝气 22h（溶解氧控制在 2~4mg/L），静置沉淀 2h 后，排放池中的水。再换水、曝气、静沉、排水，每天重复上述操作 1 次。

测定内容：

1）每天测定生物接触氧化池溶解氧、温度、pH 值 2~3 次。

2）每天测定曝气池投加的进水（营养液+有机工业废水）的 COD、处理后（静置沉淀后的排放水）的 COD。另外，在第 10 天，补测进水、出水的 BOD_5。

3）驯化结束时，对生物膜的生物相做镜像观察。

（6）系统运行。驯化成熟后，在不同工况条件下运行生物接触氧化系统，考察水力停留时间（4h、6h、8h）、有机负荷（1.0kg $BOD_5/(m^3 \cdot d)$、1.5kg $BOD_5/(m^3 \cdot d)$、1.8kg $BOD_5/(m^3 \cdot d)$）等因素对运行效果的影响。

3.1.9.5 实验注意事项

微生物培养应每天投加一定比例的营养液，以保证微生物生长需求。

3.1.9.6 实验数据及结果处理

将实验结果记录在表 3-4 中。

表 3-4 沼气产气量记录表

项目	因素实验号	pH 值	COD	DO	氨氮	细菌总数	SS
进水	1						
	2						
	3						
	4						
	5						
出水	1						
	2						
	3						
	4						
	5						

求出其对各种指标的处理结果。

3.1.9.7 思考题

(1) 通过检测各项指标，综合评价生物接触氧化的运行状况。

(2) 生物接触氧化的填料常用的有哪几类？需要满足什么要求？为什么？

(3) 溶解氧的水平对于生物膜的挂膜有什么影响？

3.1.10 污泥厌氧消化实验

3.1.10.1 实验目的

(1) 掌握厌氧消化实验方法。

(2) 了解厌氧消化过程 pH 值、碱度、产气量、COD 去除等的变化情况。

(3) 掌握 pH 值、COD 的测定方法。

3.1.10.2 实验原理

厌氧消化是在无氧条件下，利用兼性细菌和专性厌氧细菌来降解有机物的处理方法，其终点产物与好氧处理不同：碳素大部分转化为甲烷，氮素转化为氨和氮，硫素转化为硫化氢，中间产物除同化合成为细菌物质外，还合成复杂而稳定的腐殖质。

厌氧消化过程可分为 4 个阶段：(1) 水解阶段，高分子有机物在胞外酶的作用下进行水解，被分解为小分子有机物；(2) 消化阶段（发酵阶段），小分子有机物在产酸菌的作用下转变成挥发性脂肪酸（VFA）、醇类、乳酸等简单有机物；(3) 产乙酸阶段，上述产物被进一步转化为乙酸、H_2、碳酸及新细胞物质；(4) 产甲烷阶段，乙酸、H_2、碳酸、甲酸和甲醇等在产甲烷菌作用下被转化为甲烷、二氧化碳和新细胞物质。由于产甲烷菌繁殖速度慢，世代周期长，所以这一反应步骤控制了整个厌氧消化过程。

厌氧消化可用于处理有机污泥和高浓度有机工业污水（如酒精厂、食品加工厂污水），是污水和污泥处理的主要方法之一。由于厌氧消化过程中 pH 值、碱度、温度、负荷率等因素的影响，产气量与操作条件、污染种类有关。进行消化池设计以前，一般都要经过实验室来确定有关设计参数，因此掌握厌氧消化实验方法是很重要的。

3.1.10.3 实验仪器及药品

(1) 厌氧消化实验装置，包括消化瓶、恒温水浴箱、集气瓶、计量瓶等。

(2) 酸度计。

(3) COD 测定装置。

(4) 已培养驯化好的厌氧污泥。

(5) 模拟工业废水 400mL，本实验采用人工配制的甲醇废水，其配比为：甲醇 2%，乙醇 0.2%，NH_4Cl 0.05%，甲酸钠 0.5%，KH_2PO_4 0.025%，pH=7.0~7.5。

3.1.10.4 实验操作步骤

（1）在消化瓶内配制驯养好的厌氧污泥混合液400mL，从消化瓶中倒出50mL。

（2）加入50mL配制的人工废水，摇匀后盖紧瓶塞，将硝化瓶放进恒温水浴槽中，控制温度在35℃左右。

（3）每隔2h摇动一次，并记录产气量，共记录5次。产气量的计量采用排水集气法。

（4）24h后每日取样测试出水pH值和COD，同时测试进水的pH值和COD。

3.1.10.5 实验注意事项

（1）消化瓶的瓶塞、出气管以及接头处都必须密封，防止漏气，否则会影响微生物的生长和所产沼气的收集。

（2）当集气瓶中的水接近排空时，需要及时补充水。充水时将污泥消化瓶的出气管关闭。如果产生的气体较多，应该每天观察多次，以免集气瓶的水排空，破坏了厌氧发酵的条件。

3.1.10.6 实验数据及结果处理

（1）将实验结果记录在表3-5和表3-6中。

表3-5 沼气产气量记录表

时间/h	0	2	4	6	8	10	24h总产气量
沼气产量/mL							

表3-6 厌氧消化反应实验记录表

日期	投配率	进水		出水		COD去除率/%	沼气产量/mL
		pH值	COD/mg · L^{-1}	pH值	COD/mg · L^{-1}		

（2）绘制一天内沼气产率的变化曲线。

（3）绘制消化瓶稳定运行后沼气产率曲线和COD去除曲线。

3.1.10.7 思考题

（1）针对一天内沼气产率的变化曲线，分析其原因。

（2）哪些因素会对厌氧消化产生影响？如何使厌氧消化顺利进行？

（3）厌氧消化与好氧消化各有何优缺点？

3.1.11 污泥比阻实验

3.1.11.1 实验目的

（1）掌握用布氏漏斗测定污泥比阻的实验方法。

（2）了解影响污泥脱水性能的主要因素。

3.1.11.2 实验原理

污泥机械脱水是指以过滤介质两面的压力差作为动力，达到泥水分离、污泥浓缩的目的。根据压力差的来源不同，分为真空过滤法、压滤法、离心法等。影响污泥脱水的因素有：污泥浓度（取决于污泥性质及过滤前浓缩程度）、污泥性质、污泥预处理方法、压力差大小、过滤介质种类等。

污泥脱水性能的好坏常用污泥比阻来衡量。污泥比阻 r 是表示污泥过滤特性的综合指标，其物理意义是：单位质量的污泥在一定压力下过滤时，在单位过滤面积上的阻力，即为单位过滤面积上单位干重的滤饼所具有的阻力。污泥比阻越大，过滤性能越差。

本实验采用定压真空过滤法，即在实验过程中通过调节压力阀，使整个实验过程压力差不变。过滤时滤液体积 V 与推动力 p（过滤时的压力降）、过滤面积 A、过滤时间 t（s）呈正比；而与过滤阻力 R、滤液黏度 μ 呈反比。即：

$$V = \frac{pAt}{\mu R} \tag{3-17}$$

式中 V——滤液体积，m^3；

p——过滤压力，Pa；

A——过滤面积，m^2；

t——过滤时间，s；

μ——滤液黏度，Pa·s；

R——单位过滤面积上，通过单位体积的滤液所产生的过滤阻力，1/m。

R 包括滤饼阻力要 R_z 和过滤介质阻力 R_f 两部分，若以单位质量的阻抗 r 代替 R_z，上式微分形式推导得到过滤基本方程式：

$$\frac{dV}{dt} = \frac{pA^2}{\mu(\omega Vr + R_f A)} \tag{3-18}$$

式中 ω——过滤单位体积的滤液在过滤介质上截流的固体质量，kg/m^3；

r——污泥比阻，m/kg；

R_f——过滤介质阻抗，1/m；

其他符号意义同上。

定压过滤时，上式对时间积分得：

$$\frac{t}{V} = \frac{\mu r\omega}{2pA^2} \times V + \frac{\mu R_f}{pA} \tag{3-19}$$

该公式说明，在定压下过滤，t/V 与 V 呈直线关系，其斜率 $b=\frac{\mu r\omega}{2pA^2}$，因此，以定压下抽滤实验为基础，测定不同过滤时间 t 时的滤液体积 V，以滤液体积 V 为横坐标，以 t/V 为纵坐标，用图解法求得直线斜率即为 b，进而可求得 r：

$$r = \frac{2pA \times A}{\mu} \times \frac{b}{\omega} \tag{3-20}$$

ω 值可根据其定义按下式计算：

$$\omega = \frac{(V_0 - V_y)}{V_y} \times C_b \tag{3-21}$$

式中 V_0——原污泥体积，mL；

V_y——滤液体积，mL；

C_b——滤饼中固体物浓度，kg/m³。

因 $V_0 = V_y + V_b$，$V_0 C_0 = V_y C_y + V_b C_b$，则有：

$$V_y = \frac{V_0(C_0 - C_b)}{C_y - C_b} \tag{3-22}$$

式中 V_b——滤饼体积，mL；

其他符号意义同上。

将式（3-22）代入式（3-21）可得：

$$\omega = \frac{C_0 - C_y}{C_b - C_0} \times C_b \approx \frac{C_b C_0}{C_b - C_0} \tag{3-23}$$

因此，可求出 r 值。一般认为比阻为 $10^{12} \sim 10^{13}$ cm/g 为难过滤污泥，在 $(0.5 \sim 0.9) \times 10^{12}$ cm/g 范围内为中等污泥，比阻小于 0.4×10^{12} cm/g 则为易过滤污泥。

在污泥脱水过程中，往往需要进行化学调节，即向污泥中投加混凝剂的方法降低污泥比阻 r 值，达到改善污泥脱水性能的目的，而影响化学调节的因素，除污泥本身的性质外，一般还有混凝剂的种类、浓度、投加量和化学反应时间等，可以通过污泥比阻实验选择最佳条件。

3.1.11.3 实验仪器及药品

（1）污泥比阻实验装置、烘箱、秒表、滤纸等。

（2）$FeCl_3$ 溶液。

3.1.11.4 实验操作步骤

（1）准备待测污泥（消化后的污泥）。

（2）布氏漏斗中放置滤纸，用水喷湿，紧贴漏斗周边和底部。开启真空泵，使量筒中成为负压，调节真空阀，使真空度达到实验压力的 1/3，说明准备成功。关闭真空泵，倒掉滤液瓶中的水。

（3）取 100mL 泥样倒入漏斗，重力过滤 1min 后，开启真空泵，调节真空度为 0.035MPa，开始计时，并记录此时滤液体积。

（4）记录不同过滤时间 t 的滤液体积 V。

（5）记录当过滤到泥面出现龟裂或滤液达到 85mL 时，所需要的时间 t。此指标也可以用来衡量污泥过滤性能的好坏。

（6）测定滤饼浓度：用尺子量取泥饼的直径与厚度，然后将泥饼放入烘箱在 103～105℃下烘干至恒重，取出放入干燥器冷却至室温，称重。

(7) 另取污泥100mL，加入定量（取污泥干重的5%~10%）$FeCl_3$溶液，重复上述实验步骤。

3.1.11.5 实验注意事项

(1) 滤纸放到布氏漏斗中，要先用蒸馏水润湿，而后再用真空泵抽吸一下，滤纸一定要贴紧不能漏气。

(2) 污泥倒入布氏漏斗中有部分滤液流入量筒，所以在正常开始实验时，应记录量筒内滤液体积V_0。

(3) 实验过程中应不断调节真空阀，以保证实验过程的压力差恒定。

3.1.11.6 实验数据及结果处理

(1) 以V为横坐标，以t/V为纵坐标绘图，求斜率b。

(2) 计算ω。

(3) 计算污泥比阻r。

(4) 做污泥比阻r与$FeCl_3$溶液投加量关系曲线。

3.1.11.7 思考题

(1) 判断消化污泥脱水性能好坏，并分析其原因。

(2) 对实验中发现的问题加以讨论。

3.1.12 离子交换实验

3.1.12.1 实验目的

(1) 熟悉离子交换设备操作过程。

(2) 加深对阳离子交换和阴离子交换基本理论的理解。

(3) 了解离子交换法在水处理中的作用与原理。

3.1.12.2 实验原理

离子交换法是一种借助于离子交换剂上的离子和废水中的离子进行交换反应而除去废水中有害离子的方法。离子交换是一种特殊的吸附过程，可以看作是固相的离子交换树脂与液相中电解质之间的化学置换反应，通常是可逆性化学吸附，其特点是吸附水中离子化物质，并进行等电荷的离子交换。

实验过程中，原水通过装有阳离子交换树脂的交换器时，水中的阳离子如Ca^{2+}、Mg^{2+}、K^+、Na^+等离子便与树脂中的可交换离子（H^+）交换，接着通过装有阴离子交换树脂的交换器时，水中的阴离子Cl^-、SO_4^{2-}、HCO_3^-等与树脂中的可交换离子（OH^-）交换。基本反应如下：

$$RH^+ + \left.\begin{matrix} 1/2Ca^{2+} \\ 1/2Mg^{2+} \\ Na^+ \\ K^+ \end{matrix}\right\} \left\{\begin{matrix} 1/2SO_4^{2+} \\ Cl^- \\ HCO_3^- \\ HSiO_3^- \end{matrix}\right. = R\left\{\begin{matrix} 1/2Ca^{2+} \\ 1/2Mg^{2+} \\ Na^+ \\ K^+ \end{matrix}\right. + H^+ \left\{\begin{matrix} 1/2SO_4^{2+} \\ Cl^- \\ HCO_3^- \\ HSiO_3^- \end{matrix}\right. \tag{3-24}$$

$$ROH^- + H^+ \left\{\begin{matrix} 1/2SO_4^{2+} \\ Cl^- \\ HCO_3^- \\ HSiO_3^- \end{matrix}\right. = R\left\{\begin{matrix} 1/2SO_4^{2+} \\ Cl^- \\ HCO_3^- \\ HSiO_3^- \end{matrix}\right. + H_2O \tag{3-25}$$

经过上述阴、阳离子交换器处理的水，水中的盐分被除去，此即为一级床的除盐处理。树脂使用失效后要进行再生，即把树脂上吸附的阴、阳离子置换出来，代之以新的可交换离子。阳离子交换树脂用 HCl 或 H_2SO_4 再生，阴离子交换树脂用 NaOH 再生。

3.1.12.3 实验仪器及药品

（1）离子交换树脂装置。

（2）电导率仪。

（3）计时器。

（4）烧杯、量筒。

（5）处理水样：氯化钙溶液，100mg/L。

（6）盐酸，1mol/L；氢氧化钠，1mol/L。

3.1.12.4 实验操作步骤

（1）熟悉实验装置，掌握离子交换树脂装置管路、阀门的作用。

（2）强酸性阳离子交换树脂和强碱性阴离子树脂的预处理。用温水浸洗树脂 7~8 次，直至浸洗液不带褐色为止，然后用 1mol/L 盐酸和 1mol/L 氢氧化钠交替浸洗 5 次，每次 2h，浸泡体积为树脂体积的 2~3 倍。酸碱互换时应用水进行洗涤，5 次浸洗后用去离子水洗涤至溶液呈中性。

（3）测定原水样电导率，测量交换柱内径及树脂层高度。

（4）离子交换静态实验。用配好的水样，加满阴阳离子交换柱，分别测量 10min、20min、30min、40min 出水的电导率和 pH 值。

（5）反洗。用自来水反洗 15min，反洗结束后保持水面高于树脂表面 10cm 左右。反洗的目的是松动树脂层，使再生液能均匀渗入层中，与交换剂颗粒充分接触，此外反洗还能将过滤过程中产生的破碎粒子和截流污物冲走。

（6）再生。强酸性阳离子树脂用 1mol/L 盐酸溶液再生，强碱性阴离子树脂用 1mol/L 氢氧化钠溶液再生。

（7）清洗完毕后结束实验，同时保持交换柱内的树脂应浸泡在水中。

3.1.12.5 实验注意事项

(1) 实验开始前注意观察管路连接、阀门位置、开阀次序等，防止在实验过程中出错而影响实验过程。

(2) 离子交换树脂清洗完毕后应保持交换柱内的树脂浸泡在水中。

3.1.12.6 实验数据及结果处理

以电导率变化（K_0-K_i）为纵坐标，时间 t 为横坐标，绘制不同处理时间和出水电导率变化曲线。

3.1.12.7 思考题

(1) 如何提高除盐出水水质?

(2) 影响再生剂用量的因素有哪些? 再生液浓度高低对再生效果有何影响?

3.1.13 树脂交换容量实验

3.1.13.1 实验目的

(1) 加深对离子交换树脂交换容量的理解。

(2) 掌握测定强酸性阳离子交换树脂交换容量的方法。

3.1.13.2 实验原理

交换容量是树脂最重要的指标，它定量地表示树脂交换能力的大小。树脂交换容量在理论上可以从树脂单元结构式粗略地计算出来。以强酸性苯乙烯系阳离子交换树脂为例，其单元结构式中共有 8 个 C 原子，8 个 H 原子，3 个 O 原子，1 个 S 原子，其相对分子质量等于 184.2，只有强酸基—SO_3H 中的 H 遇水电离形成 H^+ 可以交换，即每 184.2g 干树脂只有 1g 可交换离子。因此，每克干树脂具有可交换离子 1/184.2 = 0.00543g = 5.43mg，扣去交联剂所占分量（按 8%质量计），则强酸干树脂交换容量应为 5.43×92/100 = 4.99mg/g，此值与测量值差别不大。0.01×7 强酸性苯乙烯系阳离子交换树脂，交换容量规定为不大于 4.2mg/g 干树脂。

强酸性阳离子交换树脂在实验前需经过预处理，即经过酸、碱轮流浸泡，以去除树脂表面的可溶性杂质。测定阳离子交换树脂交换容量常用碱滴定法，用酚酞为指示剂，按下式计算交换容量：

$$E = \frac{NV}{Wa} \tag{3-26}$$

式中 N——NaOH 标准溶液的物质的量浓度，mol/L；

V——NaOH 标准溶液的用量，mL；

W——样品湿树脂质量，g；

a——固体含量,%。

3.1.13.3 实验仪器及药品

（1）天平（万分之一精度）、烘箱、干燥器、三角烧瓶、移液管、量筒等。

（2）0.5mol/L NaCl 溶液、1mol/L 硫酸（或 1mol/L 盐酸）溶液、1mol/L NaOH 溶液、0.100mol/L NaOH 溶液、1%酚酞指示剂。

3.1.13.4 实验操作步骤

（1）强酸性阳离子交换树脂的预处理。取样品约 10g 以 1mol/L 硫酸（或 1mol/L 盐酸）及 1mol/L NaOH 溶液轮流浸泡，即按酸→碱→酸→碱→酸顺序浸泡 5 次，每次 2h，浸泡液体积约为树脂体积的 2~3 倍。在酸碱互换时应用 200mL 去离子水洗涤。5 次浸泡结束后用去离子水洗涤至溶液呈中性。

（2）强酸性阳离子交换树脂固体含量的测定。称取 3 份约 1g 的样品，并放入 105~110℃烘箱中烘干至恒重后，放入氯化钙干燥器中冷却至室温，称重，记录干燥后的树脂质量。

$$固体含量 = (干燥后的树脂质量 / 样品质量) \times 100\% \tag{3-27}$$

（3）强酸性阳离子交换树脂交换容量的测定。另取 3 份 1.0000g 的样品置于 250mL 三角烧瓶中，投加 0.5mol/L NaCl 溶液 100mL 摇动 5min，放置 2h 后各加入 1%酚酞指示剂 3 滴，用 0.100mol/L NaOH 标准溶液进行滴定，至呈微红色 15s 不褪，即为终点。记录 NaOH 标准溶液的浓度及用量。

3.1.13.5 实验注意事项

（1）酸碱轮流浸泡完后应将样品充分洗至淋洗液呈中性，防止引入实验误差。

（2）滴定终点应在溶液呈微红色 15s 不褪色后记录数据。

3.1.13.6 实验数据及结果处理

（1）根据实验测定数据计算树脂固体含量，取 3 个样品的平均值作为实验最终结果。

（2）根据实验测定数据计算树脂交换容量，取 3 个样品的平均值作为实验最终结果。

3.1.13.7 思考题

（1）测定强酸性阳离子交换树脂交换容量为何用强碱 NaOH 滴定？

（2）写出本实验有关的化学反应方程式。

3.1.14 化学氧化法处理有机废水实验

3.1.14.1 实验目的

（1）了解 Fenton 试剂氧化法处理有机工业废水的基本原理。

（2）掌握 Fenton 试剂氧化法的实验步骤。

（3）掌握亚甲基蓝染料的分析方法。

3.1.14.2 实验原理

Fenton 试剂法是以过氧化氢为氧化剂，以亚铁盐为催化体系的化学氧化法，这两种试剂在一起就会显示出很强的氧化能力。Fenton 试剂法是一种均相催化氧化法，在含有亚铁离子的酸性溶液中投加过氧化氢时，在 Fe^{2+} 催化剂的作用下，H_2O_2 能产生活泼的羟基自由基，从而引发和传播自由基链反应，加快有机物和还原性物质的氧化。其具体反应历程为：

$$Fe^{2+}+H_2O_2 \longrightarrow Fe^{3+}+\cdot OH+OH^- \tag{3-28}$$

$$Fe^{3+}+H_2O_2 \longrightarrow Fe^{2+}+HO_2\cdot+H^+ \tag{3-29}$$

$$Fe^{2+}+\cdot OH \longrightarrow Fe^{3+}+OH^- \tag{3-30}$$

$$Fe^{3+}+HO_2\cdot \longrightarrow Fe^{2+}+O_2+H^+ \tag{3-31}$$

$$\cdot OH+H_2O_2 \longrightarrow H_2O+HO_2\cdot \tag{3-32}$$

$$HO_2\cdot \longrightarrow O_2^-+H^+ \tag{3-33}$$

$$O_2^-+H_2O_2 \longrightarrow O_2+\cdot OH+OH^- \tag{3-34}$$

反应产生的羟基自由基可与废水中的有机物发生反应，使其分解或改变其电子云密度和结构，有利于凝聚和吸附过程的进行。Fenton 试剂法可用于处理难生物降解的有机废水和染料废水的脱色、处理含烷基苯磺酸盐、酚、表面活性剂、水溶性高分子（如聚乙二醇、聚乙烯醇）废水特别有效。

影响 Fenton 试剂处理效果的因素主要包括：pH 值、H_2O_2 投加量、Fe^{2+} 投加量和反应温度。Fenton 试剂是在酸性条件下发生作用的，在中性和碱性的环境中 Fe^{2+} 不能催化 H_2O_2 产生羟基自由基，而保持 pH 值在 3~5 时的去除效果最好。H_2O_2 的浓度较低时，产生羟基自由基的量随 H_2O_2 的浓度增加而增加，但 H_2O_2 浓度较高时，过量的 H_2O_2 不但不能通过分解产生更多的羟基自由基，反而在反应一开始就把 Fe^{2+} 迅速氧化成 Fe^{3+}，使氧化在 Fe^{3+} 的催化下进行，这样既消耗了 H_2O_2 又抑制了羟基自由基的产生。Fe^{2+} 浓度过低，反应速度极慢，但 Fe^{2+} 过量会被氧化成 Fe^{3+}，消耗药剂的同时增加出水色度。反应温度也会对 Fenton 试剂的氧化效果产生影响。对 Fenton 试剂这样的复杂体系，温度升高，不仅加速正反应的进行，也会加速负反应。因此，温度对于 Fenton 试剂处理废水的影响比较复杂，适当的温度可以激活羟基自由基，但温度过高会使双氧水分解成水和氧气，但在工业水处理过程中，调节废水温度耗能较大，大多情况下都在室温下操作，因此本实验暂不考虑反应温度的影响。

3.1.14.3 实验仪器及药品

A 实验仪器

（1）机械搅拌器。

（2）分光光度计。

（3）烧杯、量筒、移液管等。

B 实验药品

（1）过氧化氢（30%）。

（2）硫酸亚铁溶液（1mol/L），临用前配制。

（3）硫酸（0.5mol/L）。

（4）氢氧化钠（1mol/L）。

（5）亚甲基蓝储备液。

3.1.14.4 实验操作步骤

（1）pH 值的影响。

1）在 1000mL 烧杯中配制浓度为 100mg/L 的亚甲基蓝初始溶液 500mL，此样品备 4 份并编号备用。

2）用硫酸和氢氧化钠调节上述 1~4 号烧杯溶液 pH 值分别为 2、4、6、8。

3）向上述 1~4 号烧杯中加入新配制的硫酸亚铁溶液 0.5mL、过氧化氢 1.5mL，搅拌 1h 后停止。

4）采用分光光度计在波长 470nm 处测定烧杯溶液中剩余亚甲基蓝浓度。

（2）亚铁离子浓度的影响。

1）在 1000mL 烧杯中配制浓度为 100mg/L 的亚甲基蓝初始溶液 500mL，此样品备 4 份并编号备用。

2）分别向上述 1~4 号烧杯溶液中加入 0.5mL、1.0mL、1.5mL、2.0mL 新配制的硫酸亚铁溶液。

3）向 1~4 号烧杯溶液中加入过氧化氢 1.5mL，搅拌 1h 后停止。

4）采用分光光度计在波长 470nm 处测定烧杯溶液中剩余亚甲基蓝浓度。

（3）过氧化氢浓度的影响。

1）在 1000mL 烧杯中配制浓度为 100mg/L 的亚甲基蓝初始溶液 500mL，此样品备 4 份并编号备用。

2）分别向上述 1~4 号烧杯溶液中加入 0.5mL、1.0mL、1.5mL、2.0mL 过氧化氢溶液。

3）向 1~4 号烧杯溶液中加入新配制的硫酸亚铁溶液 0.5mL，搅拌 1h 后停止。

4）采用分光光度计在波长 470nm 处测定烧杯溶液中剩余亚甲基蓝浓度。

3.1.14.5 实验注意事项

（1）实验过程中硫酸亚铁溶液一定要临用前现配，以免 Fe^{2+} 氧化造成实验误差。

（2）实验应首先绘制亚甲基蓝溶液标准曲线。

3.1.14.6 实验数据及结果处理

（1）采用分光光度计测定溶液中剩余亚甲基蓝的浓度，并做好记录。

（2）计算上述各条件下亚甲基蓝的去除率（%）：

$$亚甲基蓝去除率=\frac{处理前亚甲基蓝浓度-处理后亚甲基蓝浓度}{处理前亚甲基蓝浓度}\times 100\% \quad (3-35)$$

（3）确定 Fenton 试剂氧化法处理含亚甲基蓝废水的最佳反应条件，即确定 pH 值、Fe^{2+}、H_2O_2 的最佳组合条件。

3.1.14.7 思考题

（1）如何才能提高 Fenton 试剂氧化法的去除率？

（2）湿式氧化、臭氧氧化、氯气氧化等方法分别适用于哪些工业废水的处理？

3.1.15 曝气设备充氧性能测试实验

3.1.15.1 实验目的

（1）加深理解曝气充氧机理及影响因素。

（2）测定曝气设备的氧总传递系数 K_{La}。

（3）掌握曝气设备清水充氧性能的测定方法，评价氧转移效率 E_A 和动力效率 E_P。

3.1.15.2 实验原理

曝气是指人为地通过一些设备，加速向水中传递氧的一种过程。活性污泥法处理过程中曝气设备的作用是使空气、活性污泥和污染物三者充分混合，使活性污泥处于悬浮状态，促使氧气从气相转移到液相，从液相转移到活性污泥上，保证微生物有足够的氧气进行物质代谢。氧由气相转入液相的机理通常用双膜理论来解释。双膜理论是基于在气液两相界面存在着两层膜（气膜和液膜）的物理模型。其内容是：在气液两相接触界面两侧存在着气膜和液膜，它们处于层流状态，气体分子从气相主体以分子扩散的方式经过气膜和液膜进入液相主体，氧转移的动力为气膜中的氧分压梯度和液膜中的氧浓度梯度，传递的阻力存在于气膜和液膜中，而且主要存在于液膜中。氧在膜内总是以分子扩散方式转移的，其速度总是慢于在混合液内发生的对流扩散方式的转移，因此只要液体内氧未饱和，则氧分子总会从气相转移到液相中去。

实验采用非稳态测试方法，即注满所需水后，将待曝气之水以亚硫酸钠为脱氧剂，氯化钴为催化剂脱氧至零后开始曝气，液体中溶解氧浓度逐渐提高，液体中溶解氧的浓度 C 是时间 t 的函数，曝气后每隔一定时间 t 取曝气水样，测水中的溶解氧浓度，从而利用公式计算 K_{La}。

根据氧转移基本方程式：

$$\frac{\mathrm{d}c}{\mathrm{d}t} = K_{La}(c_s - c) \tag{3-36}$$

积分整理后得到氧总转移系数：

$$K_{La} = \frac{2.303[\lg(c_s - c_0) - \lg(c_s - c_t)]}{t} \tag{3-37}$$

或以

$$\lg\left(\frac{c_s - c_0}{c_s - c_t}\right) \tag{3-38}$$

为纵坐标，以时间 t 为横坐标，如下式所示：

$$\lg\left(\frac{c_s - c_0}{c_s - c_t}\right) = \frac{K_{La}}{2.303}t \tag{3-39}$$

式中 K_{La}——氧总转移系数，L/h；

t——曝气时间，h；

c_s——饱和溶解氧浓度；

c_0——曝气池内初始溶解氧浓度，本实验中 $t=0$ 时，$c_0=0$；

c_t——曝气某时刻 t，池内液体溶解氧浓度，mg/L。

通过绘图得到直线斜率，从而计算出氧总转移系数 K_{La}。

3.1.15.3 实验仪器及药品

A 实验仪器

(1) 曝气装置，1套。

(2) 溶解氧测定仪，1台。

(3) 电子天平，1台。

(4) 计时器。

(5) 烧杯、玻璃棒等。

B 实验药品

(1) 亚硫酸钠。

(2) 氯化钴。

3.1.15.4 实验操作步骤

(1) 关闭所有开关，向曝气池内注入一定量清水（自来水），测定水中的溶解氧饱和值 c_s，计算池内氧总量 $G=c_s V$，其中 V 为水样体积。

(2) 计算投药量。

1) 脱氧剂采用结晶亚硫酸钠，投药量 $g=(1.1\sim1.5)\times 8G(\text{mg})$，1.5为安全系数。

2) 催化剂采用氯化钴，投加浓度为0.1mg/L，总量为 $0.1\times V=m(\text{mg})$。

将所称药剂用温水溶解，加入曝气池后进行小量曝气20s，使其混合反应10min后取水样测溶解氧DO。

(3) 当水样脱氧至零后，开始正常曝气，计时每隔 n 分钟取样一次，并现场测定DO值，直至DO不再增长（饱和）为止。随后关闭曝气装置。

(4) 同时计量空气流量、温度、压力、水温等。

3.1.15.5 实验注意事项

(1) 加药时，将脱氧剂与催化剂用温水化开后从顶部均匀加入。

(2) 实测饱和溶解氧值，一定要在溶解氧值稳定后进行。

3.1.15.6 实验数据及结果处理

(1) 利用公式求得氧总转移系数 K_{La} 值。

(2) 利用坐标纸以 $\ln[(c_s-c_0)/(c_s-c_t)]$ 为纵坐标，$t-t_0$ 为横坐标，绘图求得 K_{La} 值。

3.1.15.7 思考题

(1) 曝气在生物处理中的作用是什么？

（2）氧总转移系数 K_{La} 有什么意义？影响氧传递的因素有哪些？

（3）曝气设备充氧性能的指标为何是清水？

3.1.16 电渗析除盐实验

3.1.16.1 实验目的

（1）了解电渗析实验装置的结构及工作原理。

（2）熟悉电渗析配套设备，学习电渗析实验装置的操作方法。

（3）掌握电渗析法除盐技术，求脱盐率。

3.1.16.2 实验原理

电渗析是一种膜分离技术，已广泛地应用于水处理的各个行业。电渗析膜由高分子合成材料制成，在外加直流电场作用下，对溶液中的阴、阳离子具有选择过滤性，使溶液中的阴、阳离子在由阴膜及阳膜交错排列的隔室产生迁移作用，即阳膜只容许阳离子透过，阴膜只容许阴离子透过，从而达到离子从水中分离的目的。

在电渗析器内，阴极和阳极之间的阳膜和阴膜交替排列，并用特制的隔板将这两种膜隔开，隔板内有水流的通道。进入淡室的含盐水在两端电极接通直流电源后，即开始电渗析过程，水中阳离子不断透过阳膜向阴极方向迁移，阴离子不断透过阴膜向阳极方向迁移，结果是含盐水逐渐变成淡化水。而进入浓室含盐水由于阳离子在向阴极方向迁移中不能透过阴膜，阴离子在向阳极方向迁移中不能透过阳膜，含盐水却因不断增加由邻近淡室迁移透过的离子而变成浓盐水。这样电渗析器中组成了淡水和浓水两个系统。与此同时，在电极和溶液的界面上，通过氧化、还原反应，发生电子与离子之间的转换，即电极反应。以食盐水为例，阴极还原反应为：

$$H_2O \longrightarrow H^+ + OH^- \qquad 2H^+ + 2e^- \longrightarrow H_2\uparrow \tag{3-40}$$

阳极氧化反应为：

$$H_2O \longrightarrow H^+ + OH^- \tag{3-41}$$

$$4OH^- \longrightarrow O_2\uparrow + 2H_2O + 4e^- \tag{3-42}$$

$$2Cl^- \longrightarrow Cl_2\uparrow + 2e^- \tag{3-43}$$

所以，在阴极不断排出氢气，在阳极不断有氧气或氯气放出。在阴极室溶液呈碱性，当水中有 Ca^{2+}、Mg^{2+}、HCO^- 等离子时，会生成 $CaCO_3$ 和 $Mg(OH)_2$ 水垢，依附在阴极上。而阳极室溶液则呈酸性，对电极造成强烈的腐蚀。

在电渗析过程中，电能的消耗主要用来克服电流通过溶液、膜时所受到的阻力以及进行电极反应。运行时，处理水不断地流入交替相间的隔室，这些隔室是被阴阳交换膜交替格隔开的，在外加直流电场的作用下，原水中的阴阳离子在水中发生定向迁移，最终形成淡水室（淡化水）和浓水室（浓盐水）。

3.1.16.3 实验仪器设备

电渗析处理装置，主要由 PVC 水箱、有机玻璃过滤柱、进水泵、电渗析器、电气控制箱以及不锈钢架等组成。

3.1.16.4 实验操作步骤

(1) 在实验前，必须掌握处理装置的所有设备、连接管路的作用及相互之间的联系，了解其工作原理。在此基础上方可开始进行装置的启动和运行。

(2) 向水箱中加入其体积约一半的水样（含盐量 35mmol/L，用自来水、NaCl 配制）进行实验，并测定原水样的电导率。

(3) 启动进水泵，调节流量阀在 1/2 处，运行 3~5min 后接通直流电源，电流表显示出工作电流。

(4) 每隔 5min，测定两个出口水样的电导率（测定两次，求取平均值），连续运行 30min，同时记录整个过程中的电流大小，并判断淡水口和浓水口。

(5) 改变流量（调节流量阀到最大处），重复操作步骤（4）。

(6) 实验完毕，先停电渗析器的直流电源，后停泵停水。

3.1.16.5 实验注意事项

(1) 实验刚开始出水有气泡产生，待稳定后再测量数据。

(2) 电渗析装置运行时务必先通水后通电，操作结束时应先停电后停水。

3.1.16.6 实验数据及结果处理

(1) 记录实验设备和操作的基本参数。

(2) 记录出水电导率随时间的变化情况，并计算除盐效率。

3.1.16.7 思考题

(1) 实验过程中正负电极对调的作用是什么？

(2) 电渗析法除盐与离子交换法除盐各有何优点？适用性如何？

(3) 利用含盐量与水的电导率关系，以水的电导率换算含盐量，其准确性如何？

3.2 综合实验

3.2.1 完全混合式活性污泥法处理系统的观测和控制运行实验

3.2.1.1 实验目的

(1) 通过观察完全混合式活性污泥法处理系统的运行，加深对该处理系统的特点和运行规律的认识。

(2) 通过对模型实验系统的调试和控制，初步培养进行小型模拟实验的基本技能。

（3）熟悉和了解活性污泥法处理系统的控制方法，进一步理解污泥负荷、污泥龄、溶解氧浓度等控制参数及在实际运行中的作用和意义。

3.2.1.2 实验原理

活性污泥法是采用人工曝气的手段，使得活性污泥均匀分散并悬浮于曝气池中，和废水充分接触，并在溶解氧的条件下，对废水中所含的有机底物进行合成和分解的代谢活动。在这活动过程中，有机物被微生物所利用，得以降解、去除。同时，亦不断合成新的微生物去补充、维持曝气池中所需的工作主体——微生物（活性污泥），与从曝气池中排出的剩余活性污泥互相平衡。因此，在活性污泥法中，创造微生物所需的环境条件，如温度、pH 值、营养、供氧等，使微生物在反应器中得到正常、良好的生长繁殖是关键。只有这样才能使活性污泥生物处理过程正常进行，废水中的有机污染物质得以去除，达到无害化处理的目的。

在活性污泥法的净化功能中，起主导作用的是活性污泥，活性污泥性能的优劣，对活性污泥系统功能有决定性的作用。活性污泥是由大量微生物凝聚而成，具有较大的比表面积。性能优良的活性污泥应具有很强的吸附性能和氧化分解有机污染物的能力。随着科学技术的进步和发展，活性污泥法亦有了很大的进展，并创造了不少可行的、先进的工艺流程。这些流程的基本原理与上述活性污泥法的基本流程是一致的。

完全混合式活性污泥法是在传统方法基础上发展起来的，因为传统活性污泥法提供的微生物的生活环境不够稳定，以至于引起了运行管理上的困难。后来，经改革提出了多点进水法，使得池中食料的投配沿池长较为均匀，供氧与需氧吻合。如果在多点进水法中，进一步增多进水点，同时相应增多回流污泥入流点，那么曝气池中混合液不均匀的情况将大大改变。入流废水与回流污泥在曝气池中和原有池液迅速混合。这种运行方式称为完全混合式活性污泥法。

完全混合式活性污泥法的主要特点如下：

（1）池液里各个部分微生物的种类和数量基本相同，生活环境也基本相同，可以通过改变 F/M 值，使其工作点处于污泥增长曲线上所期望的某一点，从而可以得到所期望的某种出水水质。

（2）能够处理高浓度有机污水而不需要稀释，仅随浓度的高低程度在一定污泥负荷范围内适当延长曝气时间即可。

（3）进入曝气池的污水能够得到稀释，使波动的进水水质得到均化，因此进水水质的变化对活性污泥影响降低到很小的程度，能较好地承受冲击负荷，适应工业生产污水的要求。

可见，了解和掌握活性污泥处理系统的特点和运行规律及实验方法是很重要的。本实验用完全混合式活性污泥法，对于特定的处理系统在一定的环境条件下，运行的控制因素有污泥负荷、污水停留时间、曝气池中溶解氧浓度（可用气水比来控制）和污泥排放量等，这些参数也是设计污水处理厂的重要参考资料。在活性污泥法小型实验的运行中，必须严格控制以下几个参数：

（1）COD-污泥负荷 N_s（kgCOD/(kgMLSS · d)）：

$$N_s = QL_a/XV \tag{3-44}$$

（2）曝气时间 t（h）：

$$t = V/Q \tag{3-45}$$

（3）污泥龄或细胞平均停留时间 θ_c（d）：

$$\theta_c = \frac{XV}{Q_w X_w + (Q - Q_w) X_e} \approx \frac{XV}{Q_w X_w} \tag{3-46}$$

式中　Q——污水流量，m^3/d；

L_a——进水有机物（COD）浓度；

V——曝气池容积，m^3；

X——混合液（即活性污泥）浓度，mg/L；

Q_w——每天排放的污泥量，m^3/d；

X_w——排放的污泥浓度，mg/L；

X_e——随出水流失的污泥浓度，mg/L。

3.2.1.3　实验仪器及设备

（1）活性污泥处理小型设备，采用合建式曝气池系统，材料为有机玻璃。

（2）供气系统：空压机、储气罐、减压阀、转子流量计、输送管路。

（3）配水系统：集水池、配水箱、小型泵、配水管、排水管。

（4）温度控制仪、加热器。

（5）溶解氧测定仪。

3.2.1.4　实验操作步骤

（1）活性污泥的培养和驯化，可以采用生产和人工配制的合成污水先进行闷曝，然后采用连续培养驯化，有条件可以从正在运行的活性污泥法处理厂引种。

（2）每套试验装置的污泥浓度或进水流量可以控制在不同的范围。

（3）认真观察曝气池中的气水混合、二沉池中的絮凝沉淀以及污泥从二沉池向曝气池的回流等。

（4）若曝气池中气水液的混合不充分，可通过流量计加大曝气量；若二沉池中的沉淀状态不佳，可通过调节回流污泥的挡板，来减小回流污泥量；若回流液污泥不畅，则可提高挡板来增大回流缝的高度。

（5）进行以下项目的测定并做好数据记录。

1）进水流量（可用容积法计量）。

2）进出水的 COD（或 BOD）浓度，出水的悬浮物（SS）浓度。

3）曝气池的混合液浓度。

4）曝气池内的溶解氧浓度。

5）每日排放的污泥浓度 X_w 和污泥流量 Q_w。

（6）对实验模型系统进行控制。

1）溶解氧 DO = 1.0～2.5mg/L。

2）COD-污泥负荷 N_s = 0.1～0.4kgCOD/(kgMLSS·d)。

3）污泥龄 θ_c = 2～10d。

(7) 然后仍继续观察曝气池和二沉池的运行情况，其中包括曝气池的混合状态、二沉池沉淀污泥的絮凝和沉淀情况、回流污泥是否畅通等，发现问题时要及时进行调节和控制。

3.2.1.5 实验注意事项

(1) 由于实验模型设备规模小，必须准确地测定流量、容积等数据，以免引起较大的误差。

(2) 防止进水管路和空气管路的堵塞，注意调节回流污泥挡板，时刻保证污泥回流畅通。

(3) 排放的污泥量可用容积法计算，其浓度则要在排放完毕后搅拌均匀再测定。

(4) 正确使用和掌握溶解氧测定仪和其他仪器。

3.2.1.6 实验数据及结果处理

记录不同控制条件下相关实验数据，并根据测定结果，计算在某一特定条件下（污泥负荷、污泥龄及溶解氧浓度等）的 COD 去除率。

3.2.1.7 思考题

(1) 通过本实验系统的观测和控制运行，阐述完全混合式活性污泥法的优缺点。

(2) 控制曝气池中的溶解氧浓度对处理系统的运行有何影响?

(3) 控制 COD-污泥负荷对处理系统的运行有何影响?

3.2.2 活性炭吸附水中不同金属离子性能比较

3.2.2.1 实验目的

(1) 通过实验操作过程，进一步了解活性炭吸附水体中金属离子的原理。

(2) 掌握活性炭吸附实验基本操作步骤，掌握间歇式静态吸附法确定活性炭等温吸附式的方法。

(3) 通过观察实验现象和绘制吸附等温曲线，掌握活性炭对不同金属离子的吸附性能和特点。

3.2.2.2 实验原理

活性炭是由含碳物质（木炭、木屑、果核、硬果壳、煤等）作为原料，经高温脱水碳化和活化而制成的多孔疏水性吸附剂。活性炭具有比表面积大、高度发达的孔隙结构，优良的力学性能和吸附能力，因此被应用于多种行业。在水处理领域，活性炭吸附通常作为饮用水深度净化和废水的三级处理，以除去水中的有机物、金属离子等。活性炭对金属离子的吸附过程主要包括液膜扩散、孔扩散及表面吸附反应。重金属离子在活性炭上的吸附往往不仅仅是单纯的物理吸附，而是常常与吸附剂的表面官能团进行反应形成沉淀和配合物或进行离子交换等。对于重金属离子而言，活性炭对其吸附机理包括 3 个方面的过程：(1) 重金属离子在活性炭表面沉积而发生的物理吸附；(2) 重金属离子在活性炭表面可发生离子交换反应；(3) 重金属离子与活性炭表面的含氧官能团发生化学吸附。

由于不同的金属离子的物理和化学性质不同，活性炭对它们的吸附作用和吸附能力可能就不同。本实验选取两种不同的金属离子，测定活性炭对它们的吸附能力，并做比较。活性炭的吸附能力以吸附量 q 来表示，即

$$q = \frac{V(C_0 - C)}{M} = \frac{X}{M} \tag{3-47}$$

式中 q——活性炭吸附量，即单位质量的吸附剂所吸附的物质质量，g/g；

V——污水体积，L；

C_0，C——吸附前原水及吸附平衡时污水中的物质浓度，g/L；

X——被吸附物质量，g；

M——活性炭投加量，g。

在温度一定的条件下，活性炭的吸附量随被吸附物质平衡浓度的提高而提高，两者之间的变化曲线称为吸附等温线，通常用费兰德利希经验式加以表达。

$$q = KC^{\frac{1}{n}} \tag{3-48}$$

式中 q——活性炭吸附量，g/g；

C——被吸附物质的平衡浓度，g/L；

K，n——与溶液温度、pH 值以及吸附剂和被吸附物质的性质有关的常数。

3.2.2.3 实验仪器及药品

A 实验仪器

(1) 恒温振荡器 1 台。

(2) 烘箱 1 台。

(3) 分光光度计 1 台。

(4) 三角烧瓶，250mL，12 个。

B 实验药品

本实验使用的金属离子是 Cr(Ⅵ) 和 Zn(Ⅱ)，废水自配。

(1) 废水中锌离子测定所需试剂：硫酸锌、pH=4.0~5.5 乙酸缓冲溶液（现配）、双硫腙、三氯甲烷、四氯化碳。

(2) 废水中铬离子测定所需试剂：$K_2Cr_2O_7$、二苯碳酰二肼、磷酸、硫酸、丙酮。

(3) 活性炭粉末。

3.2.2.4 实验操作步骤

(1) 自制一定浓度的含金属离子的废水，金属离子浓度范围控制在 20~200mg/L 之间。

(2) 将粉末活性炭在蒸馏水中浸泡 24h，然后将其置于烘箱中，并在 105℃ 烘干至恒重，取出备用。

(3) 在6个三角烧瓶中分别加入100mL浓度一定的金属离子废水和0.01g粉末活性炭，分别调节pH值为2、4、6、8、10、12，并将其放置在恒温振荡器中，以2000r/min振荡30min后，取出过滤，测定滤液中金属离子含量，记录相关数据并计算活性炭对金属离子的去除率。

(4) 在6个三角烧瓶中分别加入不同浓度的金属离子废水和0.01g粉末活性炭，pH值取步骤(3)中去除率最大所对应的值，将其放在恒温振荡器中振荡30min，取出过滤后并测定滤液中金属离子含量，记录相关数据并计算活性炭对金属离子的去除率。

(5) 更换含不同金属离子的废水，重复上述步骤(3)和(4)，并做好数据记录和去除率计算。

3.2.2.5　实验注意事项

(1) 在更换含不同金属离子废水开展吸附实验过程中的实验条件应尽量保持一致，包括活性炭用量、pH值、转速、振荡时间等，利于两次实验结果的对比。

(2) 振荡结束后应及时过滤并测定滤液中相应金属离子的浓度，尽量减少实验误差。

3.2.2.6　实验数据及结果处理

(1) 根据公式计算活性炭吸附容量 q。

(2) 利用记录的相关数据，做出活性炭对不同金属离子的吸附等温线，并利用做图法计算出 n、K 值。

(3) 结合实验现象，比较计算得出的结果。

3.2.2.7　思考题

(1) 活性炭对金属离子的吸附是以物理吸附还是化学吸附为主？

(2) 简要分析活性炭对实验中两种金属离子吸附能力不同的原因。

3.2.3　粉煤灰絮凝剂的制备及其对实验室废水的处理

3.2.3.1　实验目的

(1) 掌握粉煤灰絮凝剂的制备方法。

(2) 了解粉煤灰絮凝剂吸附处理废水中Cr(Ⅵ)和浊度的原理。

(3) 掌握单因素实验设计和正交实验设计的设计方法，重点掌握正交实验设计的优点及数据处理方法。

3.2.3.2　实验原理

粉煤灰是燃煤发电过程中的主要固体废弃物。粉煤灰不仅量大，占地面积大，而且给人们生产生活的环境造成了极大的危害。因此，开发粉煤灰的综合利用，化害为利已成为当前研究的重点和热点。粉煤灰是一种多孔性的固相物质，孔隙度可达60%~70%。其颗粒基本上由低铁玻璃珠、多孔玻璃体及多孔碳粒组成，因此具有优良的吸附性能和过滤性能，能吸附污水中的悬浮物、脱除有色物质、降低色度、吸附并除去污水中的耗氧物质。在酸性条件下，粉煤灰中的铝、铁还可离解成为无机混凝剂，能够将污水中的悬浮物絮凝沉降，完成与水的分离。但普通粉煤灰吸附性能有限，直接用于处理废水效果较差。

粉煤灰具有一定的吸附能力，但吸附能力有限，故需将粉煤灰进行改性，以增强其吸附能力。粉煤灰改性的方法主要有湿法改性和干法改性。湿法改性是指利用酸溶解粉煤灰中的酸溶性物质，从而扩大粉煤灰的吸附能力。干法改性是指将粉煤灰和碱性物质（氢氧化钠、碳酸钠）等在高温（马弗炉）作用下，利用熔融态碱性物质加速粉煤灰中碱溶性物质的溶解，扩大粉煤灰内部空隙，从而增大粉煤灰的吸附能力。干法改性效果要好于湿法改性，但干法改性需要消耗较高能耗、处理时间长，而湿法改性条件易于控制，反应时间短，故本实验教学中采用湿法改性。

3.2.3.3 实验仪器及药品

A 实验仪器

（1）恒温振荡器。

（2）烘箱。

（3）分光光度计。

（4）锥形瓶、烧杯。

B 实验药品

（1）粉煤灰、废弃铝片渣。

（2）显色剂。2%显色剂制备：取二苯碳酰二肼 1g 溶于 50mL 丙酮中，加入 2~3 滴冰醋酸；0.2%显色剂制备：取二苯碳酰二肼 0.1g 溶于 50mL 乙醇中，再加入 200mL 规格为 1∶9 的 H_2SO_4。

（3）缓冲溶液：12.15g 冰醋酸，12g 无水醋酸钠，溶于 90mL 蒸馏水（pH=4.6）。

（4）对甲苯磺酸：5g/L。

（5）氢氧化钠溶液：30g/L。

（6）铬标准储备液。

（7）铬标准使用液。

（8）异戊醇（分析纯）。

（9）4-甲基-2-戊酮（分析纯）。

3.2.3.4 实验操作步骤

（1）粉煤灰絮凝剂的制备。称取 5g 废铝片切碎、洗净、烘干，溶于 50mL 30%的 NaOH 溶液中，待反应结束后，过滤，弃滤渣，收集滤液 1 待用；另称取 100g 粉煤灰于 500mL 烧杯中，加入等体积混合酸（1mol/L HCl 与 1mol/L H_2SO_4）300mL，3gNaCl（助溶剂），在 25℃磁力搅拌 2h，得到酸处理后粉煤灰混合物 2，将 1、2 按质量比 1∶5 混合均匀，即得到粉煤灰基混凝剂，该混凝剂为黑色黏稠状液体。

（2）铬标准溶液配制。

1）铬标准储备液：重铬酸钾 0.2829g，溶解转移定容到 100mL 容量瓶中。

2）铬标准使用液：移取 1mL 铬标准储备液，稀释为 1000mL（1mgCr/mL）。

（3）粉煤灰絮凝剂对 Cr(Ⅵ）的吸附。取 20mL 水样装入 250mL 锥形瓶中，按照正交设计（表 3-7）的组合依次确定实验条件，置于恒温磁力搅拌器上，先快速搅拌 20min，再中速搅拌 30min，最后慢速搅拌 10min，冷却后过滤两次，取滤液测定其浊度、Cr(Ⅵ）含量，研究粉煤灰絮凝剂对 Cr(Ⅵ）的处理效果。

本实验主要考虑水泥投加量、处理温度和处理溶液的 pH 值等三个因素的影响，实验中所采用的因素水平如表 3-8 所示。

表 3-7 水平 3 因素正交表

处理编号	第 1 列	第 2 列	第 3 列
1	1	1	1
2	2	3	1
3	3	2	1
4	1	2	2
5	2	1	2
6	3	3	2
7	1	3	3
8	2	2	3
9	3	1	3

表 3-8 实验所选的因素水平表

水平	因素		
	投加量/g · 100mL^{-1}	温度 T/℃	pH 值
1	0.2	30	5.5
2	0.4	45	7.0
3	0.6	60	8.5

3.2.3.5 实验注意事项

（1）开展正交设计实验时各组实验搅拌时长应尽量保持一致，以减少实验误差。

（2）各组实验搅拌完成后冷却时长、过滤次数应尽量保持一致。

3.2.3.6 实验数据及结果处理

A Cr(Ⅵ）标准曲线的绘制

分别吸取 0mL、1mL、2mL、3mL、4mL、5mL、6mL Cr 标准使用液于 50mL 容量瓶中，加蒸馏水至 10mL，加 1mL 显色剂，摇匀显色 5min；加入 3mL 对甲基苯磺酸，2.9mL 30g/L 的 NaOH 溶液，5mL NaAC-HAC 缓冲溶液，摇匀，再加 20mL 萃取剂。振荡 5min，静置分层 10min，用分液漏斗分离，测有机相吸光度。绘制 Cr(Ⅵ）的量对吸光度的标准曲线。

B 粉煤灰絮凝剂对 Cr(Ⅵ) 处理效果

将实验数据记录在表 3-9 中。

表 3-9 实验结果与极差分析

实验号	因素				
	投加量/g·100mL^{-1}	温度/℃	pH 值	浊度去除率/%	Cr^{6+} 去除率/%
1					
2					
3					
4					
5					
6					
7					
8					
9					
$T_{1/3}$平均浊度					
$T_{2/3}$平均浊度					
$T_{3/3}$平均浊度					
R（浊度去除率）					
$T_{1/3}$ Cr^{6+}浓度平均值/g·L^{-1}					
$T_{2/3}$ Cr^{6+}浓度平均值/g·L^{-1}					
$T_{3/3}$ Cr^{6+}浓度平均值/g·L^{-1}					
R（Cr^{6+}去除率）					

求出粉煤灰絮凝剂处理实验室废水的最佳实验条件及其处理效果。

3.2.3.7 思考题

(1) 实验过程中为什么要选择先快速搅拌、再中速搅拌、最后慢速搅拌？
(2) 粉煤灰絮凝剂吸附 Cr(Ⅵ) 的机理是什么？

3.2.4 活性污泥耗氧速率测定及废水可生化性与毒性评价

3.2.4.1 实验目的

(1) 理解耗氧速率、废水可生化性与毒性的基本概念。
(2) 掌握 BI-2000 型电解质呼吸仪的使用方法。
(3) 理解耗氧速率在废水生物处理动力学研究中的作用。
(4) 掌握废水可生化性与毒性的评价方法。

3.2.4.2 实验原理

A BI-2000 型电解质呼吸仪工作原理

BI-2000 型电解质呼吸仪由磁力搅拌和温控系统、反应瓶、CO_2 捕捉器、电解单元和计算机软件系统组成。活性污泥和待测废水混合后盛放于反应瓶中，由磁力搅拌和温控系统进行搅拌和恒温，微生物消耗废水中的基质，同时消耗反应瓶中的氧气，并产生 CO_2，CO_2 被捕捉器中的 KOH 溶液吸收，导致反应瓶中压力下降，开关电极检测到压力下降后接通电解单元的电流，电解硫酸溶液产生氧气，补充反应瓶中被消耗的氧气，计算机软件通过记录整个实验过程产生的氧气量来间接反映反应瓶中消耗的氧气量。

B 耗氧速率表征活性污泥动力学和废水可生化性与毒性的原理

活性污泥的耗氧速率（OUR）是评价污泥微生物代谢活性的一个重要指标。在日常运行中，污泥 OUR 值的大小及其变化趋势可指示处理系统负荷的变化情况，并可以此来控制剩余污泥的排放。活性污泥的 OUR 值若太大，高于正常值，往往提示污泥负荷过高，这时出水水质较差，残留有机物较多；污泥 OUR 值长期低于正常值，这种情况往往符合延时曝气处理系统，这时出水中残留有机物较少、处理完全，但若长期运行，也会使污泥因缺乏营养而解絮。处理系统在遭受毒物冲击而导致污泥中毒时，污泥 OUR 的突然下降常是最为灵敏的早期警报。此外，还可通过测定污泥在不同工业废水中的 OUR 值的高低，来判断该废水的可生化性及污泥承受废水毒性的极限程度。同时 OUR 也是研究废水生物处理过程动力学和微生物学的关键参数，尤其在活性污泥数学模型水质划分与表征、动力学和化学计量学参数的测量、校核与识别中，该参数的准确测定尤为重要。

3.2.4.3 实验仪器及药品

A 实验仪器

(1) BI-2000 型电解质呼吸仪。

(2) 烧杯、移液管、滴管、量筒。

(3) 玻璃纤维滤纸。

B 实验药品

(1) 污水处理厂活性污泥。

(2) 0.5mol/L 的 H_2SO_4 溶液、0.45g/mL 的 KOH 溶液。

(3) COD 为 1000mg/L 的合成废水、葡萄糖等易降解基质配置。

(4) 浓度为 750mg/L 的酒精溶液。

(5) 浓度为 1000mg/L 的苯酚溶液。

3.2.4.4 实验操作步骤

(1) 测定活性污泥的耗氧速率。

1) 设备和软件的启动。

① 向温度控制单元的水浴池中加入自来水至 2/3 高度处，检查各阀门和电源是否完好。

② 依次开启计算机显示器和主机、呼吸仪主机和温度控制单元的电源，打开需要用到的磁力搅拌器，预热 1.5h。

③ 双击计算机桌面上的“BI-2000”图标或单击任务栏左下角的“Start”按钮，滚动鼠标选择“Program”下的“BI-2000”，单击以打开控制软件，设置水浴温度。

2）反应器单元的制备与组装。

① 在 KOH 捕集器中放入一条扇形的玻璃纤维滤纸，注入 5.0mL 0.45g/mL 的 KOH 溶液，在捕集器接头处的外部均匀涂上润滑脂，然后置于架子上。

② 在电解单元下部的外表面均匀涂上润滑脂，并与 KOH 捕集器组装在一起，旋转接头直至润滑脂透明且无气泡，向电解池中注入体积约为其总容积 1/3 的 0.5mol/L 的 H_2SO_4 电解质溶液。

③ 在电解池的盖子的接头处的内壁均匀涂上润滑脂，并将其盖在电解池上，旋转至润滑脂透明且无气泡以保证密封良好，同时，要注意对齐两者上的小孔，清除孔中多余的润滑脂。

④ 关闭搅拌器。将分别装有 BOD 为 100mg/L、200mg/L、400mg/L 等水样的反应瓶放在水浴池中。放上格栅以固定反应瓶的位置，待反应瓶内容水样达到平衡温度，约需 0.5h 后，向其中加入污泥并放入搅拌转子，把电解单元和反应瓶组装在一起连接好 4-pin 的连接电缆。

3）实验开始和实验过程管理。

① 启动实验：打开搅拌器，在“BI-2000”操作软件中选择“File”的次级菜单中的“Start Cell”，单击该选项进入“Start Sample”对话框，完成对话框内各项参数设置，单击“OK”启动实验。

② 实验管理：选择“Filc”的次级菜单中的“Cell Display”，单击该选项进入“Cell Display”窗口，在此监控实验状态并进行实验管理，包括实验的暂停、恢复和停止等。

③ 数据查看：在“Cell Display”窗口中选中所要查看数据的反应器的编号，单击鼠标右键，在弹出的菜单中选中并单击“View Data”。

④ 图形显示：选择“Graph”次级菜单的“Display Graph”，单击以进入“Graph Curves”对话框，完成对话框设置即可查看图形。

⑤ 数据保存：选择“File”的次级菜单中的“Save Cell”，单击该选项进入“Save Cell Data”对话框，完成对话框内各项参数设置，单击“OK”。

4）通过过滤 100mL 的污泥样品，烘干称重后计算出 MLSS 以间接指示接种的活性污泥浓度。

（2）工业废水可生化性和毒性的测定。

1）待上述反应瓶的 OUR 重新降至最低并保持恒定一段时间后，即是污泥的内源呼吸耗氧速率。打开这 3 个反应瓶，由少至多加入乙醇或苯酚，即可进行工业废水的可生化性和毒性测定，也可另取污泥样品，利用新鲜污泥开始实验。

2）重新密闭好反应瓶后，分别按照步骤（1）测定它们的耗氧速率。

3.2.4.5 实验注意事项

（1）实验前确保所有反应器单元清洁，以免使微生物受到污染。

（2）若不需温度控制，请关闭温度控制器电源以节约电能，若要使用温度控制器，必须先在水浴池中加入自来水，检查并确定各管道畅通，然后再打开电源以免烧坏设备。

（3）在进行时间较短的实验时，请不要启动泄露检测功能，若要进行泄露检测，请关闭搅拌设备，检测完成后再开启搅拌设备。

（4）要保持连接反应器单元和呼吸仪主机的电缆处于自然伸展状态，切勿随意弯曲折叠。

3.2.4.6 实验数据及结果处理

A 活性污泥耗氧速率的测定

根据 MLSS 浓度（$mgO_2/(mgMLSS \cdot h)$）、反应时间和累积耗氧量，采用下式计算污泥的耗氧速率 OUR 并将实验数据记录在表 3-10 中。

$$OUR = A_i(mg/L) + 1 - A_i(mg/L) \div t(h) \div MLSS(mg/L) \tag{3-49}$$

式中 A_i——i 时刻的累积耗氧量，mg/L。

表 3-10 活性污泥耗氧速率的测定实验数据记录表

编号	1		2		3	
底物浓度（COD 计）/$mg \cdot L^{-1}$						
MLSS/$mg \cdot L^{-1}$						
时间/h	累积耗氧量	OUR	累积耗氧量	OUR	累积耗氧量	OUR
0.0						
0.2						
0.4						
0.6						
0.8						
1.0						
1.2						
1.4						
1.6						
1.8						
2.0						
2.2						
2.4						
2.6						
2.8						
3.0						

B 评价工业废水的可生化性和毒性

将第二组实验测得的最大 OUR 及其计算得到的相对耗氧速率记录在表 3-11 中，其中，相对耗氧速率计算如下式：

$$相对耗氧速率=\frac{OUR_S}{OUR_0}\times 100\% \tag{3-50}$$

式中 OUR_S——污泥对被测废水的耗氧速率；

OUR_0——污泥的内源呼吸耗氧速率。

表 3-11 评价工业废水可生化性和毒性实验数据记录表

编 号	乙 醇			苯 酚		
	1	2	3	4	5	6
底物浓度/mg · L^{-1}						
MLSS/mg · L^{-1}						
最大 OUR/mgO_2 · (mgMLSS · h)$^{-1}$						
内源 OUR/mgO_2 · (mgMLSS · h)$^{-1}$						
相对 OUR/mgO_2 · (mgMLSS · h)$^{-1}$						

利用相对耗氧速率，评价各种废水的可生化性或毒性。

3.2.4.7 思考题

(1) 影响污泥耗氧速率的因素有哪些？

(2) 可生物降解基质浓度对污泥耗氧速率有何影响？

(3) 对实验污泥有抑制的苯酚是否一定不可降解？

4 大气污染控制工程实验

4.1 概　述

大气污染是指由于人类活动或自然过程，使某些有害气体、颗粒物、气溶胶等物质进入大气层，改变了大气圈中某些原有成分和增加了某些有毒有害物质，致使大气质量下降或恶化，从而对生态系统、人类的生存和发展或者工农业生产造成不利影响或危害的现象。一般所说的大气污染是指人为因素造成的大气污染，它是人类当前面临的重要环境污染问题之一。随着人类社会经济和生产的迅速发展，以化石燃料为主的各种能源被大量消耗，并向大气层排放大量含硫、氮、颗粒物等物质的工业废气和生活废气，从而影响大气环境的质量，对人和物都可造成危害，尤其是在人口稠密的城市和工业区域，这种影响更大。

形成大气污染的 3 个要素为污染源、受体和大气状态，即大气污染的程度与污染物的性质、污染源的排放、气象条件和地理条件等有关。

判定大气是否受到污染主要从 3 个方面界定：第一，大气质量下降或恶化；第二，这种恶化主要是由人类活动引起的；第三，大气是否污染的判别标准是大气背景值（即未受人类影响的干净大气中各种组分的天然本底值），超过此值者，即可称为大气污染。

人类活动或自然因素导致进入大气层，引起大气（空气）恶化或对人类和生态系统产生不利影响的各种物质（气体、颗粒物质等）称为污染物。污染物是大气污染的表现和结果，大气污染物的种类很多，日前被人们注意到或已经对环境和人类产生危害的大气污染物有 100 种左右。

根据大气污染物存在的形态可把污染物划分为两大类，即颗粒态污染物和气态污染物。

颗粒态污染物是指除气体之外的分散于大气中的物质，包括各种各样的固体、液体和气溶胶。其中有固体的灰尘、烟尘、烟雾以及液体的雾滴，其粒径范围从 220μm 到 0.1μm，按粒径的差异可分为以下几种。

（1）粉尘。粉尘是指分散于气体中的固体微粒，这些微粒通常是由煤矿石和其他固体物料在运输、筛分、碾磨、燃烧等过程中产生。粉尘的粒径一般在 1~200μm 之间。大于 10μm 的微粒，在重力作用下，能在较短时间内沉降到地面，称为降尘；小于 10μm 的微粒，能长期飘浮于大气，称为飘尘。

（2）烟。烟是指粒径小于 1μm 的固体微粒。固体升华、液体蒸发及化学反应等过程生成的蒸气，其熔融物质挥发后生成的气态物质冷凝时便生成各种烟尘。

（3）雾。雾是液体微粒的悬浮体，其粒径小于 100μm，它可以是在液体蒸气的凝结、液体雾化及化学反应等过程中形成的，如水雾、烟雾、酸雾等。液滴的粒径在 200μm 以下。

（4）气溶胶。气溶胶是指粒径小于 1μm 的、悬浮于空气中的微粒。

（5）总悬浮微粒（TSP）。总悬浮微粒指大气中粒径小于 100μm 的所有固体颗粒。

气态污染物指以气体状态形式存在的污染物，主要有碳氢化合物、硫氧化物、氮氧化物、碳氧化合物和卤素化合物等。这些气态物质对人类的生产、生活以及生物所产生的危害主要是由其化学行为造成的。

大气污染的防治，只靠单项治理或末端治理措施是不行的，必须统一规划，综合运用各种技术及措施，预防为主，防治结合，加强管理，综合治理。

大气污染的综合防治原则是：（1）以源头控制为主，实施全过程控制；（2）合理利用大气自净能力，与人为措施相结合；（3）分项治理与综合防治相结合；（4）按功能区实行总量控制与浓度控制相结合；（5）技术措施与管理措施相结合。

治理大气污染的最有效的措施是控制污染源，从源头防止污染物进入大气。主要有从气体中去除或捕捉颗粒物的除尘技术；硫氧化物、氮氧化物等主要大气污染物的治理技术，包括吸收法、吸附法、催化法、燃烧法和冷凝法等。

4.2 基础实验

4.2.1 粉尘真密度实验

4.2.1.1 实验目的

（1）了解测试粉尘真密度的原理。

（2）掌握用比重瓶测定粉尘真密度的方法。

（3）了解引起真密度测量误差的因素及消除方法。

4.2.1.2 实验原理

在自然状态下的粉尘往往是不密实的，颗粒之间与颗粒内部都存在空隙。自然状态下单位体积粉尘的质量要比真空状态下小，把自然状态下单位体积粉尘的质量称为容积密度，在真空状态下，单位体积的粉尘具有的质量叫作粉尘的真密度。真密度是粉尘重要的物理性质之一，对以重力沉降、惯性沉降和离心沉降为主要除尘机制的除尘装置性能影响很大，是进行除尘理论计算和除尘器选型的重要参数。粉尘真密度的大小直接影响粉尘在气体中的沉降或悬浮，在设计选用除尘器、设计粉料的气力输送装置及测定粉尘的质量分散度时，粉尘的真密度都是必不可少的基础数据。

本实验采用比重瓶测定粉尘真密度。先将一定量的粉尘试样用天平称量（即求它的质量），然后放入比重瓶中，将装有一定量粉尘的比重瓶内造成一定的真空，从而除去粒子间及粒子本体吸附的空气，以一种已知真密度的液体充满粒子间的空隙，通过称量计算出真密度。称量中的数量关系如图 4-1 所示。图 4-1 中各部分的质量关系如式（4-1）所示。

$$(m_c + m_1) - m_2 = m_3 \tag{4-1}$$

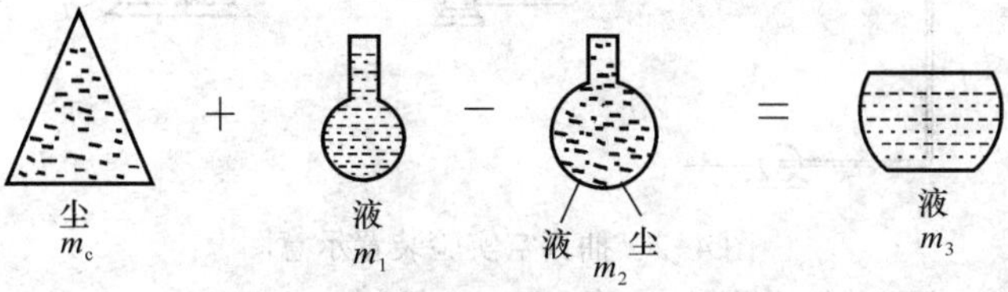

图 4-1　称量中的数量关系图

从图 4-1 中可以看出，从比重瓶中排出的液体的体积 V_s（cm^3）为：

$$V_s = \frac{m_3}{\rho_s} = \frac{(m_c + m_1) - m_2}{\rho_s} \tag{4-2}$$

式中　m_1——比重瓶加溶液质量，g；

m_3——排出液体的质量，g；

m_c——粉尘质量，g；

m_2——比重瓶加溶液和粉尘的质量，g；

ρ_s——溶液密度，g/cm^3。

根据阿基米德原理，比重瓶中排出的液体体积 V_s 也就是粉尘的体积 V_c，即 $V_s = V_c$，所以粉尘的真密度 $\rho_c(g/cm^3)$：

$$\rho_c = \frac{m_c}{V_c} = \frac{m_c}{m_1 + m_c - m_2} \times \rho_s \tag{4-3}$$

测出此分式中各项数值后，即可求得粉尘真密度 ρ_c。

溶液密度 ρ_s 的求法：

(1) 用温度计测出液体温度 t(℃)。

(2) 由附表 1 查出温度 t(℃) 下纯水的真密度 $\rho_w(g/cm^3)$。

(3) 由公式计算 $\rho_s(g/cm^3)$：

$$\rho_s = \frac{0.003 \times 611.8}{1000} + \rho_w \tag{4-4}$$

式中　0.003——溶液浓度，mol/L；

611.8——六偏磷酸钠摩尔质量，g/mol。

4.2.1.3　实验仪器与材料

(1) 抽真空实验装置（图 4-2）。

(2) 电烘箱。

(3) 干燥器。

(4) 分析天平，分度值为 0.0001g。

(5) 带有磨口毛细管的比重瓶（100mL）、烧杯（800mL）等。

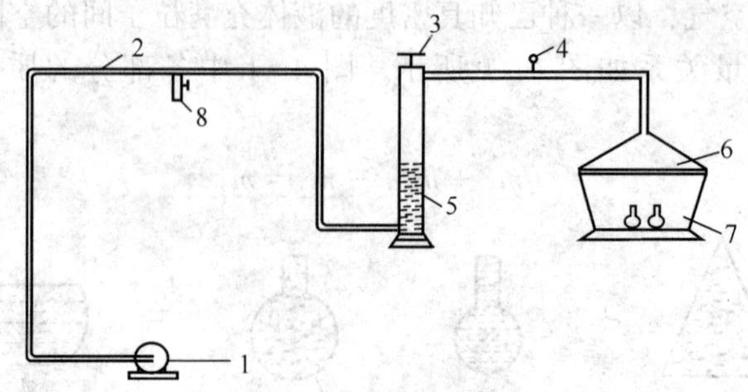

图 4-2 抽真空实验装置示意图

1—真空泵；2—阀门；3—干燥塔；4—真空表；5—氯化钙；6—真空缸；7—比重瓶；8—阀门

（6）六偏磷酸钠水溶液（浓度为 0.003mol/L）。

（7）滑石粉。

4.2.1.4 实验步骤

（1）将比重瓶清洗干净，放入烘箱烘干至恒重，然后在干燥器中自然冷却至室温。

（2）取有代表性的粉体试样 40~80g 放入烘箱内，在 110℃±5℃下烘干 2h 至恒重，然后在干燥器中自然冷却至室温。

（3）取 3 个比重瓶编上号，分别放在天平上称量，以 m_a 表示。

（4）在每个比重瓶内放入 5~10g 的干燥粉体，并分别称重，以 m_b 表示。

（5）将已配好的试剂（六偏磷酸钠水溶液）盛入烧杯中。

（6）把已装有干燥粉体的比重瓶和已装有试剂的烧杯一起放入真空缸内。

（7）开启真空泵抽真空，关闭阀门 8，观察实验装置的剩余压力（绝对压力），当剩余压力小于 20mmHg（1mmHg=133.3224Pa）方可进行下一步操作，否则应找出原因。

（8）开启阀门 8，关闭真空泵。

（9）打开真空缸，将烧杯中的试剂注入比重瓶，大约为比重瓶容积 3/4 时停止注液；注液后盖好真空缸静置 5min，当液面上没有粉体漂浮时，关闭阀门 8，开启真空泵，当真空缸剩余压力达到 20mmHg 以下时，再继续抽气 30min。

（10）开启阀门 8，关闭真空泵，从真空缸取出比重瓶，慢慢向比重瓶注满试剂（比重瓶口下 3~5mm 即可）。

（11）逐个盖好比重瓶的塞子（注意不可“张冠李戴”），直至塞紧，且略有水从塞子上外溢，再用滤纸吸掉比重瓶表面的水滴（但切勿将毛细管中液体吸出），略风干后立即称量，准确到 0.0001g，其质量以 m_2 表示。

（12）把比重瓶内的粉尘及液体全部倒掉，并清洗干净，再用六偏磷酸钠水溶液冲洗几次，然后向比重瓶注入试剂，使液面低于瓶口下 3~5mm 即可。

（13）按上述步骤（11）进行操作，称量出溶液加比重瓶的质量，以 m_1 表示。

4.2.1.5 结果整理

（1）计算粉尘真密度 ρ_c。

（2）取 3 个试样的实验结果的平均值作为粉尘真密度的报告值。

要求平行测定误差$\frac{\rho_c-\overline{\rho_c}}{\overline{\rho_\rho}}$<0.002，若平行测定误差大于 0.002，则应检查记录和测定装置，找出原因。如不是计算错误应重做实验。

有关实验数据和计算结果记入表 4-1 中。

表 4-1 粉尘真密度测定记录表

比重瓶编号	比重瓶质量 m_a/g	比重瓶加粉尘质量 m_b/g	粉尘质量 $m_c=m_b-m_a$/g	比重瓶加溶液质量 m_1/g	比重瓶加粉尘和溶液质量 m_2/g	真密度 $\rho_c=\frac{m_c}{m_1+m_c-m_2}$/g·cm^{-3}
1号						
2号						
3号						
平均值						

4.2.1.6 思考题

（1）本实验所用粉尘为滑石粉，为什么所用的填充液体必须用六偏磷酸钠水溶液？

（2）如果实验真空不够，对最后实验结果有何影响？

（3）粉尘真密度的测定误差主要来源于哪些实验操作或步骤？

附表 1 纯水的真密度

温度/℃	密度/g·cm^{-3}	温度/℃	密度/g·cm^{-3}	温度/℃	密度/g·cm^{-3}	温度/℃	密度/g·cm^{-3}
0	0.99987	11	0.99963	22	0.99780	33	0.99473
1	0.99993	12	0.99952	23	0.99756	34	0.99440
2	0.99997	13	0.99940	24	0.99732	35	0.99406
3	0.99999	14	0.99927	25	0.99707	36	0.99371
4	1.00000	15	0.99913	26	0.99681	37	0.99336
5	0.99999	16	0.99897	27	0.99654	38	0.99296
6	0.99997	17	0.99880	28	0.99626	39	0.99262
7	0.99993	18	0.99862	29	0.99597	40	0.99224
8	0.99988	19	0.99842	30	0.99567		
9	0.99981	20	0.99823	31	0.99537		
10	0.99973	21	0.99802	32	0.99505		

4.2.2 粉尘粒径分布实验（液体重力沉降–移液管法）

4.2.2.1 实验目的

（1）了解液体重力沉降法测定粉尘粒径分布的基本原理。
（2）学会用液体重力沉降法（移液管法）测定粉尘粒径分布。

4.2.2.2 实验原理

除尘系统所处理的粉尘均具有一定的粒度分布。粉尘的粒度不同，对人体健康危害的影响程度和适用的除尘机理就不同。对粉尘的粒径分布进行测定可以为除尘器的设计、选用及除尘机理的研究提供基本的数据。粉尘粒径分布的测定方法包括巴柯（Bacho）离心分级测定法、液体重力沉降法（移液管法）和惯性冲击法等。

液体重力沉降法是根据不同大小的粒子在重力作用下，在液体中的沉降速度各不相同这一原理而得到的。粒子在液体（或气体）介质中做等速自然沉降时所具有的速度，称为沉降速度。根据斯托克斯原理，在雷诺数 $Re<1$ 时，微小尘粒在溶液中按匀速直线运动缓慢沉降，沉降速度的大小取决于尘粒的重力和溶液对尘粒的浮力及黏滞阻力。这样在一定浓度的混浊液中要沉降给定的沉降高度，不同的粉尘就需要不同的沉降时间。按其所对应的沉降时间取出一定数量的澄清液。干燥后即可计算出不同粒径的粉尘粒度分布比例。

粉尘在溶液中沉降的过程中，其受力分析见图 4–3，匀速沉降时的力平衡方程如下：

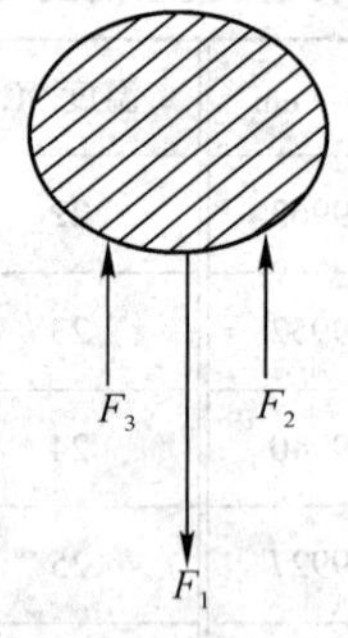

图 4–3 粉尘在水中沉降时的受力分析图

$$\sum F = 0 \tag{4-5}$$

$$F_1 - F_2 = F_3 \tag{4-6}$$

式中 F_1——粉尘的重力，g · cm/s^2，$F_1=\frac{1}{6}\pi d^3\rho_1 g$；

F_2——对粉尘的浮力，g · cm/s^2，$F_2=\frac{1}{6}\pi d^3\rho_2 g$；

F_3——溶液的黏滞力和压差给予粒尘的阻力，g · cm/s^2，$F_3=3\pi d\mu\gamma$。

则由 $F_1-F_2=F_3$ 得：

$$\frac{1}{6}\pi d^3\rho_1 g - \frac{1}{6}\pi d^3\rho_2 g = 3\pi d\mu\gamma$$

$$\frac{1}{6}\pi d^3(\rho_1 - \rho_2) = 3\mu\gamma$$

$$\gamma = \frac{g(\rho_1 - \rho_2)}{18\mu}d^2 \tag{4-7}$$

式中 γ——尘粒的沉降速度，cm/s；

ρ_1——粉尘的真密度，g/cm^3；

ρ_2——溶液的真密度，g/cm^3；

g——重力加速度，$g=981cm/s^2$；

μ——溶液的黏滞系数，g/(cm · s)；

d——假定尘粒为球形时的尘粒直径，cm。

可得：

$$d = \sqrt{\frac{18\mu\gamma}{\rho_1 - \rho_2}} \tag{4-8}$$

因此粒径便可根据其沉降速度求得。但是，直接测得各种粒径的沉降速度是很困难的，因沉降速度是沉降高度与沉降时间的比值，以此替代沉降速度，使上式变为：

$$d = \sqrt{\frac{18\mu H}{(\rho_1 - \rho_2)gt}} \tag{4-9}$$

或

$$t = \sqrt{\frac{18\mu H}{(\rho_1 - \rho_2)gd^2}} \tag{4-10}$$

式中 H——尘粒的沉降高度，cm；

t——尘粒的沉降时间，s。

尘粒在液体中沉降情况可用图 4-4 表示。

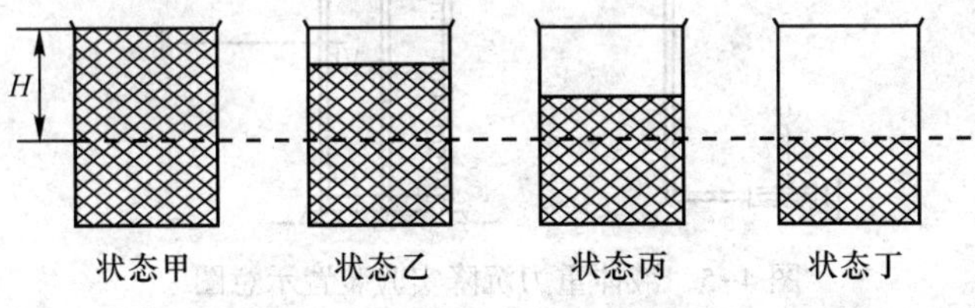

图 4-4 尘粒在液体中沉降示意图

将粉尘试样放入玻璃瓶内某种液体介质中，经搅拌后，使粉样均匀地扩散在整个液体中，如图 4-4 中状态甲所示。经过 t 秒钟后，因重力作用，悬浮体由状态甲变为状态乙，在状态乙中，直径为 d_1 的粒子全部沉降到虚线以下。由状态甲变到状态乙所需时间 t_1 应为：

$$t_1 = \sqrt{\frac{18\mu H}{(\rho_1 - \rho_2)gd_1^2}} \tag{4-11}$$

同理，直径为 d_2 的粒子全部沉降到虚线以下（即达到状态丙）所需时间 t_2 为：

$$t_2 = \sqrt{\frac{18\mu H}{(\rho_1 - \rho_2)gd_2^2}} \tag{4-12}$$

直径为 d_3 的粒子全部沉到虚线以下（即达到状态丁）所需时间 t_3 为：

$$t_3 = \sqrt{\frac{18\mu H}{(\rho_1 - \rho_2)gd_3^2}} \tag{4-13}$$

根据上述关系，将粉尘试样放在一定液体介质中，自然沉降经过一定时间后，不同直径的粒子将分布在不同高度的液体介质中。根据这种情况，在不同沉降时间，不同沉降高度上取出一定量的液体，称量出所含有的粉尘质量，便可以测定粉尘的粒径分布。

根据粉尘种类不同，所用的分散液也不同，本实验所用粉尘为滑石粉，分散液为六偏磷酸钠水溶液。

4.2.2.3 实验仪器与材料

（1）液体重力沉降实验装置（图 4-5）。

（2）搅拌器。

（3）电烘箱。

（4）分析天平。

（5）秒表。

（6）滑石粉。

（7）六偏磷酸钠水溶液，浓度为 0.003mol/L。

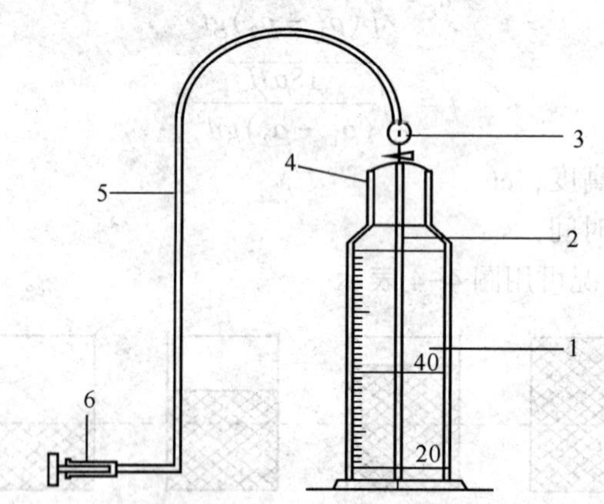

图 4-5 液体重力沉降实验装置示意图

1—沉降瓶；2—移液管；3—带三通活塞的梨形容器；4—称量瓶；5—注射器；6—乳胶管

4.2.2.4 实验步骤

（1）准备。

1）清洗实验所需玻璃仪器，并放入电烘箱内干燥至恒重，然后在干燥器中自然冷却至室温。

2）取有代表性的粉尘试样 30~40g（如有较大颗粒需用 250 目的筛子筛分，除去大于 86μm 的颗粒），放入电烘箱中，在（110±5）℃的温度下干燥 2h 至恒重，然后在干燥器中自然冷却至室温。

3）配制浓度为0.003mol/L的六偏磷酸钠水溶液作为分散液。

4）将粉样按粒径大小分组（如40～30μm，30～20μm，20～10μm，10～8μm，<8μm），按式（4-10）计算出每组内最大粉粒由液面沉降到吸液管底部所需要的时间，即为该粒径的预定吸液时间，并填入记录表。

5）取一烧杯蒸馏水，用于冲洗每次吸液后附在容器壁上的粉粒。

（2）实验。

1）取干燥过的称量瓶分别进行编号、称重。

2）测量沉降瓶的有效容积：将水充满至沉降瓶上面满刻度线处，用标准量筒测定水的体积。

3）读出移液管底部刻度数值，然后把蒸馏水注入沉降瓶中到刻度线处，每吸10mL溶液，测量溶液液面下降的高度。

4）称取5～10g干燥过的粉尘（精确至0.0001g）放入烧杯中，向烧杯中加入50～100mL的分散液，待粉尘全部润湿后，再加液到400mL。

5）将悬浮液搅拌15min左右，倒入沉降瓶中，将移液管插入沉降瓶中，然后由通气孔继续加分散液直到满刻度线（500mL）为止。

6）将沉降瓶上下转动摇晃数次，使其分散均匀，停止摇晃后，开始用秒表计时，作为起始沉降时间，同时记下室温。

7）按计算出的预定吸液时间进行吸液，匀速向外拉注射器，液体沿移液管缓缓上升，当吸到10mL刻度线时，立刻关闭活塞，使10mL液体和排液管相通，匀速向里推注射器，使10mL液体被压入已称量过的称量瓶中。然后由排液管吸蒸馏水冲洗容器，冲洗水排入称量瓶中，冲洗2～3次。

按上述步骤，根据计算的预定吸液时间依次进行操作。

8）将全部取样的称量瓶放入电烘箱中，在低于100℃的温度下进行烘干，待水分全部蒸发完后，再在（100±5）℃的温度下烘干至恒重，然后在干燥器中自然冷却至室温，取出称重。

4.2.2.5 注意事项

（1）每次吸10mL样品要在15min左右完成，则开始吸液时间应比计算的预定吸液时间提前15/2=7.5s。

（2）每次吸液应力求为10mL，太多或太少的样品应作废。

（3）吸液应匀速，不允许移液管中液体倒流。

（4）向称量瓶中排液时应匀速，不能来回吸，应防止液体溅出。

4.2.2.6 结果整理

（1）计算方法。

1）粒径小于d_i的粉尘的质量（在10mL吸液中）为：

$$m_i = m_1 - m_2 - m_3 \tag{4-14}$$

式中　m_1——烘干后称量瓶和剩余物，g；

m_2——称量瓶的质量，g；

m_3——10mL 分散液中含分散剂的质量，g，m_3＝611.8×0.003×10/1000＝0.0184g；

m_i——粒径小于 d_i 的粉尘的质量，g。

2）粒径为 m_i 的粉尘的筛下累计分布为：

$$D_i = m_i/m_0 \times 100\% \tag{4-15}$$

式中 m_0——10mL 原始悬浮液中（沉降时间 t＝0 时）的粉尘质量，g。

如果最初加入的粉尘为5g，则：

$$m_0 = 5/500 \times 10 = 0.1\text{g}$$

3）粒径为 d_i 的粉尘筛上累计分布为：

$$R_i = 100\% - D_i \tag{4-16}$$

4）将各组粒径 d_i 的筛下累计分布 D_i（或筛上累计分布 R_i）的测定值标绘在特定的坐标纸上（正态概率或对数正态概率或 R–R 分析）。则实验点落在一条直线上。根据该直线可以方便地求出工程上需要的粒径频数分布或频率分布及中位径等。

5）粉尘粒径至 d_{i+1}（$d_i>d_{i+1}$）范围的频数分布：

$$\Delta R_i = R_{i+1} - R_i \tag{4-17}$$

式中 R_i——粒径为 d_i 的粉尘的筛上累计分布；

R_{i+1}——粒径为 d_{i+1} 的粉尘的筛上累计分布。

6）中位径 R。D＝50%时的颗粒粒径 d_{50} 即为中位径 R。

（2）有关实验数据和计算结果记入实验记录表 4–2。

表 4–2 液体重力沉降法测定粉尘粒径分布记录表

称量瓶编号	吸管底部刻度 H_1/cm	液面刻度 H_2/cm	沉降高度 $H=H_1-H_2$ /cm	吸液初始时间 t_1/s	吸液停止时间 t_2/s	实际吸液时间 $t=\frac{1}{2}(t_1+t_2)$ /s	吸液中的最大粒径 $d_i=\sqrt{\frac{18uH_i}{(\rho_1-\rho_2)gt_i}}$ /μm	称量瓶+粉尘烘干后质量 m_1/g	称量瓶烘干后质量 m_2/g	10mL分散液中分散剂质量 m_3/g	10mL液中所含粉尘质量 $m_i=m_1-m_2-m_3$ /g	初始时刻10mL分散液中粉尘质量 m_0/g	筛下累计分布 $D_i=\frac{m_i}{m_0}\times 100\%$	筛上累计分布 $R=100\%-D_i$

（3）在正态概率纸上绘制，各组粒径 d_i 的筛下累计分布 D_i（或筛上累计分布 R_i）。

（4）在直角坐标系中绘制 d_p-D_i，d_p-R_i，d_p–AR（粒径频数分布）。

4.2.2.7 思考题

（1）吸液时速度过大或过小对实验结果有何影响？

（2）影响实验误差的主要因素有哪些？实验中如何减小测定误差？

4.2.3 粉尘粒径分布实验（激光粒度分布仪法）

4.2.3.1 实验目的

掌握激光粒度分布仪测试样品粒度分布的方法。

4.2.3.2 实验原理

激光粒度仪是根据颗粒能使激光产生散射这一物理现象来测粒度分布的。根据光学衍射和散射原理，光电探测器把检测到的信号转换成相应的电信号，在这些电信号中包含有颗粒粒径大小及分布的信息，电信号经放大后，输入计算机，计算机根据测得的衍射和散射光能值，求出粒度分布的相关数据，并将全部测量结果打印输出。其原理示意图见图 4-6。

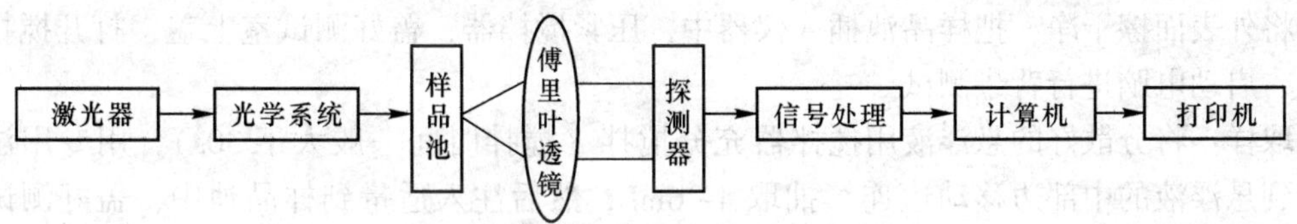

图 4-6 激光粒度测试仪原理示意图

4.2.3.3 实验仪器与材料

（1）激光粒度仪。
（2）超声波分散器。
（3）搅拌器。
（4）滑石粉。
（5）分散介质：六偏磷酸钠水溶液（0.2%~0.5%）。

4.2.3.4 实验步骤

（1）仔细检查粒度仪、电脑、打印机等，保证仪器处于完好状态。
（2）向超声波分散器中加大约 250mL 的水。
（3）准备好样品池、蒸馏水、取样勺、搅拌器、取样器等实验用品，装好打印纸。
（4）将六偏磷酸钠水溶液（约 80mL）倒入烧杯中，然后加入滑石粉，并进行充分搅拌，放到超声波分散器中进行分散。不同种类的样品以及同一种类不同粒度的样品，超声波分散时间也往往不同。表 4-3 列出不同种类和不同粒度的样品所需要的分散时间。

表 4-3 不同样品的超声波分散时间 （min）

粒度 D_{50}/μm	滑石粉/高岭土/石墨	碳酸钙/锆英砂等	铝粉等金属粉	其他
>20	1~2	1~2	1~2	1~2
20~10	3~5	2~3	2~3	2~3

续表 4-3

粒度 D_{50}/μm	滑石粉/高岭土/石墨	碳酸钙/锆英砂等	铝粉等金属粉	其他
10~5	5~8	2~3	2~3	2~3
5~2	8~12	3~5	3~5	3~8
2~1	12~15	5~7	5~7	8~12
<1	15~20	7~10	7~10	12~15

（5）清洗专用微量样品池：将样品池放到水中，将专用的样品池刷蘸少许洗涤剂，将样品池的里外各面洗刷干净，清洗时手持样品池侧面，并注意不要划伤或损坏样品池。洗刷干净后用蒸储水冲洗，再用纸巾将样品池表面擦干、擦净。

（6）使用微量样品池进行测试。

测试准备：取一个干净的样品池，手持侧面（不得手持正面），加入纯净介质，使液面的高度达到样品池高度的3/4左右，装入一个洗干净的搅拌器，将有标记的面朝前，用纸巾将外表面擦干净，把样品池插入仪器中，压紧搅拌器，盖好测试室上盖，打开搅拌器开关，启动电脑进行背景测试。

取样：将分散好的悬浮液用搅拌器充分搅拌（搅拌时间一般大于30s），用专用注射器插到悬浮液的中部边移动边连续抽取4~6mL，然后注入适量到样品池中，盖好测试室上盖，单击“测量-测试”菜单，进行浓度（遮光率）测试并记录数据。

4.2.3.5 注意事项

（1）浓度调整：当浓度大于规定值时，则可以向样品池中注入少量分散介质；浓度小丁规定值时，可以从烧杯里重新抽取适量样品注入样品池中。

（2）用注射器向样品池中注入样品时，应将注射器插到液面以下，这样一可以避免产生气泡，二可以避免液体溅到样品池外面。

（3）当浓度太高时，不能直接向样品池中注入介质，应重新制样。重新制样的一般步骤是取出样品池，倒掉里面的样品，重新加入介质，测试背景，并在注入样品时要适当控制注入量。

（4）开机顺序：(交流稳压电源)→粒度仪→打印机→显示器→电脑；

关机顺序：显示器→电脑→打印机→粒度仪→(交流稳压电源)。

（5）采用超声波分散器对样品进行分散处理时，控制分散时间，尽量分散彻底。

（6）分散剂用量不宜过多，以免影响试验结果。

4.2.3.6 成果整理

将实验结果填入表4-4。

表4-4 粉尘粒径测定结果记录表

日期	时间	分散介质	遮光率	中位径 D_{50}/μm	体积平均径 D/μm	比表面积/$m^2 \cdot kg^{-1}$	PM_{10}累计分布百分数/%

4.2.3.7 思考题

(1) 相同样品采用不同仪器测试，为什么结果会不一样？

(2) 测试粉尘粒度分布对除尘有何意义？

4.2.4 线-板式静电除尘器性能实验

4.2.4.1 实验目的

(1) 熟悉线-板式静电除尘器实验装置工作原理及流程，观察电晕放电的外观形态。

(2) 观察静电除尘过程的物理现象。

(3) 测定线-板式静电除尘器的除尘效率。

4.2.4.2 实验原理

电除尘器的除尘原理是使含尘气体的粉尘微粒在高压静电场中荷电，荷电尘粒在电场的作用下，趋向集尘极，带负电荷的尘粒与集尘极接触后黏附于集尘器表面上，为数很少的荷电尘粒沉积在放电极上。然后借助于振打装置使电极抖动，将尘粒脱落到除尘的集灰斗内，达到收尘目的。

本实验测定除尘效率是用等速采样法同时测出除尘器进、出口管道中气流平均含尘浓度 C_1 和 C_2 或换算成粉尘质量流量 S_1 和 S_2 来计算的。即：

$$\eta = \left(1 - \frac{C_2 Q_2}{C_1 Q_1}\right) \times 100\% \tag{4-18}$$

或

$$\eta = \left(1 - \frac{S_2}{S_1}\right) \times 100\% \tag{4-19}$$

式中 Q_1，Q_2——分别为除尘器进、出口的气体流量，m^3/s。

4.2.4.3 实验仪器与材料

A 板式静电除尘器实验装置

板式静电除尘器实验装置示意图见图 4-7，主要由集尘极、电晕极、高压静电电源、高压变压器、离心风机及机械振打装置等组成。电晕极挂在两块集尘板中间，放电电压可调，集尘板与支架都必须接地。

B 技术参数

电晕极有效驱进速度：10m/s；电场风速：0.03m/s；气流速度：1.0m/s；处理粉尘粒径：0.1~100μm；气体含尘浓度：<30g/m^3；板间距：70mm；通道数：2 个；放电极 20 根，材料为高强度钳丝；集尘板：450mm×240mm，普通钢板；集尘器总面积：0.32m^2；电场电压：0~20kV，电流：0~10mA；气体进、出风管：直径 90mm；压力降：<50Pa。

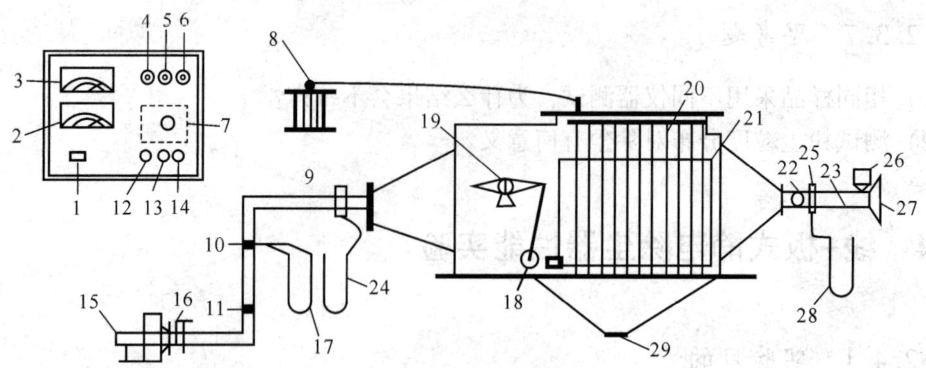

图 4-7 板式静电除尘器实验装置示意图

1—电源总开关；2—高压电流表；3—高压电压表；4—高压启动指示灯；5—高压关灯指示灯；6—振打工作指示灯；7—调压器；8—高压变压器；9—静压测口 1；10—比托管；11—取样口；12—高压启动按钮；13—高压关闭按钮；14—振打工作按钮；15—高压离心风机；16—风量调节阀；17—U 形管压差计 1；18—振打铁锤；19—振打电机；20—电晕板；21—集尘板；22—取样口；23—进风管；24—U 形管压差计 2；25—静压测口 2；26—发尘装置；27—喇叭形均流管；28—U 形管压差计 3；29—卸灰口

4.2.4.4 实验步骤

（1）检查实验系统状况，一切正常后开始操作。

（2）打开电控箱总开关，合上触电保护开关。

（3）打开控制开关箱中的高压电源开关，电除尘器开始工作。

（4）在关闭调风阀的情况下通过控制箱启动风机，然后调节调风阀至所需实验风量。

（5）将一定量的粉尘加入到自动发尘装置灰斗，然后启动自动发尘装置电机，通过调节转速控制加灰速率。

（6）对除尘器进、出口气流中的含尘浓度进行测定，计算除尘效率。

（7）调节高压电源旋钮，改变其操作电压，重复上述实验，测定不同操作条件下除尘器的除尘效率。

（8）调节处理风量，重复上述实验，测定不同流量下除尘器的除尘效率。

（9）在发尘装置启动 5min 后，周期启动控制箱面板上振打电机开关后开始清灰。每个周期 3min，停止 5min。

（10）实验完毕后依次关闭发尘装置、主电机，并清理卸灰装置。

（11）关闭电控箱主电源，检查设备状况，没有问题后方可离开。

4.2.4.5 结果整理

（1）记录测试结果并计算除尘效率。

（2）绘制操作电压与除尘效率关系曲线、比集尘面积（板面积/气体流量）与除尘效率关系曲线。

4.2.4.6 思考题

（1）影响静电除尘器效率的因素有哪些？

（2）根据操作电压、比集尘面积与除尘效率关系曲线，分析它们之间的变化关系。

4.2.5　电除尘器电晕放电特性测试

4.2.5.1　实验目的

（1）了解电除尘器的电极配置和供电装置。

（2）观察电晕放电的外观形态。

（3）测定板式电除尘器电晕放电的电流-电压特性。

4.2.5.2　实验装置

A　本体装置

电除尘器极线、极板。

B　供电装置

本实验供电设备 GG 型高压直流电源。由自动控制柜、高压硅整流变压器变压等组成。

控制器由自耦变压器、过电流保护环节、电压表、电流表、信号灯及开关线路等组成，并附有振打定时控制单元。控制柜和变压器之间由给定的信号和反馈的信号构成闭环自动调节系统，通过可控硅自动高压，跟踪电场内部的工况变化，提供电场可能接受的最高电压和电流，获得较高的电晕功率。

4.2.5.3　实验操作要点

测量板式电除尘器的电压-电流特性曲线（本实验板间距为 300mm）。

（1）检查控制柜电压、电流表及接地线是否正常，检查无误后，所有人员撤到安全网外。

（2）将控制柜的电流插头插入交流 220V 插座中。将电源开关旋柄搬于开的位置。控制柜接通电源后，低压绿色信号灯亮。

（3）轻轻按动高压起动按钮，高压变压器输入端主回路接通电源，这时高压红色信号灯亮，低压绿色信号灯灭。

（4）将二次电流开关逆时针缓慢旋至最大位置，同时观察电流、电压表的变化情况。然后缓慢使电压升高。待电流升至 1mA 时，读取并记录 U_2、I_2；读完后继续升压，以后每升高 1mA 读取并记录一组数据，当开始出现火花放电时停止升压，并记录下刚开始出现电晕放电时的电压、电流以及出现火花放电时的电压、电流。

（5）停机时将调压回零位，按动停止按钮，则主回路电源切断。这时高压信号灯灭，绿色低压信号灯亮。再将电源开关关闭，即切断电源。

（6）断电后，高压部分仍有残留电荷，必须使高压部分与地短路，消去残留电荷，即用导线接地棒把变压器负电荷端与地线用铁丝接通。

4.2.5.4 实验数据整理

(1) 将实验数据记入表4-5中。

表4-5 线-板式电除尘器伏安特性实验数据

序号	1	2	3	4	5	…
U_2/kV						
I_2/mA						

(2) 绘制板式电除尘器的伏安特性曲线。

4.2.5.5 实验注意事项

(1) 实验前准备就绪后，经指导教师检查后才能起动高压。
(2) 实验进行时，严禁进入高压区。

4.2.5.6 思考题

(1) 当板式电除尘器的线距、供电电压一定时，电流怎样随板距变化？
(2) 影响起始电晕电压和火花电压的主要因素是什么？
(3) 板式电除尘器的电压-电流曲线是否符合欧姆定律？为什么？

4.2.6 袋式除尘器性能实验

4.2.6.1 实验目的

(1) 加深对袋式除尘器结构形式和除尘机理的认识。
(2) 掌握袋式除尘器主要性能的实验研究方法。
(3) 了解过滤速度对袋式除尘器压力损失及除尘效率的影响。

4.2.6.2 实验原理

袋式除尘器性能与结构形式、滤料种类、清灰方式、粉尘特性及其运行参数等因素有关。本装置在结构、滤料种类、清灰方式和粉尘特性一定的前提下，测定袋式除尘器性能指标，并在此基础上，测定运行参数处理气体量 Q_s、过滤速度 V_F 对除尘器压力损失 ΔP 和除尘效率 η 的影响。

A 处理气体量 Q_s 的测定

测定袋式除尘器处理气体量，应同时测出除尘器进、出口连接管道中的气体流量，取其平均值作为除尘器的处理气体流量。

$$Q_s = \frac{Q_{s1} + Q_{s2}}{2} \tag{4-20}$$

式中 Q_s——除尘器的处理气体量，m^3/s；

Q_{s1}，Q_{s2}——分别为袋式除尘器进、出口连接管道中的气体流量，m^3/s。

除尘器漏风率 δ 按下式计算：

$$\delta = \frac{Q_{s1} - Q_{s2}}{Q_{s1}} \times 100\% \tag{4-21}$$

一般要求除尘器的漏风率小于±5%。

B 过滤速度 v_F 的计算

$$v_F = \frac{60Q_s}{F} \tag{4-22}$$

式中 v_F——袋式除尘器的除尘速度，m/s；

F——袋式除尘器总过滤面积，m^2。

C 压力损失的测定和计算

袋式除尘器压力损失（ΔP）由通过清洁滤料的压力损失和通过颗粒层的压力损失组成。袋式除尘器的压力损失（ΔP）为除尘器进、出口管中气流的平均全压之差。当袋式除尘器进、出口管的断面面积相等时，则可采用其进、出口管中气体的平均静压之差计算，即：

$$\Delta P = P_1 - P_2 \tag{4-23}$$

式中 ΔP——除尘器的压力损失，Pa；

P_1——除尘器入口处气体的全压或静压，Pa；

P_2——除尘器出口处气体的全压或静压，Pa。

袋式除尘器的压力损失与其清灰方式和清灰制度有关。当采用新滤料时，应预先发尘运行一段时间，使新滤料在反复过滤和清灰过程中，残余粉尘基本达到稳定后再开始实验。

考虑到袋式除尘器在运行过程中，其压力损失随运行时间产生一定变化。因此，在测定压力损失时，应每隔一定时间，连续测定（一般可考虑 5 次），并取其平均值作为除尘器的压力损失（ΔP）。

D 除尘效率的测定和计算

除尘效率采用质量浓度法测定，即用等速采样法同时测出除尘器进、出口管道中气流平均含尘浓度 ρ_1 和 ρ_2，除尘效率按下式计算：

$$\eta = \left(1 - \frac{\rho_2 Q_{s2}}{\rho_1 Q_{s1}}\right) \times 100\% \tag{4-24}$$

由于袋式除尘器效率高，除尘器进、出口气体含尘浓度相差较大，为保证测定精度，在除尘器出口采样时，适当加大采样流量。

4.2.6.3 实验仪器与材料

A 袋式除尘实验装置

袋式除尘实验装置如图 4-8 所示，主要技术参数如下：

(1) 气体流动方式为内滤逆流式，动力装置布置为负压式。

(2) 气体进风管直径 75mm，气体出风管直径 75mm。

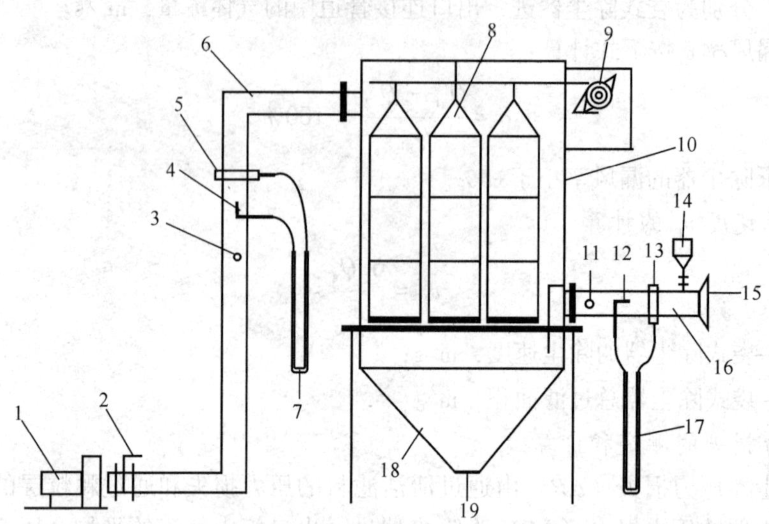

图 4-8　袋式除尘器实验装置示意图

1—高压离心风机；2—风量调节阀；3—取样口 1；4—动压测口 1；5—静压测口 1；6—出风管；7—U 形管压差计 1；8—布袋；9—振打电机；10—滤室；11—取样口 2；12—动压测口 2；13—静压测口 2；14—发尘装置；15—喇叭形均流管；16—进风管；17—U 形管压差计 2；18—集灰斗；19—卸灰口

（3）装置共有 6 个滤袋，滤袋直径为 140mm，滤袋高度为 600mm。

（4）滤袋材质为 208 涤纶绒布，透气性为 $10m^3/(m^2 \cdot min)$，厚度为 2mm，单位面积质量为 $550g/m^2$。

（5）过滤面积为 $0.26m^2$。

（6）振打频率为 50 次/min，振打电机电压为 220V/25W。

（7）风机电源电压：三相 380V。

B　实验仪器

（1）干湿球温度计。

（2）标准风速测定仪。

（3）空盒式气压表。

（4）秒表。

（5）钢卷尺。

（6）分析天平（分度值 1/1000g）。

（7）倾斜式微压计。

（8）托盘天平（分度值为 1g）。

（9）毕托管。

（10）干燥器。

（11）烟尘采样管。

（12）鼓风干燥箱。

（13）烟尘测试仪。

（14）超细玻璃纤维无胶滤筒。

4.2.6.4 实验步骤

（1）准备。

1）测量记录室内空气的干球温度（即除尘系统中气体的温度）、湿球温度及相对湿度、当地大气压力、袋式除尘器型号规格、滤料种类、总过滤面积。

2）将除尘器进、出口断面的静压测孔与倾斜微压计连接，做好各断面气体静压的测定准备。

（2）实验。

1）启动风机，调整风机入口阀门，使之达到实验要求的气体流量，并固定阀门。

2）在除尘器进、出口测定断面同时测量记录各测点的气流动压。

3）测算记录各测点气流速度、各断面平均气流速度、除尘器处理气体流量 Q_s、漏风率 δ 和过滤速度 v_F，然后关闭风机。

4）用天平称取一定量尘样 s，做好发尘准备。

5）启动风机和发尘装置，调整好发尘浓度 P_1，使实验系统运行达到稳定（1min 左右）。

6）测量进、出口含尘浓度。进口采样 3min，出口采样 15min。

7）在采样的同时，测定记录除尘器压力损失。压力损失亦应在除尘器处于稳定运行状态下，每间隔 3min 测定 1 次，连续测定并记录 5 次数据，取其平均值作为除尘器的压力损失。

8）采样完毕，取出滤筒包好，置入鼓风干燥箱烘干后称重。计算出除尘器进、出口管道中气体含尘浓度和除尘效率。

9）停止风机和发尘装置，进行清灰振动 10 次。

10）改变入口气体流量，稳定运行 1min 后，再按上述方法，测取 5 组数据。

11）实验结束。整理好实验用的仪表、设备。

4.2.6.5 注意事项

（1）本实验装置采用手动清灰方式，实验应尽量保证在相同的清灰条件下进行。

（2）注意观察在除尘过程中压力损失的变化。

（3）尽量保持在实验过程中发尘浓度不变。

4.2.6.6 结果整理

A 处理气体流量和过滤速度

按表 4-6 和表 4-7 记录和整理数据。按式（4-20）计算除尘器处理气体量，按式（4-21）计算除尘器漏风率，按式（4-22）计算除尘器过滤速度。

表 4-6 袋式除尘器实验环境参数记录表

当地大气压 P/kPa	烟气干球温度/℃	烟气湿球温度/℃	烟气相对湿度 X/%

表 4-7 袋式除尘器实验参数记录表

除尘器型号、规格__________；除尘器过滤面积 F__________m^2

测定次数	除尘器进气管				除尘器排气管				Q_s	V_F	δ
	K_1	v_1	A_1	q_{s1}	K_2	v_2	A_2	Q_{s2}			

B 压力损失

按表 4-8 记录整理数据。按式（4-23）计算压力损失，并取 5 次测定数据的平均值（ΔP）作为除尘器压力损失。

表 4-8 除尘器压力损失测定记录表

测定次数	每个间隔时间 t/min	静压差测定结果/Pa															除尘器压力损失 ΔP/Pa
		1（3min）			2（6min）			3（9min）			4（12min）			5（15min）			
		P_1	P_2	ΔP	P_1	P_2	ΔP	P_1	P_2	ΔP	P_1	P_2	ΔP	P_1	P_2	ΔP	

C 除尘效率

除尘效率测定数据按表 4-9 记录整理，除尘效率按式（4-24）计算。

表 4-9 除尘器效率测定结果记录表

测定次数	除尘器进口气体含尘浓度						除尘器出口气体含尘浓度						除尘效率/%
	采样流量 /L·min^{-1}	采样时间 /min	采样体积 /L	滤筒初质量/g	滤筒总质量/g	粉尘浓度 /mg·m^{-1}	采样流量 /L·min^{-1}	采样时间 /min	采样体积 /L	滤筒初质量/g	滤筒总质量/g	粉尘浓度 /mg·m^{-1}	

D 压力损失、除尘效率和过滤速度的关系

整理 5 组不同（v_F）下的 ΔP 和 η 资料，绘制 v_F-ΔP 和 v_F-η 实验性能曲线，分析过滤速度对袋式除尘器压力损失和除尘效率的影响。

4.2.6.7 思考题

（1）测定袋式除尘器压力损失，为什么要固定其清灰制度？

（2）为什么要在除尘器稳定运行状态下连续 5 次读数并取其平均值作为除尘器压力损失？

4.2.7 管道中含尘气体粉尘浓度测定方法

4.2.7.1 实验目的

测定气体含尘浓度，可以计算污染源的粉尘排放量。因而检测粉尘污染源是否符合国家现行排放标准、评价除尘装置的除尘性能等，必须测定某些管道断面的气体含尘浓度。通过该实验应达到以下目的。

（1）掌握管道中气体含尘浓度的测试原理和方法。

（2）学会使用 TH-880 智能烟尘平行采样仪。

（3）使学生了解粉尘测试的特点，并掌握粉尘测试的技能。

4.2.7.2 实验原理

粉尘浓度是指单位体积大气中所含粉尘的量。常用质量浓度单位，以 mg/m^3 表示。测量管道中的粉尘浓度一般采用过滤称量法。其基本原理就是使一定体积的含尘气体通过已知质量的滤膜，粉尘将阻留在滤膜上，根据采样前后滤膜的质量差，即可计算出气体中粉尘的浓度。

为正确测定出真实的气体含尘浓度，必须进行等速度采样，即粉尘进入采样嘴的速度等于该点的气流速度，因而要预测气体流速，再换算成实际控制的采样流量。图 4-9 就是等速度采样的情形。图中采样头安装在与气流平行的位置上，采样速度与气流速度相同，即采样嘴处内外的气流速度相等。只有采样速度 v_n 等于含尘气体的流速 v_s 时，气体和尘粒才会按照它们在采样点的实际比例进入采样嘴，采集的烟气样品中的含尘浓度才与含尘气体的实际浓度相等。

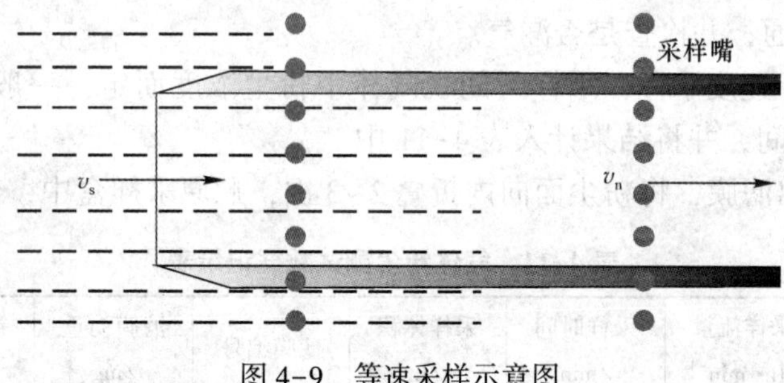

图 4-9 等速采样示意图

4.2.7.3 实验仪器设备

仪器设备包括 TH-880 智能烟尘平行采样仪、抽气泵、采样管、玻璃纤维滤筒、倾斜压力计、毕托管、干湿球温度计、镊子等。

TH-880 智能烟尘平行采样仪是采用微电脑和高精度微差压传感器、干湿球温度传感器、热电温度偶等传感器的智能化烟尘平行采样仪。仪器可在各种复杂烟道烟气流量动态变化较大的情况下使采样流量能保持等速，并能自动跟踪流量变化，从而减少人工调节误差和检测人员的劳动强度，采用毕托管平行采样法原理，操作简便快捷，测量数据准确可靠，测量结果可自动打印或与微机通讯。

4.2.7.4 实验方法与操作步骤

（1）滤膜的预处理。滤膜采用玻璃显微滤膜，具有静电性、疏水性、阻力小及耐酸碱等特点。采样前先将滤膜编号，然后在 105℃烘烤箱中干燥 2h，取出后置于干燥器内冷却

20min，再使用分析天平称其初重并记录。然后将滤膜平铺在固定圈上，贮于采样盒中备用。

（2）采样位置、测孔、测点的选择。在水平烟道中，由于尘粒的重力作用，较大的尘粒有偏离流线向下运动的趋势，而垂直烟道中的尘粒分布较为均匀，故应优先考虑在垂直管段上采样。测孔直径随采样头的几何尺寸而定。

（3）含尘气流温度、环境温度、压力的测定。含尘气体的温度由 TH-880 智能烟尘平行采样仪给出。使用盒式压力计、温度计测定现场环境的压力与温度。并将以下数据填入表 4-10 中。

表 4-10　含尘气体状态参数和环境参数的记录表

测试实验名称			
测孔位置		管道断面积/m²	
大气温度/℃		大气压力/Pa	
含尘气体温度/℃			

（4）采样系统操作。

1）打开 TH-880 智能烟尘平行采样仪，将所有显示数据均调为零，并将采样系统连接好。

2）从采样盒中用镊子取出有编号的滤膜，装在采样管的采样头上固定，用橡皮管与流量计及抽气机接通，并检查是否漏气。

3）以 20L/min 速度采样，采样时间视气体中粉尘浓度而定，一般使滤膜增重约 1~20mg。记录采样时间，并将结果计入表 4-11 中。

4）用镊子取出滤膜，将粉尘面向内折叠 2~3 次，贮原采样盒中，带回称重。

表 4-11　气体粉尘测试数据记录表

采样编号	采样嘴直径/mm	采样流量 /L·min⁻¹	采样时间 /min	采样体积 /L	滤膜编号	滤膜初重 /mg	滤筒终重 /mg	烟尘浓度 /mg·L⁻¹

4.2.7.5　实验数据处理

（1）将采样体积换算成标准状态下的体积。

（2）气体含尘浓度（C）的计算：

$$C = (W_2 - W_1)/(vt) \tag{4-25}$$

式中　W_1——采样前滤膜重，mg；

W_2——采样后滤膜重，mg；

v——采气速度，L/min；

t——采样时间，min。

4.2.7.6 注意事项

(1) 滤膜不耐高温，在55℃以上的采样现场不宜用。

(2) 装卸滤膜时应选择无粉尘场所。

(3) 注意采样设备的连接顺序，并检查有无漏气，连接顺序为：污染源→采样器→流量计→采样动力。

(4) 采样时应详细记录采样地点、日期、时间、方法、样品编号、采样体积、气象条件、生产操作情况、防护设备及使用情况等。

(5) 如大气湿度高，采样后发现滤膜潮湿时，应将滤膜置于干燥器中半小时再称重。重复称重，直至相邻两次滤膜质量之差不超过0.2mg为止。

(6) 采样后滤膜增重若小于1mg，或大于20mg，均应重新采样。

4.2.7.7 思考题

(1) 气体粉尘采样为什么要进行等速度采样？测定气体中的SO_2浓度是否也需要等速度采样？为什么？

(2) 当管道中的气流速度较小时，有什么方法可以缩短采样时间？

(3) 为什么采样测孔应选在流速（5m/s）比较大的管段？

(4) 在采样过程中如何减少测定结果的误差？实验过程中要注意什么？

4.2.8 粉尘比电阻的测定

4.2.8.1 实验目的

通过实验了解粉尘某一物化特性对粉尘比电阻、击穿电压特性的影响。

4.2.8.2 实验要求

(1) 学生根据当次实验规定内容制备试样。

(2) 利用粉尘比电阻试验台测量室温下该组试样的比电阻和击穿电压。

(3) 对实验数据进行计算整理，绘出粉尘的“物化性质-比电阻”特性曲线。

4.2.8.3 实验系统及原理

DR型高压粉尘比电阻试验台由主操作盘台、辅助操作台、高温高压电极箱及直流高压电源设备四部分组成，该四大硬件设备支持着高电压调控系统、微电流检测系统，构成了粉尘比电阻测量网络。

电极箱为立式双体结构。箱内安装有电极组件及加热组件（如图4-10所示）。负直流高压输电线从电极箱1顶端引入，经高压绝缘瓷瓶4、中心吊管10、高压绝缘子11与可旋式高压托盘12连接。托盘上均匀安装4个灰盘9（相当于负高压电极），每个灰盘的正上方悬挂着主电极6和辅助电极7。辅助电极与大地相接，其作用是消除主电极周边的

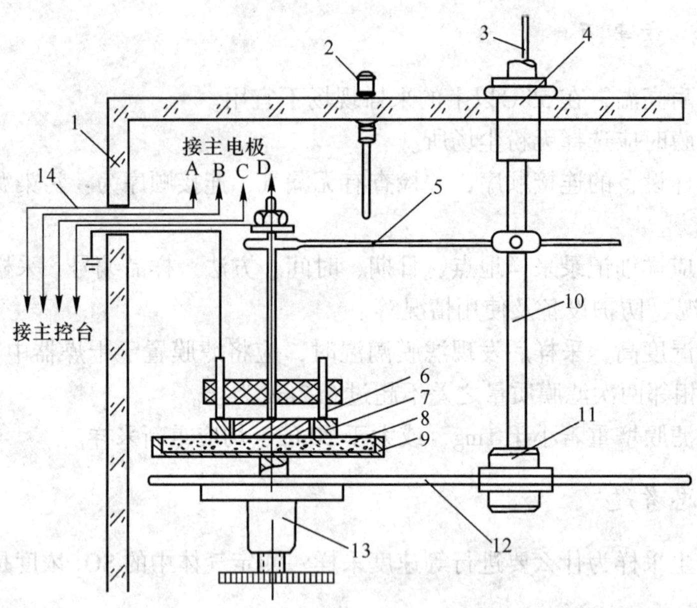

图 4-10 高温电极箱结构示意图

1—箱体；2—温度传感器；3—高压线；4—高压瓷瓶；5—悬臂；6—主电极；7—接地极；8—灰样；9—灰盘；10—中心吊管；11—绝缘子；12—可旋式高压母盘；13—灰盘升降调节器；14—漏泄电流输出线

杂散电流，以提高测量精度。主、辅电极和灰盘的机构尺寸系参照美国机械工程师协会动力规范 28（ASME）标准设计。4 组电极分别悬吊于四支悬臂 5 上，悬臂通过悬臂座与中心吊管相接。悬臂座的高度与电极组件的悬吊高度均可调节。托盘上安放的 4 个灰盘，其升降高度可通过托盘底部的调节螺栓 13 调节。实验人员先将装入灰样的灰盘安放在托盘的固定位置上，然后旋转托盘，使灰盘与主电极上下对齐，再利用调节螺栓将灰盘平稳旋起，使盘内灰样与主电极接触，并将主电极轻轻托起。此时电极组件的额定重量恰好全部施加在灰样上，使灰样表面压强达到 10^3Pa 的设计标准，从而使灰样的密实度保持恒定。采用这种机械式电极调节方法充分保障电极与灰样接触面的平行度以及主电极与灰盘的同轴度，可有效降低测量误差。

试验台在升温过程中不允许中断加热，更不允许开箱检查。

控制和测量系统包括直流高压的调控及测量、电极箱加热温度的调控及测量和粉尘层微电流信号的检测。

主测控台为一桌面屏式盘台。仪表屏上集中安装了除高电压（1kV 以上）测量仪表以外的全部测量、控制仪器仪表。本台可完成直流高压的调控、1kV 以下电压信号的测量、10^{-10} ~ 10^{-3}A 微电信号的检测及 0 ~ 300℃ 加热温度的测控。为安全考虑，辅测控台专门用于 1kV 以上电压信号的测量。比电阻的测量范围为 10^5 ~ 10^{14}Ω · cm。

试验台的电气原理如图 4-11 所示。

4.2.8.4 实验仪器及材料

（1）DR 型高压粉尘比电阻试验台。

（2）天平。

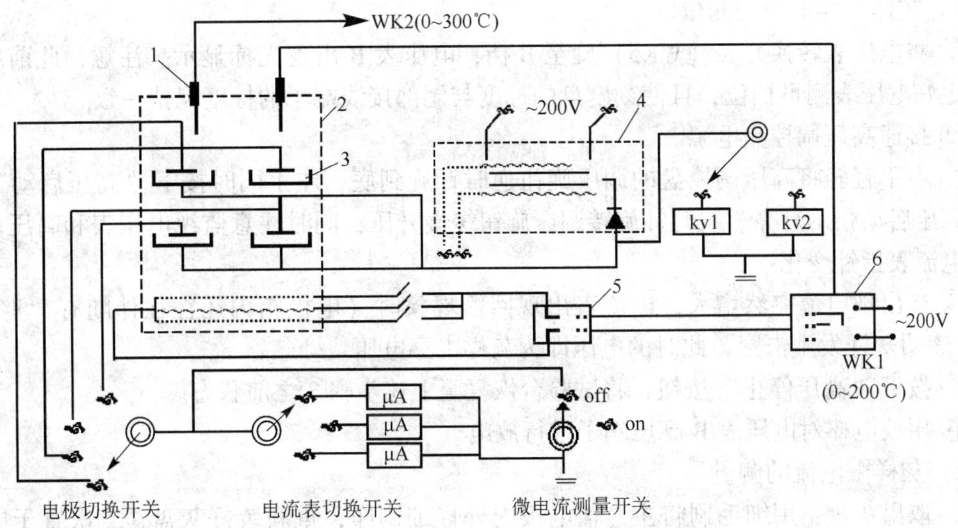

图 4-11 粉尘比电阻测试原理图

1—温度传感器；2—高温电极箱；3—灰盘（电极）；4—高压电源设备；5—交流接触器；6—温控仪

（3）其他（根据当次实验指定的粉尘物化性质确定）

4.2.8.5 实验方法及步骤

A 实验前的要求

（1）实验前了解不同物化性质对粉尘比电阻性质的影响机理和趋势。

（2）预先掌握 DR 型高压粉尘比电阻实验台的系统结构、测试原理和基本操作方法。

（3）在老师的指导下，提出可行的实验方案。

（4）制备实验灰样。

B 实验方法及步骤

（1）实验前准备。

1）检查实验台是否处于热备用状态。

2）将灰样松散装入灰盘，用直尺刮平后插入灰盘 3（图 4-11）的选定孔位。转动托盘，使灰盘处于主电极的正下方，再轻轻调节高压托盘底部的螺栓，将灰盘连同其上部的主、辅电极轻轻托起。

3）记录下灰盘编号。注意灰盘编号排序：从电极箱左内角开始按顺时针方向排列：A→B→C→D。

4）关好电极箱门。

（2）启动。

1）接通试验台外部电源，此时主操作台右下角黄灯亮，表明试验台处于热备用状态。

2）按下主操作台总开关，此时红灯亮，黄灯熄（仪表屏上电流表 A 同时显示“00.000”），试验台进入工作状态。

（3）测量。

1）灰样击穿电压的测量。

① 将电压表转换开关（WK5）旋至 B 档，电压表 B 出现光标显示。注意，此前应预先设定好电压表测量档位，且使刻度盘的标度与尾部接线端子的标度保持一致。

② 接通高压调控盘电源。

③ 右手轻轻将高压调控盘的调压旋钮逆时针旋到底，左手同时按下“高压启动”按钮，高压启动指示灯亮。顺时针旋转调压旋钮缓慢升压，同时注意监视电压表和高压调控盘上电流表指针变化。

④ 当出现电流突然增大，电流表出现回摆现象时（电极箱内还往往伴随有“劈叭”声），表明灰样发生击穿，此时的电压即为灰样击穿电压。

⑤ 按下“高压停止”按钮，将试验台恢复至上述步骤③之前状态。

⑥ 用放电棒对电压表 B 高压端子进行放电。

2）灰样微电流的测量。

① 取出灰盘，用细毛刷将主、辅电极内外仔细刷净，重新装好灰盘，二次置于电极箱内。

② 测量电压（kV）一般可按下面公式确定：

$$V_c = 0.9 \times V_j \tag{4-26}$$

式中 V_c——测量电压，kV；

V_j——击穿电压，kV。

③ 重复上述操作过程，并将电压稳定于 V_c。

④ 将电极切换开关（WK4）旋至相应的电极（灰盘）档位上。

⑤ 将电流表切换开关（WK3）旋至“电流表 A”。

⑥ 将微电流测控开关 WK2 旋至“ON”位，并记录下表 A 的显示值（此开关具有自复位功能，手一松开，自动置于“OFF”档位）。若显示值很小或无显示，可依次将 WK3 切换至 B 位和 C 位。注意电流表的选用应遵循先“表 A”，后“表 B”，再“表 C”的原则。

⑦ 分别记录下电流表号和指示值。如果用电流表 B 或 C，还应记录下测量时的分流器档位（×0.01，×0.1，×1）。

⑧ 置 WK2 于“OFF”位，并按下“高压停止”按钮。

⑨ 当测量电压低于 1kV 时，须启用电压表 A（将 WK5 旋至 A 位），并将原连接于电压表 B 的高压输出线拆下，移接于主控台后面板的电压表 B 的接线柱上。注意：转接高压输出线之前，须将高压停止，并对电压表 B 放电。

3）电极箱温度的控制、测量。

① 将温控仪切换开关（WK1）旋置“A”或“B”位，温控仪 A 或温控仪 B 的电源接通。

② 按设定温度拨动温控仪面板上的拨盘开关，当箱内温度低于设定温度时，开始自动加热。

③ 当箱内温度达到设定温度时，自动停止加热，保持恒温。此时即可启动高压，进而测量该温度点的灰样漏泄电流。

4）比电阻值的计算。灰样比电阻（Ω·cm）须根据所用电流表及其分流器档位分别按下述公式计算。

表 A: $$\rho_a = k \times (V_c/I_a) \times 10^9 \tag{4-27}$$

表 B: $$\rho_b = k \times D \times V_c/(I_b \times F_b) \times 10^3 \tag{4-28}$$

表 C: $$\rho_c = k \times D \times V_c/(I_c \times F_c) \times 10^3 \tag{4-29}$$

式中 k——电极系数，k=10.1（常数，系由电极尺寸决定）；

V_c——测量电压，kV；

I_a——电流表 A 指示值，μA；

I_b，I_c——电流表 B、C 指示值，无量纲；

F_b，F_c——电流表 B、C 分度值，A/div；

D——电流表 B、C 的分流器档位（×0.01、×0.1、×1）。

5）整理实验报告。

① 计算实验数据并绘制实验曲线。

② 分析试验结果并给出实验结论。

③ 对实验工作进行总结。

4.2.8.6 思考题

分析实验所涉及的物化性质对该粉尘比电阻值的影响机理。

4.2.9 文丘里除尘器性能实验

4.2.9.1 实验目的

（1）认识文丘里除尘器的系统组成和结构形式。

（2）熟悉文丘里除尘器的除尘机理。

（3）掌握文丘里除尘器的性能测定方法。

（4）研究各因素对文丘里除尘器性能影响的规律。

4.2.9.2 实验原理

文丘里除尘器性能（处理气体流量、压力损失、耗水量及液气比等）与其结构形式和运行条件密切相关。本实验是在除尘器结构形式和运行条件已确定的前提下，完成除尘器性能的测定。

A 处理气体流量的测定和计算

测定文丘里除尘器的处理气体流量时，应同时测出除尘器进、出口的气体流量（Q_i、Q_o），取其平均值作为除尘器的处理气体流量（Q）。可采用动压法测定 Q_i 和 Q_o，Q（m^3/s）的计算式如下：

$$Q = 0.5 \times (Q_i + Q_o) \tag{4-30}$$

除尘器的漏风率（δ）按下式计算：

$$\delta = \frac{Q_i - Q_o}{Q_i} \times 100\% \tag{4-31}$$

B 压力损失的测定和计算

文丘里除尘器压力损失（Δp）为除尘器进、出口气体平均全压差。因实验装置中除尘器进、出口连接管道的断面积相等，则其压力损失可用除尘器进、出口管道中气体的平均静压差（Δp_j）表示：

$$\Delta p = \Delta p_j = p_{ij} - p_{oj} \tag{4-32}$$

式中 Δp——文丘里除尘器的压力损失，Pa；

Δp_j——文丘里除尘器进、出口管道中气体的平均静压差，Pa；

p_{ij}——文丘里除尘器进口管道中气体的静压，Pa；

p_{oj}——文丘里除尘器出口管道中气体的静压，Pa。

C 耗水量及液气比的测定和计算

文丘里除尘器的耗水量（Q_L），可通过设在除尘器进水管上的流量计 13（见图 4-12）直接读得。在同时测得除尘器处理气体量（Q）后，即可由下式求出液气比（L）：

$$L = Q/Q_L \quad (\text{L/m}^3) \tag{4-33}$$

4.2.9.3 实验仪器、材料

A 实验装置

文丘里除尘器性能实验装置流程如图 4-12 所示。其主要由文丘里凝聚器 6、旋风雾沫分离器 7、通风机 11、水泵 12 和进出管道及其附件所组成。

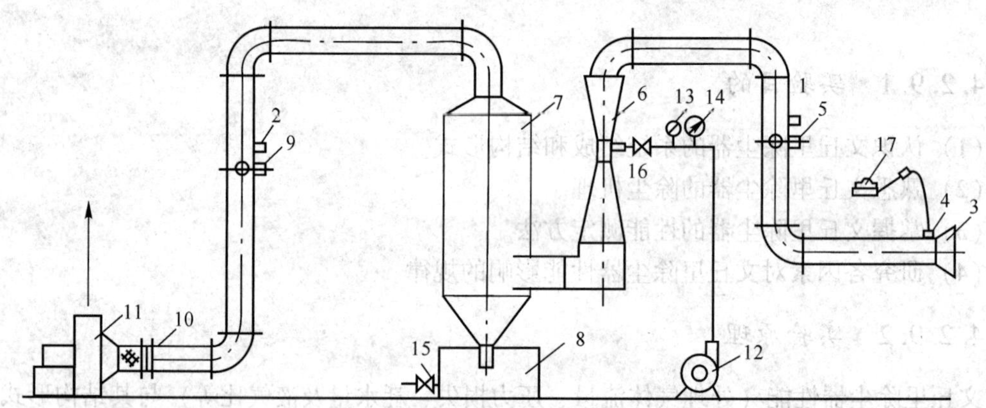

图 4-12 文丘里除尘器性能实验装置流程图

1—除尘器进口管道静压测孔；2—除尘器出口管道静压测孔；3—喇叭形均流管；4—均流管处静压测孔；5—除尘器进口测定断面；6—文丘里凝聚器；7—旋风雾沫分离器；8—水槽；9—除尘器出口测定断面；10—调节阀；11—通风机；12—水泵；13—流量计；14—水压表；15—排污阀；16—供水调节阀；17—倾斜式微压计

B 实验仪器、材料

(1) 干湿球温度计 1 支。

(2) 空盒式气压表 1 个。

(3) 钢卷尺 2 个。

(4) U 形管压差计 1 个。

（5）倾斜式微压计 3 台。

（6）毕托管 2 支。

4.2.9.4 实验步骤

（1）室内空气环境参数的测定。包括室内空气的温度、相对湿度、当地大气压力等参数测定。

（2）文丘里除尘器实验装置的测定。包括测量文丘里除尘器进、出口测定断面直径和喉口直径，确定采样断面分环数和测点数；除尘系统入口喇叭形均流管流量系数 φ_V 测定；文丘里除尘器供水系统和发尘系统调节，保证实验系统在液气比 $L=0.7\sim1.0\mathrm{L/m^3}$ 范围内稳定运行。

（3）文丘里除尘器性能的测定和计算。在固定文丘里除尘器实验系统进口气体流量和液气比条件下，测定和计算文丘里除尘器处理气体量（Q）、漏风率（δ）、压力损失（Δp）和液气比（L）。

（4）实验结果分析。认真记录文丘里除尘器处理气体量、液气比、压力损失等测定数据，分析文丘里除尘器气体流量和压力损失的关系。

4.2.9.5 实验数据记录和整理

A 实验记录

将测得的实验数据记录在表 4-12 中。

表 4-12 文丘里除尘器性能测定记录表

<table>
<tr><td colspan="4">室内空气参数</td><td colspan="2">测定断面面积/m²</td><td rowspan="2">喉口面积 A_T/m²</td><td rowspan="2">均流管流量系数 φ_V</td><td rowspan="2">测定日期</td><td rowspan="2">测定人</td></tr>
<tr><td colspan="2">室内温度/℃</td><td>相对湿度/%</td><td>大气压力/Pa</td><td>进口</td><td>出口</td></tr>
<tr><td colspan="2"></td><td></td><td></td><td></td><td></td><td></td><td></td><td></td><td></td></tr>
<tr><td rowspan="2">序号</td><td colspan="3" rowspan="2">测定项目</td><td rowspan="2">符号</td><td rowspan="2">单位</td><td colspan="4">测定数据</td></tr>
<tr><td>1</td><td>2</td><td>3</td><td>三次平均</td></tr>
<tr><td rowspan="10">1</td><td rowspan="10">处理气体流量和喉口速度</td><td rowspan="4">进口气体</td><td>温度</td><td>t_i</td><td>℃</td><td></td><td></td><td></td><td></td></tr>
<tr><td>静压</td><td>p_{ij}</td><td>Pa</td><td></td><td></td><td></td><td></td></tr>
<tr><td>断面平均流速</td><td>v_i</td><td>m/s</td><td></td><td></td><td></td><td></td></tr>
<tr><td>流量</td><td>Q_i</td><td>m³/s</td><td></td><td></td><td></td><td></td></tr>
<tr><td rowspan="4">出口气体</td><td>温度</td><td>t_o</td><td>℃</td><td></td><td></td><td></td><td></td></tr>
<tr><td>静压</td><td>p_{oj}</td><td>Pa</td><td></td><td></td><td></td><td></td></tr>
<tr><td>断面平均流速</td><td>v_o</td><td>m/s</td><td></td><td></td><td></td><td></td></tr>
<tr><td>流量</td><td>Q_o</td><td>m³/s</td><td></td><td></td><td></td><td></td></tr>
<tr><td colspan="2">除尘器处理气体流量</td><td>Q</td><td>m³/s</td><td></td><td></td><td></td><td></td></tr>
<tr><td colspan="2">除尘器喉口速度</td><td>v_T</td><td>m/s</td><td></td><td></td><td></td><td></td></tr>
</table>

续表 4-12

序号	测定项目		符号	单位	测定数据			
					1	2	3	三次平均
2	液气比	耗水量	Q_L	L/h				
		液气比	L	L/m^3				
3	压力损失	除尘器进出口气体平均静压差	Δp_j	Pa				
		除尘器压力损失	Δp	Pa				

B 实验结果分析

（1）文丘里除尘器的处理气体量（Q）按式（4-30）计算，除尘器漏风率按式（4-31）计算，压力损失（Δp）按式（4-32）计算，液气比（L）按式（4-33）计算。

（2）实验结果分析是在完成气体流量（Q）、压力损失（Δp）和液气比（L）等参数的计算后，再开展分析研究，分析 Δp 和 Q 关系，并绘制 Δp 和 Q 关系曲线。

4.2.9.6 思考题

（1）为什么文丘里除尘器性能测定实验应在操作指标 T、L 固定的运行状态下进行测定？

（2）根据实验结果，试分析影响文丘里除尘器除尘效率的主要因素。

（3）根据实验结果，试分析影响文丘里除尘器动力耗能的主要途径。

4.2.10 湿式石灰石-石膏法烟气脱硫实验

4.2.10.1 实验目的

湿法烟气脱硫是控制大气污染的重要手段，由于湿法脱硫运行成本低，脱硫效率高，脱硫产物（石膏）具有一定的经济价值，所以目前被广泛采用。通过湿法烟气脱硫实验，使学生更深入地了解湿法脱硫的基本原理、工艺流程和影响脱硫率的因素，为从事烟气脱硫工作打下坚实基础。

4.2.10.2 实验要求

（1）通过实验进一步掌握湿法脱硫的基本原理及工艺流程，熟悉脱硫系统组成和结构。

（2）熟悉影响烟气脱硫效率的主要因素。

（3）了解有关测量仪器的使用方法。

（4）基本掌握湿式石灰吸收法脱硫的操作要点。

4.2.10.3 实验原理

利用吸收塔进行脱硫实验。模拟烟气由气体输送系统送至塔底，通过进气管进入塔内，与由塔顶喷入的石灰浆液逆流接触，在逆向接触过程中完成 SO_2 的吸收，主要反应式如下。

石灰吸收法反应：$Ca(OH)_2+SO_2 \longrightarrow CaSO_3 \cdot \frac{1}{2}H_2O+\frac{1}{2}H_2O$

石灰石吸收法反应：$CaCO_3+SO_2+\frac{1}{2}H_2O \longrightarrow CaSO_3 \cdot \frac{1}{2}H_2O+CO_2$

生成物与 SO_2 进一步反应：$CaSO_3 \cdot \frac{1}{2}H_2O+SO_2+\frac{1}{2}H_2O \longrightarrow Ca(HSO_3)_2$

烟气含氧时的反应：$2CaSO_3 \cdot \frac{1}{2}H_2O+O_2+3H_2O \longrightarrow 2CaSO_4 \cdot 2H_2O$

干净烟气经除雾器由塔顶排出。吸收过的浆液流入浆液槽循环使用，以提高浆液的利用率。当槽中浆液 pH 值达到 6 以下时，排出一部分，同时补充一部分新鲜浆液。并测定吸收塔入口和出口的 SO_2 浓度、烟气温度和压差，进而计算出脱硫率。

4.2.10.4 实验仪器、设备、材料

(1) 气体制备及输送系统：主要由模拟烟气混合柜、风机、流量计及管道等组成。
(2) 吸收塔。
(3) 石灰浆液及输送系统。
(4) SO_2 标气钢瓶。
(5) SO_2 测定仪。
(6) 温度测量系统。
(7) 压差测量系统。

4.2.10.5 实验方法及步骤

(1) 连接测量系统。
1) 连接 SO_2 标气钢瓶。
2) 连接温度测量系统。
3) 连接压差测量系统。
4) 连接 SO_2 测定仪于主系统测量部位。
(2) 开动搅拌机，使浆液混合均匀。
(3) 开动浆液泵，调节流量，使之达到所需值。
(4) 开动风机，调节流量，使之达到所需值。
(5) 测量入口和出口的烟气温度。
(6) 测量入口和出口的静压差。
(7) 慢慢开启 SO_2 标气钢瓶，并打开已用标气标定好的 SO_2 测定仪，按说明书规定调节好仪器流量，测量入口烟气浓度，使之达到 1000μL/L，并固定不变。

（8）测定 SO_2 浓度不变时不同液气比（L/G）下的脱硫率（η）：固定一个 L/G，分别快速测定入口及出口 SO_2 浓度，并测定温度和压差。然后再变动 L/G，再次测定入口、出口 SO_2 浓度、温度和压差。每一个 L/G 下要测定 3 次，取平均值。每变动一次 L/G，要等 5min，使运行稳定后再进行测定。

4.2.10.6 实验结果分析

（1）将测定结果记入表 4-13。

表 4-13 脱硫实验记录表

L/G/L·m^{-3}	测定次数	C_i/mg·m^{-3}	t_i/℃	h_i/Pa	C_o/mg·m^{-3}	t_o/℃	h_o/Pa	η/%
	1							
	2							
	3							
	平均							
	1							
	2							
	3							
	平均							
	1							
	2							
	3							
	平均							
	1							
	2							
	3							
	平均							
	1							
	2							
	3							
	平均							
备注								

注：影响烟气脱硫率的因素有液气比、SO_2 浓度和钙硫比等，本实验主要选择在 SO_2 浓度一定的前提下，液气比对脱硫率的影响。

（2）按下式计算 SO_2 浓度和脱硫效率。

$$\eta = \left(1 - \frac{C_{oN}}{C_{iN}}\right) \times 100\% \tag{4-34}$$

式中 η——脱硫率，%；

C_{iN}——入口 SO_2 浓度（标准状态），mg/m^3；

C_{oN}——出口 SO_2 浓度（标准状态），mg/m^3。

$$C_g = \frac{C_p \times M}{22.4} \tag{4-35}$$

式中 C_g——以 mg/m³ 表示的气体浓度，mg/m³；

C_p——以 μL/L 表示的气体浓度，μL/L；

M——被测气体的摩尔质量，g；

22.4——标准状态下（0℃，101325Pa）气体摩尔体积，L。

$$C_{iN} = C_i \times \frac{273 + t_i}{273} \times \frac{101325}{P - h_i} \tag{4-36}$$

$$C_{oN} = C_o \times \frac{273 + t_o}{273} \times \frac{101325}{P - h_o} \tag{4-37}$$

式中 C_i，C_o——入口、出口 SO_2 测定浓度，mg/m³；

t_i，t_o——入口、出口烟气温度，℃；

P——当地大气压力，Pa；

h_i，h_o——入口、出口的真空度，Pa。

（3）绘出 η 随 L/G 变化的曲线。

4.2.10.7 思考题

（1）为什么二氧化硫浓度要换算成标准状态下的体积?

（2）通过本次实验，可以得出液气比对脱硫率有什么影响?

4.2.11 碱液吸收气体中的二氧化硫实验

4.2.11.1 实验目的

（1）了解填料塔的基本结构及其吸收净化酸雾的工作原理。

（2）了解 SO_2 自动测定仪的工作原理，掌握其测定方法。

4.2.11.2 实验原理

含 SO_2 的气体可采用吸收法净化，由于 SO_2 在水中的溶解度较低，故常常采用化学吸收的方法。本实验采用碱性吸收液（5% NaOH 吸收液）吸收净化 SO_2 气体。

其工作原理为：吸收液由吸收液槽经过液泵提升、转子流量计计量从填料塔上部经喷淋装置进入塔内，流经填料表面，由塔下部排出，再进入吸收液槽。空气首先进入缓冲罐，再进入进气管 SO_2，由 SO_2 钢瓶进入进气管，与空气混合，经混合后的含 SO_2 气体从塔底进气口进入填料塔内，通过填料层与 NaOH 喷淋吸收液充分混合、接触、吸收，尾气由塔顶排出。吸收过程发生的主要化学反应为：

$$2NaOH + SO_2 \longrightarrow Na_2SO_3 + H_2O$$

$$Na_2SO_3 + SO_2 + H_2O \longrightarrow 2NaHSO_3$$

4.2.11.3 实验仪器与材料

（1）SO_2 酸雾净化填料塔。

（2）缓冲罐。

（3）转子流量计（液相转子流量计、SO_2 转子流量计）。

（4）风机。

（5）SO_2 钢瓶（含气体）。

（6）SO_2 自动分析仪。

（7）控制阀、橡胶连接管若干及必要的玻璃仪器等。

（8）5kg 工业纯 NaOH 试剂。

（9）空压机。

实验装置见图 4-13。

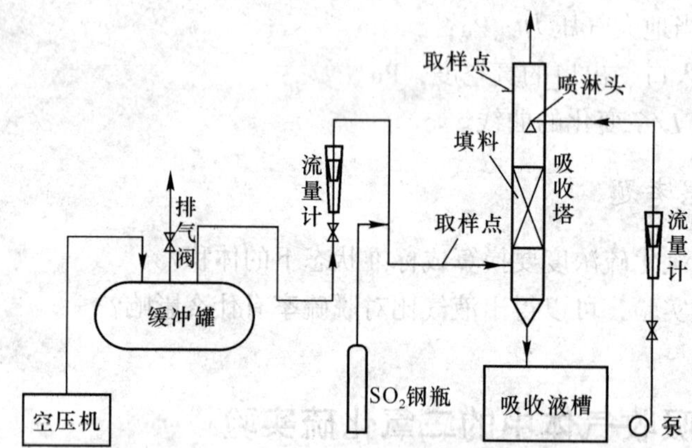

图 4-13 碱液吸收气体中的二氧化硫实验装置示意图

4.2.11.4 实验步骤

（1）实验准备。

1）SO_2 自动分析仪准备：保证电池电量充足；查看仪器过滤器（如果发现过滤器出现潮湿或污染，应立即晾干或更换）；将“POWER”（电源）开关置于“ZERO&STANDBY”（零点/待机）位置，使仪器自动校准零点（如果仪器未能达到零点，调节仪器上方的零点调整旋钮，直到显示 000±1 为止，注意调零时在距离有害气体区域较远的清洁空气中进行），学会使用 SO_2 自动分析仪。

2）熟悉整个实验流程，检查是否漏气，并检查电、气、水各系统。

3）称取 NaOH 试剂 5kg 溶于 0.1m^3 水中，将其注入吸收液槽，开启吸收液泵，根据液气比的要求调节喷淋流量。

（2）实验操作。

1）开启填料塔的进液阀，并调节液体流量，使液体均匀喷布，并沿填料塔缓慢流下，以充分润湿填料表面，记录此时流量。调节各阀门使得喷淋液流量达到最大值，记录此时流量。

2）开启空压机，并逐渐打开吸收塔的进气阀，调节空气流量，仔细观察气液接触状况。用热球式风速计测量管道中的风速并调节配风阀使空塔气速达到 2m/s（气体速度根据经验数据或实验需要来确定）。

3）待吸收塔能够正常工作后，实验指导教师开启 SO_2 气瓶，并调节其流量，使空气中的 SO_2 含量为 0.1%~0.5%（体积分数，具体数值由指导教师掌握，整个实验过程中保持进口 SO_2 浓度和流量不变）。

4）经数分钟，待塔内操作完全稳定后，开始测量记录数据，包括进气流量 Q_1、喷淋液流量 Q_2、进口 SO_2 浓度 c_1、出口 SO_2 浓度 c_2。

5）根据测得的数据计算吸收废气中 SO_2 的理论液气比，在理论液气比的喷淋液流量和最大喷淋液流量范围内，改变喷淋液流量，重复上述操作，测量 SO_2 出口浓度，共测取 4~5 组数据。

6）实验完毕后，先关掉 SO_2 钢瓶，待 1~2min 后再停止供液，最后停止鼓入空气。

4.2.11.5 成果整理

（1）将实验数据填入表 4-14。

表 4-14 实验数据记录表

大气压：________；温度：________

测定次数	管道风速 /$m \cdot s^{-1}$	SO_2 流量 /$m^3 \cdot s^{-1}$	喷淋液量 /$L \cdot h^{-1}$	SO_2 入口浓度 /$mg \cdot m^{-3}$	SO_2 出口浓度 /$mg \cdot m^{-3}$

（2）计算。净化效率计算：

$$\eta = \left(1 - \frac{c_2}{c_1}\right) \times 100\% \tag{4-38}$$

式中 η——净化效率,%；

c_1——SO_2入口浓度，mg/m^3；

c_2——SO_2 出口浓度，mg/m^3。

（3）根据所得的净化效率与对应的液气比结果绘制曲线，从图中确定最佳液气比条件。

4.2.11.6 结果讨论

（1）从实验结果绘制的曲线中，可以得到哪些结论？

（2）对实验有何改进意见？

4.2.12 干法脱除烟气中二氧化硫实验

4.2.12.1 实验目的

掌握干法脱硫的特点、基本工艺流程及原理。

4.2.12.2 实验原理

本实验以铁系氧化物、活性炭等吸附剂为脱硫剂进行干法脱硫，脱硫过程包括物理吸附和化学吸附，主要反应如下：

$$SO_2+1/2O_2 \longrightarrow SO_3$$

$$Fe_2O_3+3SO_3 \longrightarrow Fe_2(SO_4)_3$$

活性炭作为吸附剂吸附二氧化硫，是由于活性炭具有较大的比表面和较高的物理吸附性能，能够将气体中的二氧化硫浓集于其表面而分离出来。活性炭吸附二氧化硫的过程是可逆的，即在一定温度和气体压力下达到吸附平衡，而在高温、减压条件下，被吸附的二氧化硫又被解吸出来，使活性炭得到再生。

本实验仅对铁系氧化物、活性炭的吸附性能进行研究，不考虑其再生。实验中采用 SO_2 自动分析仪测试 SO_2 浓度。

4.2.12.3 实验仪器与材料

干法脱硫实验流程图如图 4-14 所示。

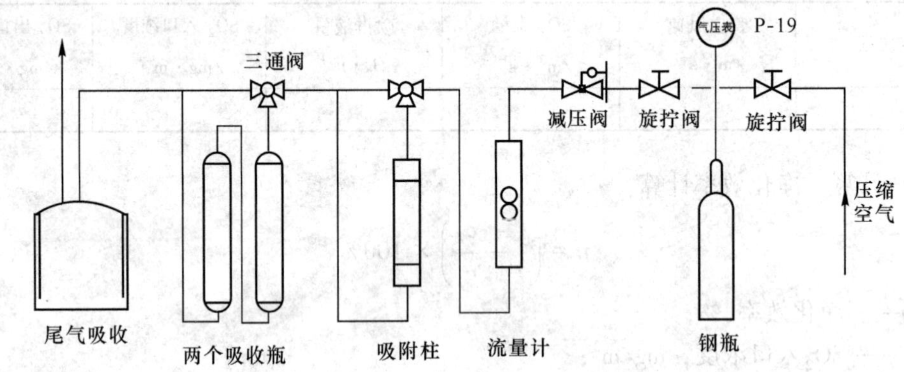

图 4-14 干法脱硫实验流程图

4.2.12.4 实验步骤

（1）配气：含 SO_2 烟气由纯 SO_2 和压缩空气配制而成，其中高压空气既模拟烟道气，又为反应提供动力。

（2）熟悉实验装置。

（3）开启进气装置，调节减压阀，控制一定的流量，使含 SO_2 气体进入吸附柱，连续通气，定时测定吸附柱进、出口气体中 SO_2 浓度，记录其流量、时间，计算不同时间的脱硫效率，直至脱硫率明显下降到脱硫剂失效，停止通气。

4.2.12.5 结果整理

（1）将实验数据填入表 4-15。

表 4-15 干法脱除烟气中二氧化硫实验数据记录表

项目	通气时间 t/min	气体流速 v/L · min^{-1}	气量 Q_{nd}/L	碘标液浓度 c/mol · L^{-1}	碘滴定体积 V/mL	SO_2 浓度 c/mg · m^{-3}	脱硫效率 η/%
进气口							
出气口							

（2）根据实验数据绘制脱硫效率-反应时间曲线。

（3）计算脱硫剂在实验条件下的工作硫容（$g_{SO_2}/g_{脱硫剂}$）。

4.2.12.6 思考题

综合评价干法脱硫剂的优缺点。

4.2.13 活性炭吸附气体中的氮氧化物实验

4.2.13.1 实验目的

（1）了解吸附法净化有害废气的原理和特点。

（2）掌握活性炭吸附法净化废气中氮氧化物的实验方法。

4.2.13.2 实验原理

吸附是一种常见的气态污染物净化方法，是用多孔固体吸附剂将气体中的一种或数种组分积聚或凝缩在其表面上而达到分离目的的过程，特别适用于处理低浓度废气、高净化要求的场合。活性炭内部孔穴十分丰富，比表面积巨大（可高达 1000m^2/g），是最常见的吸附剂。

活性炭吸附氮氧化物的过程是可逆过程：在一定温度和气体压力下达到吸附平衡；而在高温、减压条件下，被吸附的氮氧化物又被解吸出来，使活性炭得到再生。.

影响吸附净化氮氧化物的因素较多，如活性炭的种类、填充高度、装填方法、原气条件等，操作条件是否合适还直接关系到方法的技术经济性。

本实验装置采用夹套式 U 形吸附器，以活性炭为吸附剂，通过模拟发生的氮氧化物气体进行吸附实验，得到吸附净化效率。

4.2.13.3 实验仪器与材料

（1）活性炭吸附实验装置，如图 4-15 所示。

技术参数如下。

夹套式 U 形吸附器：硬质玻璃，直径 d = 15mm，高 H = 150mm，套管外径 D = 25mm；储气罐：不锈钢，400L，最高耐压 P = 1.5MPa；

空气压缩机：排气量 Q = 0.1m^3/min，压力 P = 2.0MPa；

真空泵：抽气量 Q = 0.5L/min，转数 N = 140r/min。

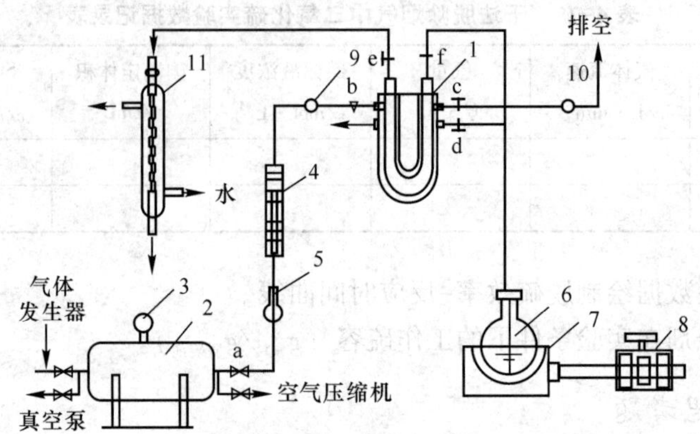

图 4-15 活性炭吸附气体中的氮氧化物实验装置示意图

1—夹套式 U 形吸附器；2—储气罐；3—真空压力表；4—转子流量计；5—稳定阀；6—蒸汽瓶；7—电热套；8—调压器；9—进气取样口；10—出气取样口；11—冷凝器；a—针形阀；b~f—霍夫曼夹

(2) 分光光度计。
(3) 吸气瓶。
(4) 医用注射器：5mL、2mL。
(5) 活性炭：粒径 200 目。
(6) 对氨基苯磺酸：分析纯。
(7) 盐酸萘乙二胺：分析纯。
(8) 冰醋酸：分析纯。
(9) 氢氧化钠：分析纯。
(10) 硫酸亚铁：工业纯。
(11) 亚硝酸钠：工业纯。

4.2.13.4 实验步骤

(1) 熟悉实验装置的整体情况。
(2) 检查管路系统，使阀门 d~f 关闭，系统处于吸收状态。
(3) 开启阀门 a~c，同时记录开始吸附的时间。
(4) 运行 10min 后取样分析，此后每隔 30min 取样 1 次，每次取 3 个平行样。
(5) 当吸附净化效率低于 80%时，停止吸附操作，关闭阀门 a~c。
(6) 开启阀门 d~f。置管路系统于解吸状态，打开冷却水管开关，向吸附器及其保温夹层通入水蒸气进行解吸和保温。
(7) 解吸完成后，关闭阀门 e、f，待活性炭干燥以后再停止对保温夹层通蒸汽。
(8) 实验取样分析用盐酸萘乙二胺比色法。

4.2.13.5 结果整理

(1) 将实验结果以表 4-16 格式记录整理。

表 4-16 活性炭吸附氮氧化物实验记录表

序号	取样时间/min	气体流量/L·h^{-1}	进气浓度/μL·L^{-1}	出气浓度/μL·L^{-1}	净化效率/%

（2）做取样时间与净化效率关系曲线，并进行分析。

4.2.13.6 思考题

（1）从吸附原理出发分析活性炭的吸附容量及操作时间的关系。

（2）随着吸附温度的变化，吸附量也发生变化，根据等温吸附原理简单分析吸附温度对吸附效率的影响，并解释吸附过程的理论依据。

4.3 综合实验

4.3.1 室内空气质量监测治理实验

4.3.1.1 实验目的

（1）掌握空气中甲醛、二氧化氮、可吸入颗粒物（PM_{10}）等监测分析方法。

（2）提高对室内空气中污染物的综合分析能力和对室内空气污染的综合治理能力。

4.3.1.2 实验要求

（1）根据 GB/T 18883—2002《室内空气质量标准》中的规定，甲醛（HCHO）测定选择 GB/T 18204.26—2016《公共场所空气中甲醛测定方法》，二氧化氮（NO_2）测定选择 GB/T 15435—1995《环境空气二氧化氮的测定 Saltzman 法》，可吸入颗粒物（PM_{10}）测定可选择 GB/T 17095—1997《室内空气中可吸入颗粒物卫生标准》，并预习实验内容，进行实验准备。

（2）按照 GB/T 18883—2002《室内空气质量标准》中“室内空气监测技术导则”要求，在房间内设 3 个点，甲醛和二氧化氮测定取 1h 均值；可吸入颗粒物 PM_{10}测定取日平均浓度。

（3）将采集样品按照标准方法进行分析，将分析结果与 GB/T 18883—2002《室内空气质量标准》进行对照，指出室内主要污染源和主要污染物，并提出可行性治理方案。

4.3.1.3 室内空气中甲醛的测定

A 原理

甲醛与酚试剂反应生成嗪，在高铁离子存在下，嗪与酚试剂的氧化产物反应生成蓝绿色化合物。根据颜色深浅，用分光光度法测定。

本法检出限为 0.1μg/5mL（按与吸光度 0.02 相对应的甲醛含量计），当采样体积为

10L 时，最低检出浓度为 0.01mg/m^3。

B 仪器

（1）大型气泡吸收管：10mL。

（2）空气采样器：流量范围 0~1L/min。

（3）具塞比色管：10mL。

（4）分光光度计。

C 试剂

（1）吸收液：称取 0.10g 酚试剂（3-甲基-苯并噻唑腙 $C_6H_4SN(CH_3)C:NNH_2 \cdot HCl$，简称 MBTH），溶于水中，稀释至 100mL，即为吸收原液。贮存于棕色瓶中，在冰箱内可以稳定 3d。采样时取 5.0mL 原液加入 95mL 水，即为吸收液。

（2）1%硫酸铁铵溶液：称取 1.0g 硫酸铁铵，用 0.10mol/L 盐酸溶液溶解，并稀释至 100mL。

（3）甲醛标准溶液：量取 10mL 36%~38%甲醛，用水稀释至 500mL，用碘量法标定甲醛溶液浓度。使用时，先用水稀释至每毫升含 10.0μg 甲醛的溶液。然后立即吸取 10.00mL 稀释溶液于 100mL 容量瓶中，加 5.0mL 吸收原液，再用水稀释至标线。此溶液每毫升含 1.0μg 甲醛。放置 30min 后，用此溶液配制标准系列，此标准溶液可稳定 24h。

标定方法：吸取 5.00mL 甲醛溶液于 250mL 碘量瓶中，加入 40.00mLC（$1/2I_2$）= 0.10mol/L 碘溶液，立即逐滴加入 30%氢氧化钠溶液，至颜色褪至淡黄色为止。放置 10min，用 5.0mL（1+5）盐酸溶液酸化（做空白滴定时需多加 2mL）。置暗处放 10min，加入 100~150mL 水，用 0.1mol/L 硫代硫酸钠标准溶液滴定至淡黄色，加入 1.0mL 新配制的 5%淀粉指示剂，继续滴定至蓝色刚刚褪去。建议购买甲醛标样。

另取 5mL 水，同上法进行空白滴定。

按下式计算甲醛溶液浓度（mg/mL）：

$$\text{甲醛溶液浓度} = \frac{(V_0 - V) \times c(Na_2S_2O_3) \times 15.0}{5.0} \tag{4-39}$$

式中 V_0，V——分别为滴定空白溶液、甲醛溶液所消耗硫代硫酸钠标准溶液体积，mL；

$c(Na_2S_2O_3)$——硫代硫酸钠标准溶液浓度，mol/L；

15.0——相当于 1L 1mol/L 硫代硫酸钠标准溶液（$Na_2S_2O_3$）的甲醛（$1/2CH_2O$）的质量，g。

D 采样

用一个内装 5.0mL 吸收液的气泡吸收管，以 0.5L/min 流量，采气 10L。

E 步骤

（1）标准曲线的绘制。取 8 支 10mL 比色管，按表 4-17 配制标准系列。

表 4-17 甲醛标准系列

管号	0	1	2	3	4	5	6	7
甲醛标准溶液/mL	0	0.10	0.20	0.40	0.60	0.80	1.00	1.50

续表 4-17

管号	0	1	2	3	4	5	6	7
吸收液/mL	5.00	4.90	4.80	4.60	4.40	4.20	4.00	3.50
甲醛含量/μg	0	0.10	0.20	0.40	0.60	0.80	1.00	1.50

然后向各管中加入1%硫酸铁铵溶液0.4mL，摇匀。在室温下（8~35℃）显色30min。在波长630nm处，用lcm比色皿，以水为参比，测定吸光度。以吸光度对甲醛含量（μg）绘制标准曲线。

（2）样品测定。采样后，将样品溶液移入比色管中，用少量吸收液洗涤吸收管，洗涤液并入比色管，使总体积为5.0mL。以下操作同标准曲线绘制。

F　计算

按下式计算甲醛浓度：

$$c=\frac{W}{V_n} \tag{4-40}$$

式中　c——甲醛浓度，mg/m^3；

W——样品中甲醛含量，μg；

V_n——标准状态下采样体积，L。

G　说明

（1）绘制标准曲线时与样品测定时温差不超过2℃。

（2）标定甲醛时，在摇动下逐滴加入30%氢氧化钠溶液，至颜色明显褪色，再摇片刻，待褪成淡黄色，放置后应褪至无色。若碱量加入过多，则5mL（1+5）盐酸溶液不足以使溶液酸化。

（3）当甲醛与二氧化硫共存时，会使结果偏低，二氧化硫产生的干扰，可以在采样时，使气体先通过装有硫酸锰滤纸的过滤器，即可排除干扰。

4.3.1.4　室内空气中NO_2的测定

A　原理

空气中的二氧化氮与吸收液中的对氨基苯磺酸进行重氮化反应，再与N-(1-萘基)乙二胺盐酸盐作用，生成粉红色的偶氮染料，在波长540nm处，测定吸光度。

空气中臭氧浓度超过0.25mg/m^{3}时，可使二氧化氮的吸收液略显红色，对二氧化氮的测定产生负干扰，采样时在吸收瓶入口处串接一段15~20cm长的硅橡胶管，即可将臭氧浓度降低到不干扰二氧化氮测定的水平。

方法检出限为0.12μg/10mL。当吸收液体积为10mL，采样体积为24L时，空气中二氧化氮的最低检出浓度为0.005mg/m^3。

B　仪器

（1）采样导管。采样导管为硼硅玻璃、不锈钢、聚四氟乙烯或硅橡胶管，内径约为6mm，尽可能短一些，任何情况下不得长于2m，配有向下的空气入口。

（2）吸收瓶。内装10mL、25mL或50mL吸收液的多孔玻板吸收瓶。液柱不低于80mm。图4-16示出了较为适用的两种多孔玻板吸收瓶。

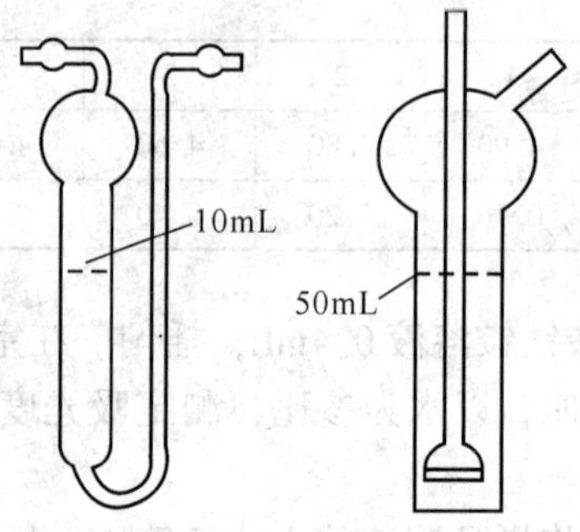

图 4-16 多孔玻板吸收瓶示意图

(3) 空气采样器。

1) 便携式空气采样器：流量范围 0~1L/min。采气流量为 0.4L/min 时，误差小于±5%。

2) 恒温自动连续采样器：采气流量为 0.2L/min 时，误差小于±5%。能将吸收液恒温在 20℃±4℃。当采样结束时，能够自动关闭干燥瓶和流量计之间的电磁阀。

(4) 分光光度计。

C 试剂

除非另有说明，分析时均使用符合国家标准的分析纯试剂和无亚硝酸根的蒸馏水或同等纯度的水，必要时可在全玻璃蒸馏器中加少量高锰酸钾和氢氧化钡重新蒸馏（每升蒸馏水或去离子水中加 0.5g 高锰酸钾和 0.5g 氢氧化钡）。

(1) 1.00g/L 盐酸萘乙二胺储备液：称取 0.50g N-(1-萘基) 乙二胺盐酸盐 ($C_{10}H_7NH(CH_2)_2NH_2 \cdot 2HCl$) 于 500mL 容量瓶中，用水稀释至标线。此溶液贮于密闭的棕色试剂瓶中，在冰箱中冷藏可稳定 3 个月。

(2) 显色液：称取 5.0g 对氨基苯磺酸 ($NH_2C_6H_4SO_3H$)，溶解于约 200mL 热水中，将溶液冷却至室温，全部移入 1000mL 容量瓶中，加入 50.0mL 盐酸萘乙二胺储备液和 50mL 冰乙酸，用水稀释至标线。此溶液置于密闭的棕色瓶中，在 25℃以下暗处存放，可稳定 3 个月。若呈现淡红色，应弃之重配。

(3) 吸收液：临用时将显色液和水按 4+1（体积比）比例混合，即为吸收液。吸收液的吸光度不超过 0.005（540nm，1cm 比色皿，以水为参比）。否则，应检查水、试剂纯度或显色液的配制时间和贮存方法。

(4) 亚硝酸钠标准储备液：准确称取 0.3750g 亚硝酸钠 ($NaNO_2$，优级纯，预先在干燥器内放置 24h) 溶解于水，移入 1000ml 容量瓶中，用水稀释至标线。贮于密闭的棕色试剂瓶中，可稳定 3 个月。此溶液每毫升含 0.250mg 亚硝酸根。

(5) 亚硝酸钠标准使用液：吸取亚硝酸钠标准储备液 1.00mL 于 100mL 容量瓶中，用水稀释至标线。临用前现配。此溶液每毫升含 2.5μg 亚硝酸根。

D 采样

(1) 短时间采样（1h 以内）：取 1 支多孔玻板吸收瓶，内装 10.0mL 吸收液，标记吸收液液面位置后以 0.4L/min 的流量采集环境空气 6~24L。

(2) 长时间采样（24h 以内）：用大型多孔玻板吸收瓶，内装 25.0mL 或 50.0mL 吸收液，液柱不低于 80mm，标记吸收液液面位置，使吸收液的温度保持在 20℃±4℃，以

0.2L/min 的流量采集环境空气 288L。

E 步骤

(1) 标准曲线的绘制。取 6 支 10mL 具塞比色管，按表 4-18 配制亚硝酸钠标准系列。

表 4-18 亚硝酸钠标准系列

管号	0	1	2	3	4	5
亚硝酸钠标准使用液/mL	0	0.40	0.80	1.20	1.60	2.00
水/mL	2.00	1.60	1.20	0.80	0.40	0
显色液/mL	8.00	8.00	8.00	8.00	8.00	8.00
亚硝酸根浓度/$\mu g \cdot mL^{-1}$	0	0.10	0.20	0.30	0.40	0.50

各管混匀，于暗处放置 20min（室温低于 20℃时，显色 40min 以上），用 1cm 比色皿，在波长 540nm 处，以水为参比测定吸光度。扣除空白试样的吸光度以后，对应 NO_2^- 的浓度，用最小二乘法计算标准曲线的回归方程。

(2) 样品测定。采样后放置 20min（室温 20℃以下放置 40min 以上），用水将采样瓶中吸收液的体积补至标线，混匀，按绘制标准曲线步骤测定样品的吸光度。

若样品的吸光度超过标准曲线的上限，应用空白试样溶液稀释，再测定其吸光度。

采样后应尽快测定样品的吸光度，若不能及时测定，应将样品于低温暗处存放。样品于 30℃暗处存放可稳定 8h，于 20℃暗处存放可稳定 24h，于 0~4℃冷藏至少可稳定 3d。

(3) 空白试样的测定。空白、样品和标准曲线应用同一批吸收液。

F 计算

二氧化氮浓度（mg/m^3）的计算公式如下：

$$二氧化氮浓度 = \frac{(A - A_0 - a) \times VD}{bfV_0} \tag{4-41}$$

式中 A——样品溶液的吸光度；

A_0——试剂空白溶液的吸光度；

a——标准曲线的截距；

V——采样用吸收液体积，mL；

D——样品的稀释倍数；

b——标准曲线的斜率，吸光度 · mL/μg；

f——Saltzman 实验系数，0.88（当空气中二氧化氮浓度高于 0.72mg/m^3 时，f 值为 0.77）；

V_0——换算为标准状态（273K、101.325kPa）下的采样体积，L。

4.3.1.5 室内空气中 PM_{10} 的测定

PM_{10} 是指悬浮在空气中，空气动力学直径小于 10μm 的颗粒物。方法的检出限为 0.001mg/m^3。

A 原理

以恒速抽取定量体积的空气，使其通过具有 PM_{10} 切割特性的采样器，PM_{10} 被收集在已恒重的滤膜上。根据采样前、后滤膜质量之差及采样体积，计算出 PM_{10} 的质量浓度。

滤膜样品还可进行组分分析。

B 仪器

（1）PM_{10}中流量采样器：采气流量（工作点流量）一般为100L/min。

（2）滤膜：超细玻璃纤维滤膜或聚氯乙烯等有机滤膜，直径9cm。滤膜性能：滤膜对0.3μm标准粒子的截留效率不低于99%，在气流速度为0.45m/s时，单张滤膜阻力不大于3.5kPa，在同样气流速度下，抽取经高效过滤器净化的空气5h，每平方厘米滤膜失重不大于0.012mg。

（3）滤膜袋：用于存放采样后对折的采尘滤膜。袋面印有编号、采样日期、采样地点、采样人等项目。

（4）滤膜保存盒：用于保存滤膜，保证滤膜在采样前处于平展不受折状态。

（5）镊子：用于夹取滤膜。

（6）X光看片机：用于检查滤膜有无缺损。

（7）打号机：用于在滤膜及滤膜袋上打号。

（8）恒温恒湿箱（室）：箱（室）内空气温度要求在15~30℃范围内连续可调，控温精度±1℃；箱（室）内空气相对湿度应控制在45%~55%范围内。恒温恒湿箱（室）可连续工作。

（9）分析天平：感量0.1mg。

（10）中流量孔口流量计：量程75~125L/min；准确度不超过±2%。附有与孔口流量计配套的U形管压差计（或智能流量校准器），最小分度值10Pa。

（11）气压计。

（12）温度计。

C 步骤

（1）PM_{10}中流量采样器流量校准（用中流量孔口流量计校准）：新购置或维修后的采样器在启用前，需进行流量校准；正常使用的采样器每月需进行1次流量校准。校准PM_{10}中流量采样器流量时，需摘掉采样头中的切割器，中流量采样器流量校准示意图见图4-17。中流量校准方法如下。

1）从气压计、温度计分别读取环境大气压和环境温度。

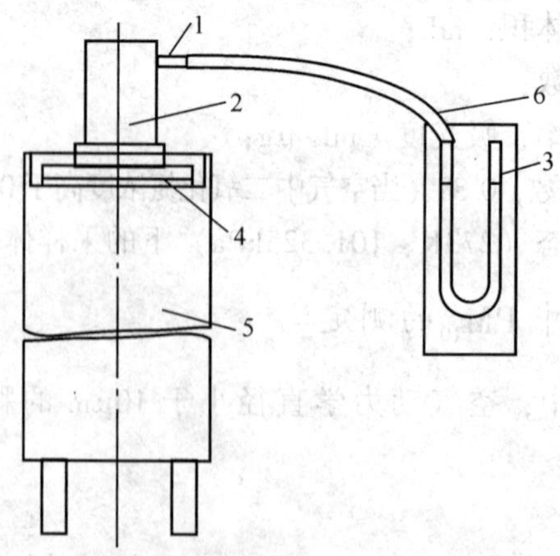

图4-17 中流量采样器流量校准示意图

1—取压口；2—孔口；3—U形管压差计（或智能流量校准器）；4—采样滤膜夹；5—中流量采样器；6—乳胶管

2）将采样器采气流量换算成标准状态下的流量。计算公式如下：

$$Q_n = Q \times \frac{P_1 T_n}{P_n T_1}$$

式中 Q_n——标准状态下的采样器流量，L/min；

Q——采样器采气流量，L/min；

P_1——流量校准时环境大气压力，kPa；

T_n——标准状态的绝对温度，273K；

T_1——流量校准时环境温度，K；

P_n——标准状态下的大气压力，101.325kPa。

3）将计算的标准状态下的流量 Q_n 代入下式，求出修正项 y：

$$y = bQ_n + a \tag{4-42}$$

式中，斜率 b 和截距 a 由孔口流量计的标定部门给出。

4）计算孔口流量计压差值 ΔH（Pa）。

$$\Delta H = \frac{y^2 P_n T_1}{P_1 T_n} \tag{4-43}$$

5）打开采样头的采样盖，按正常采样位置，放一张干净的采样滤膜，将中流量孔口流量计的孔口与采样头密封连接。孔口的取压口接好 U 形管压差计（或智能流量校准器）。

6）接通电源，开启采样器，待工作正常后，调节采样器流量，使孔口流量计压差值达到计算的 ΔH 值，记录表格见表 4-19。

表 4-19 用孔口流量计校准 PM_{10} 采样器记录表

采样器编号	采气流量 Q/L·min^{-1}	孔口流量计编号	环境温度 T_1/K	环境大气压 P_1/kPa	孔口压差计算值 ΔH/kPa	校准日期	校准人

校准流量时，要确保气路密封连接，流量校准后，如发现滤膜上尘的边缘轮廓不清晰或滤膜安装歪斜等情况，可能造成漏气，应重新进行校准。校准合格的采样器即可用于采样，不得再改动调节器状态。

（2）空白滤膜准备。

1）每张滤膜均需用 X 光看片机进行检查，不得有针孔或任何缺陷。在选中的滤膜光滑表面的两个对角上打印编号。滤膜袋上打印同样编号备用。

2）将滤膜放在恒温恒湿箱（室）中平衡 24h。平衡条件：温度取 15~30℃中任一点，相对湿度控制在 45%~55%范围内。记录平衡温度与湿度。

3）在上述平衡条件下称量滤膜，滤膜称量精确到 0.1mg。记录滤膜质量。

4）称量好的滤膜平展地放在滤膜保存盒中，采样前不得将滤膜弯曲或折叠。

（3）采样。

1）打开采样头顶盖，取出滤膜夹。用清洁干布擦去采样头内及滤膜夹的灰尘。

2）将已编号并称量过的滤膜毛面向上，放在滤膜网托上，然后放滤膜夹，对正、拧紧，使不漏气。盖好采样头顶盖，按照采样器使用说明操作，设置好采样时间，即可启动采样。

3）当采样器不能直接显示标准状态下的累积采样体积时，需记录采样期间测试现场平均环境温度和平均大气压。

4）采样结束后，打开采样头，用镊子轻轻取下滤膜，采样面向里，将滤膜对折，放入号码相同的滤膜袋中。取滤膜时，如发现滤膜损坏，或滤膜上尘的边缘轮廓不清晰、滤膜安装歪斜等，表示采样时漏气，则本次采样作废，需重新采样。PM_{10}现场采样记录见表4-20。

表4-20 PM_{10}现场采样记录表

日期	采样器编号	滤膜编号	采样起始时间	采样终了时间	累积采样时间	采样期间环境温度 T_2/K	采样期间大气压 P_2/kPa	测试人

（4）尘膜的平衡及称量。

1）尘膜放在恒温恒湿箱（室）中，用同空白滤膜平衡条件相同的温度、湿度，平衡24h。

2）在上述平衡条件下称量尘膜，尘膜称量精确到0.1mg，记录尘膜质量。

D 计算

PM_{10}浓度（mg/m^3）计算公式如下：

$$PM_{10}\text{ 浓度} = \frac{(W_1 - W_0) \times 1000}{V_n} \tag{4-44}$$

式中 W_1——尘膜质量，g；

W_0——空白滤膜质量，g；

V_n——标准状态下的累积采样体积，m^3。

当采样器未直接显示出标准状态下的累积采样体积 V_n 时，按下式计算：

$$V_n = Q \times \frac{P_2 T_n}{P_n T_2} \times t \times 0.06 \tag{4-45}$$

式中 Q——采样器采气流量，L/min；

P_2——采样期间测试现场平均大气压力，kPa；

T_n——标准状态的绝对温度，273K；

t——累积采样时间，h；

P_n——标准状态下的大气压力，101.325kPa；

T_2——采样期间测试现场平均环境温度，K。

滤膜称量及PM_{10}浓度记录见表4-21。

表4-21 滤膜称量及PM_{10}浓度记录表

日期	滤膜编号	采气流量 Q /L·min^{-1}	采样期间环境温度 T_2/K	采样期间大气压 P_2/kPa	累积采样时间 t/h	累积采样标况体积 V_n/m^3	滤膜质量/g			PM_{10}浓度 /$m^3 \cdot mg^{-1}$	测试人
							空膜	尘膜	尘重		

4.3.2　催化转化法去除汽车尾气中的氮氧化物实验

4.3.2.1　实验目的与意义

汽车尾气中的碳氢化合物和氮氧化合物在阳光作用下发生化学反应，生成臭氧，它和大气中的其他成分结合形成光化学烟雾，其对人体的影响远大于氮氧化物和碳氢化合物，因此，氮氧化物是汽车尾气中的主要污染物。随着汽车保有量的持续增长，国际上排放法规的日趋严格，而其中最有效易行的就是发动机外催化转化法。通过本实验，将达到以下目的：

（1）深入了解该研究领域，了解汽车尾气中 NO_x 的去除方法及原理。

（2）学会氮氧化物分析仪的测试操作。

（3）掌握发动机外催化转化法的实验方法与技能。

4.3.2.2　实验工艺原理

发动机外催化转化法去除汽车尾气中的氮氧化物，是通过在尾气排放管上安装的催化转化器将 NO_x 转化为无害的氮气（N_2），采用催化剂对汽车尾气进行治理的催化反应器技术。

本实验以钢瓶气为气源，以高纯氮气为平衡气，模拟汽车尾气一氧化氮（NO）和氧气（O_2）浓度设定其流量，在多个温度下，通过测量催化剂反应器进出口气流中 NO_x 的浓度，评价催化剂（Ag/Al_2O_3）对 NO_x 的去除效率（%）。

$$NO_x\ 去除效率 = \frac{入口浓度 - 出口浓度}{入口浓度} \times 100\%$$

通过改变气体总流量改变反应的空速（气体量与催化剂样品量之比），通过调节 NO 的进气量改变其入口浓度，通过钢瓶气加入二氧化硫（SO_2）评价催化剂在不同空速、不同 NO 入口浓度及毒剂 SO_2 存在条件下的活性。

4.3.2.3　实验仪器与材料

（1）汽车尾气后处理实验系统。

（2）氮氧化物分析仪。

（3）实验用高压钢瓶气 N_2、NO、O_2、丙烯（C_3H_6）、SO_2。

（4）Ag/Al_2O_3 催化剂样品。

4.3.2.4　实验方法

（1）称取催化剂样品约 500mg 填装于反应器中，调节流量计设置各气体流量，使总流量约为 350mL/min，NO 浓度约为 2000μL/L，O_2 浓度约为 5%，C_3H_6 浓度约为 1000μL/L，先测量不经催化转化的 NO_x 的浓度，即入口浓度，再在反应器不同温度（在 150℃～550℃内取几个点）下，测量经催化转化后的出口 NO_x 浓度，对催化剂活性进行评价。

（2）在催化剂活性最高的两个温度下，通过改变总气量改变反应空速，测定催化剂的活性。

（3）在催化剂活性最高的两个温度下，通过改变 NO 的流量改变其入口浓度，测定催化剂对 NO_x 的去除效率。

（4）在催化剂活性最高的两个温度下，通入不同浓度的 SO_2，测定催化剂的活性。

（5）自主设计实验。方案参考：改变催化剂类型或采用正交实验设计完成实验。

4.3.2.5 结果整理

（1）整理实验结果。

（2）绘制去除效率-温度、去除效率-空速、去除效率-NO 入口浓度或去除效率-SO_2 浓度图。

（3）计算最佳条件下催化剂的活性。

（4）对实验中测定条件下的催化剂去除氮氧化物的性能进行评价。

（5）按要求编制实验研究报告。

4.3.2.6 相关基础储备

（1）汽车尾气的成分及危害等相关知识。

（2）氮氧化物的测试技术。

（3）催化转化法净化汽车尾气的技术理论。

4.3.3 活性炭吸附净化废气实验

4.3.3.1 实验目的与意义

吸附法广泛应用于中低浓度废气治理，不仅可以较彻底地净化废气，而且在不使用深冷、高压等手段下，可以有效地回收有价值的组分。活性炭作为吸附剂具有吸附效率高、能力强、能够同时处理多种混合废气等优点，活性炭吸附装置具有构造紧凑、占地面积小、维护管理简单方便、运转成本低、易于实现自动化控制等优点而被广泛应用。

通过本实验将达到以下目的：

（1）深入理解吸附法净化有害气体的原理和特点。

（2）掌握活性炭吸附法的工艺流程和吸附装置的特点。

（3）掌握主要仪器设备的安装与使用，学会工艺实验的操作。

4.3.3.2 实验工艺原理

吸附是利用多孔性固体吸附剂将气体混合物中的一种或几种组分被浓集于固体表面，而与其他组分分离的过程。根据吸附剂与吸附质间的吸附作用力的性质不同，吸附过程可分为物理吸附和化学吸附。物理吸附是由气相吸附质的分子与吸附剂的表面分子间存在的范德华力所引起的，它是一个可逆过程；化学吸附是由吸附质分子与吸附剂表面的分子发生化学反应而引起的，是不可逆的。

活性炭吸附气体中的污染物是基于其巨大的比表面积和较高的物理吸附性能，是可逆过程，在一定温度和压力下达到吸附平衡，而在高温减压下被吸附的气体组分又被解吸出来，使活性炭得到再生而被重复使用。

4.3.3.3 实验仪器与材料

（1）活性炭吸附柱。

（2）模拟废气发生系统（SO_2 钢瓶、气体流量计、气泵、混合缓冲器等）。

（3）尾气处理装置。

（4）SO_2 测定仪等。

4.3.3.4 实验方法

A 实验

称取一定量的活性炭装填到吸附柱内，通过旁路系统预配 SO_2 浓度（体积分数为 $200\times10^{-4}\%\sim400\times10^{-4}\%$）的气流（流量 25L/min）。然后切换三通阀门到吸附柱管线“通”位置，在气流稳定流动的状态下，定时测量净化后的气体浓度。在吸附后气体中污染物浓度升高到进气浓度 70%以上时停机。

B 自主设计实验

方案参考：改变气体浓度或气体流速完成实验。

4.3.3.5 结果整理

（1）整理实验结果。

（2）绘制吸附效率-时间曲线图，确定等温操作条件下活性炭的吸附穿透曲线。

（3）由实验结果定出穿透时间（设穿透点浓度为进口浓度的 10%）和饱和时间（设饱和点浓度为进口浓度的 70%）。

（4）根据吸附穿透曲线，确定实验所用床层的传质区高度、到达破点时该吸附装置的吸附饱和度及该吸附床的动活性。

（5）按要求编制实验研究报告。

4.3.3.6 相关基础储备

（1）活性炭吸附相关理论知识。

（2）低浓度 SO_2 废气的处理技术理论。

（3）SO_2 测定仪的使用。

4.3.4 道路交通环境中颗粒物污染特性实验

4.3.4.1 实验目的与意义

机动车保有量的快速增长对环境空气质量的影响日益加重。颗粒物是环境空气的首要污染物，交通环境中颗粒物污染更为严重。因此，对交通环境颗粒物污染特征评价可为未来城市交通发展规划和环境保护政策的制定提供科学依据。本实验选取典型交通环境及远离道路交通（如校内）采样点进行采样分析。

通过本实验，达到以下目的：

（1）掌握质量法测定环境空气中颗粒物浓度的方法。

（2）掌握粒度分布仪测定颗粒物中粒度分布的方法。

（3）对道路交通环境中与远离道路交通环境（如校内）颗粒物污染特性进行对比评价。

4.3.4.2 实验工艺原理

通过具有一定切割器特性的采样器，以恒速抽取一定体积的空气，空气中粒径小于100um的悬浮颗粒物被截留在已恒重的滤膜上。根据采样前后滤膜质量之差及采样体积，计算总悬浮颗粒物的浓度。滤膜经处理后，通过激光粒度仪可测定颗粒物的粒度分布。本实验采用中流量采样法。

4.3.4.3 实验仪器与材料

（1）中流量采样器：流量为50~150L/min，滤膜直径为8~10cm。

（2）流量校准装置：经过罗茨流量计校准的孔口校准器。

（3）气压计。

（4）滤膜：超细玻璃纤维滤膜或聚氯乙烯滤膜。滤膜贮存袋及贮存盒。

（5）分析天平：感量0.1mg。

（6）激光粒度分布仪。

（7）超声波分散器。

4.3.4.4 实验方法

A 环境空气中颗粒物的采集与浓度测定

参考5.1.1节进行，地点分别选在道路交通环境中及远离道路交通环境中（如校内、居住区等）。

B 颗粒物的粒度分布测试

采用BT-9300H型激光粒度分布仪进行粒度测试，测试前先要将样品分成两份（十字法），分别与纯净水和乙醇（约40mL）配合配置成悬浮液，加入适量分散剂（乙醇中不必放分散剂），搅拌均匀，放入超声波分散器中进行分散。具体参考4.2.3节进行颗粒物的粒度分布测试，打印出颗粒物样品的粒度分布仪测试结果报告单，并对测试结果进行对比分析，得出道路交通及远离道路交通（如校内、居住区等）环境中颗粒物污染特性。

4.3.4.5 成果整理

（1）整理实验结果。

（2）道路交通与远离道路交通环境（如校内）中颗粒物的浓度是否超标（二级标准）？对比两者的大小，并分析其原因。

(3) 对比分析道路交通与远离道路交通环境（如校内）中颗粒物的粒度分布特征。

(4) 总结测试区域道路交通环境中颗粒物的污染特性。

4.3.4.6 相关基础储备

(1) 大气采样方法。

(2) 质量法测定环境空气中颗粒物浓度的方法。

(3) 粒度分布仪测定颗粒物中粒度分布的方法。

4.3.5 颗粒物排放浓度的在线监测系统实验

4.3.5.1 实验目的

(1) 了解光学法连续监测烟道内颗粒物排放浓度的原理。

(2) 了解光学法连续监测烟道内颗粒物排放浓度的方法。

4.3.5.2 实验原理

颗粒物浓度的测量一般采用光学跨烟道式或单端式监测技术。本实验采用单端式监测技术。单端式监测方式是指探测器所接收的光为颗粒物所散射的光，如图 4-18 所示。激光二极管 1 发出红外光，经透镜 2 准直后穿过转向了棱镜 3，射入烟道气流中。由于颗粒物对光的散射，一部分散射光将通过物镜 4 汇聚到光探测器 5 的敏感面上。显然，粒子数浓度越高，所接收的散射光就越强。理论和实验证明，浓度 ρ 与散射光平均值呈线性关系，即：

$$\rho = \beta I_m \tag{4-46}$$

式中 ρ——一个与颗粒物粒度分布和颜色有关的常数。

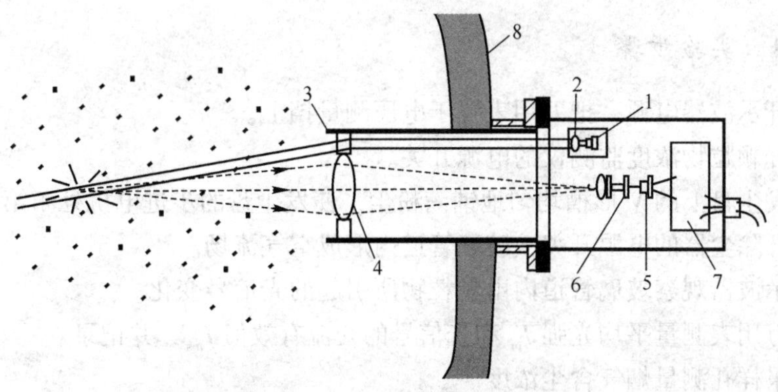

图 4-18 后向散射法测量颗粒物浓度原理示意图

1—激光二极管；2—准直透镜；3—三棱镜；4—物镜；5—光探测器；6—滤光片；7—处理器；8—烟道

该法安装简单，不怕烟道振动和烟道变形，但镜头污染会使测量结果产生较大误差，另外粒子颜色变化也会导致测量误差。

采用特殊的信号处理方法可以避免镜头污染和颗粒物颜色变化带来的误差。光探测器输出的信号实际上是由许许多多的光脉冲叠加而得到的。每个光脉冲是由一个颗粒物的散射所致。所以探测器的输出信号实际上是一个像噪声一样的信号。理论和实验证明，用这个噪声信号平均值的平方 I_m^2，除以其方差 I_{ms}（交流有效值），其商正比于颗粒物的浓度 ρ，即：

$$\rho = \eta \times \frac{I_m^2}{I_{ms}} \tag{4-47}$$

式中　η——一个与颗粒物粒度分布和颜色有关的常数。

从上式可以看出，如果光学镜头被污染而造成光强衰减，则光探测器输出的支流成分和交流成分同时按相同的比例降低，结果相互抵消，不影响测量结果。

本实验装置是将有机玻璃管安装在一个袋式除尘器上，除尘器工作时，在玻璃管道内形成气流，模拟烟道内的流场。在有机玻璃管入口处安装一个吸管，吸管与发尘盘相连接，发尘盘的 V 形槽内均匀地放满粉尘。当发尘盘转动时，吸管把到达的粉尘吸进玻璃管道内，在管道内形成一定的颗粒物浓度。不同的转速导致管道内颗粒物浓度不同。在测量区安装了一段水平玻璃管道，其一端与颗粒物浓度监测仪（按图 4-18 所示原理制造）相连，另一端密封。

实验用的粉尘是以除尘器收集的微粒作为原料，经研磨、筛分、烘干后而得到的微粒。微粒的粒度由标准筛控制，微粒的质量由天平称量。

4.3.5.3　实验仪器与材料

（1）颗粒物排放浓度的在线监测。

（2）示波器。

（3）数字万用表。

（4）烟气浓度测量仪等。

4.3.5.4　实验步骤

（1）打开示波器电源，把万用表置于电压测量挡上。

（2）打开颗粒物浓度监测仪的电源开关。

（3）在发尘盘上的 V 形槽均匀地铺满粉尘，使发尘盘的步进电机处于第一挡转速。

（4）打开除尘器的电源开关，玻璃管道内形成空气流场。

（5）用示波器观察玻璃管道内由颗粒物所引起的光信号变化。

（6）用万用表测量平均光强 I_m 和光信号的交流有效值 I_{ms}，并记录。

（7）在采样孔测量烟气含尘浓度。

（8）分别把发尘盘转速调在第二挡和第三挡，并记录含尘浓度和电压值。

4.3.5.5　结果整理

（1）画出实际浓度与平均光强的关系曲线，计算比例常数 β。

（2）画出实际浓度与$\frac{I_m^2}{I_{ms}}$的关系曲线，计算比例常数 η。

4.3.6 脉冲电晕放电等离子体烟气脱硫脱氮工艺实验

4.3.6.1 实验目的

（1）了解影响脱硫脱氮装置运行状态和效果的主要因素，掌握装置脱硫脱硝效率的测定方法。

（2）了解脉冲电压电流及功率的测定方法，掌握脱硫脱硝装置烟气成分的分析方法。

4.3.6.2 实验原理

脉冲电晕放电烟气治理技术（简称脉冲电晕法）的主要特点是能够同时脱硫脱硝，副产物为硫酸铵、硝酸铵及少量杂质的混合物，可以作为肥料。该技术是具有应用前景的烟气治理技术之一。

脉冲电晕法一般采用的工艺流程如图 4-19 所示，烟气经过静电除尘后，进入喷雾冷却塔，从塔顶喷射的冷却水在落到塔底部之前完全蒸发汽化，将烟气的温度冷却到接近其饱和温度的温度值（60~70℃），然后烟气进入脉冲电晕反应器，脉冲高压作用于反应器中的放电极，在放电极和接地极之间产生强烈的电晕放电，产生 5~20eV 高能电子、大量的带电离子、自由基、原子和各种激发态原子、分子等活性物质，如 OH 自由基、O 原子、O_3 等，在有氨注入的情况下，它们将烟气中的 SO_2 和 NO_x 氧化，最终生成硫酸铵和硝酸铵，而硫酸铵和硝酸铵被收集器收集，处理后的干净空气经烟囱排放。

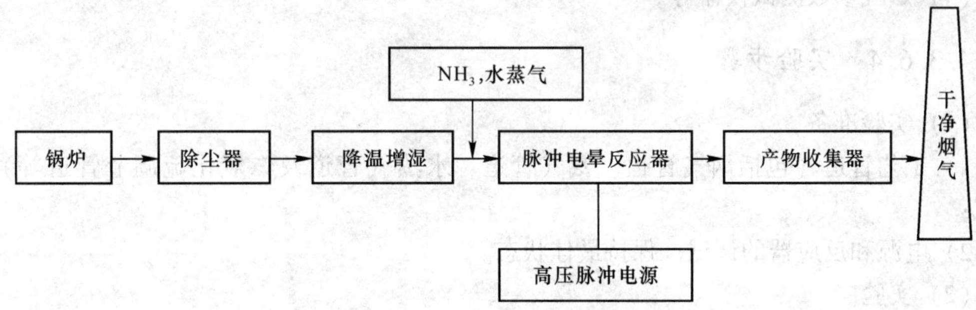

图 4-19 脉冲电晕等离子体烟气脱硫脱硝一般工艺流程示意图

影响脱硫效率的主要参数为脉冲电压峰值、脉冲重复频率、脉冲平均功率、反应器进口烟气温度、烟气流速、氨气的化学计量比、反应器进口烟气中 SO_2 体积分数，以及烟气相对湿度。

影响脱硝效率的主要参数为脉冲电压峰值、脉冲重复频率、脉冲平均功率、反应器进口烟气温度、烟气流速、氨气的化学计量比、反应器进口烟气中 SO_2 体积分数，以及反应器进口烟气中 NO_x 体积分数等。

工业实验装置平面布置如图 4-20 所示。

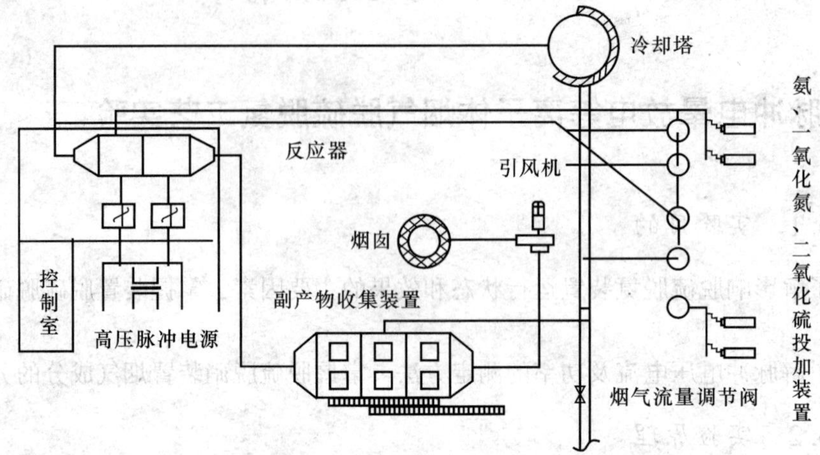

图 4-20 脉冲电晕等离子体烟气脱硫实验装置图

4.3.6.3 实验仪器与材料

（1）脉冲电晕反应器：烟气处理量为 12000~20000m^3/h，运行温度为 65~80℃，烟气停留时间为 8s，总体积为 37.44m^3，同极间距为 260mm，极板面积为 357.6m^2，静态电容为 10nF。

（2）高压脉冲电源：设计最大输出功率为 200kW，最高电压为 150kV，最大电流为 4kA，脉冲宽度为 600~700ns，最大重复频率为 700Hz。

（3）烟气在线监测系统。

（4）烟气参数测试仪器等。

4.3.6.4 实验步骤

（1）实验准备。

1）工艺管道（包括烟气管道、氨气管道、水蒸气管道及二氧化硫调节管道等）的调试；

2）电源和反应器的调试，保持最佳状态。

（2）实验。

1）根据要求调整电除尘器的极板距、线间距，断开脉冲电源和反应器的连接，用兆欧表检查反应器的绝缘状况，记录放电电极和平板电极的尺寸、形式、间距等详细参数。

2）恢复脉冲电源和反应器的连接，并连接好示波器、高压探头等测量仪器，注意示波器采用隔离变压器供电，准备好调整示波器使用的绝缘手套。

3）启动风机，测试基本烟气参数，包括烟气流量、温度、湿度。

4）固定烟气流量、烟气温度、NH_3 化学计量比、烟气相对湿度及重复频率，改变不同的电压峰值，测进口、出口的 SO_2、NO_x 浓度。

5）固定烟气流量、烟气温度、NH_3 化学计量比、烟气相对湿度及电压峰值，改变不同的重复频率，测进口、出口的 SO_2、NO_x 浓度。

6）固定烟气流量、NH_3 化学计量比、烟气相对湿度、电压峰值及重复频率，改变不同的烟气温度，测进口、出口的 SO_2、NO_x 浓度。

7）固定烟气流量、烟气温度、电压峰值、烟气相对湿度及重复频率，改变不同的 NH_3 化学计量比，测进口、出口的 SO_2、NO_x 浓度。

8）固定烟气流量、烟气温度、电压峰值、NH_3 化学计量比及重复频率，改变不同的烟气相对湿度，测进口、出口的 SO_2、NO_x 浓度。

9）固定烟气流量、烟气温度、相对湿度、电压峰值、NH_3 化学计量比、重复频率，改变不同的 SO_2 浓度，测进口、出口的 NO_x 浓度。

4.3.6.5 结果整理

（1）电压峰值对 SO_2、NO_x 脱除率的影响。

（2）重复频率对 SO_2、NO_x 脱除率的影响。

（3）烟气温度对 SO_2、NO_x 脱除率的影响。

（4）化学计量比对 SO_2、NO_x 脱除率的影响。

（5）烟气相对湿度对 SO_2、NO_x 脱除率的影响。

（6）同 SO_2 浓度对 NO_x 脱除率的影响。

4.3.7 除尘器性能实验

4.3.7.1 实验目的

（1）掌握倾斜式微压计、毕托管的使用方法，掌握除尘器性能的基本测量方法。

（2）了解除尘器运行工况对漏风率、阻力和烟气流速的影响。

4.3.7.2 实验要求

（1）了解除尘器的工作原理，并预习实验内容，进行实验准备。使用仪器选取毕托管和倾斜式微压计，调整检查微压计示数正常、毕托管通畅，测量空气温度及大气压。记录毕托管流量系数（$\mu=0.85$）、微压计倾斜修正系数 k（$k=0.2$，$\sin\alpha=0.257$；$k=0.3$，$\sin\alpha=0.404$；$k=0.4$，$\sin\alpha=0.537$；$k=0.6$，$\sin\alpha=0.734$；$k=0.8$，$\sin\alpha=0.977$）。

（2）根据测量要求，在进风口和出风口各设 5 个点，测量静压以及动压。

（3）计算以及对除尘器性能进行评价。

4.3.7.3 实验原理

（1）静压（P_i）：由于空气分子不规则运动而撞击于管壁上产生的压力称为静压。计算时，以绝对真空为计算零点的静压称为绝对静压，以大气压力为零点的静压称为相对静压。空调中的空气静压均指相对静压。

静压是单位体积气体所具有的势能，是一种力，它的表现为将气体压缩、对管壁施压。管道内气体的绝对静压，可以是正压，高于周围的大气压；也可以是负压，低于周围的大气压。

(2) 动压 (P_b)：指空气流动时产生的压力，只要风管内空气流动就具有一定的动压。

动压是单位体积气体所具有的动能，也是一种力，它的表现是使管内气体改变速度，动压只作用在气体的流动方向恒为正值。

(3) 毕托管是由一个垂直在支杆上的圆通形流量头组成的管状装置。本装置在侧壁周围有一些静压孔，顶端有一个迎流的全压孔。它能测出差压，并根据差压确定流场中某处的流速，由流速与面积的乘积计算出流量。

4.3.7.4 实验仪器

(1) 毕托管。

(2) 倾斜式微压计：量程-2000~2000Pa。

(3) 钢卷尺2个。

4.3.7.5 倾斜式微压计的使用

使用时将仪器从箱内取出，放置在平且无振动影响的工作台上，调整仪器底板左右两个水准调节螺钉，使仪器处于水平位置，将倾斜测量管按测量值固定在相应的常数因子值上。

旋开宽广容器上的加液盖，缓缓加入密度为0.810g/cm^{3}的酒精，使其液面在倾斜测量管上的刻线始点附近，然后把加液盖旋紧，将阀门拨在“测压”处，用橡皮管接在阀门“+”压接头上，轻吹橡皮管，使倾斜测量管内液面上升到接近于顶端处，排出存留在宽广容器和倾斜测量管道之间的气泡，反复数次，至气泡排尽。

将阀门拨回“校准”处，旋动零位调整旋钮校准液面的零点。若旋钮已旋至最低位置，仍不能使液面升至零点，则所加酒精过少，应再加酒精，使液面升至稍高于零点处，再用旋钮校准液面至零点，反之所加酒精过多，可轻吹套在阀门“+”压接头上的橡皮管，使多余酒精从倾斜测量管上端接头溢出。

测量时把阀门拨在“测压”处，如被测压力高于大气压力，测压力的管子接在阀门“+”压接头上；如被测压力低于大气压力，应先将阀门中间接头和倾斜测量管上端接头用橡皮管接通，将被测压力的管子接在阀门“-”压接头上；如测量压力差时，则将被测的高压接在阀门的“+”压接头上，低压管接在阀门的“-”压接头上，阀门中间接头和倾斜测量管上端的接头用橡皮管接通。

测量过程中，如欲校对液面零位是否有变化，可将阀门拨至“校准”处进行校对。

使用以后，如短期内仍需继续使用，则容器内所贮的酒精无须排出，但必须把阀门柄拨至“校准”处，以免酒精蒸发和密度变动，如需排出容器内所贮的酒精，则把阀门柄拨至“测压”处，将盛放酒精的器皿置于倾斜测量管上端的接头处，轻吹套在阀门“+”压上的橡皮管，使酒精沿倾斜测量管上端接头排出，直至排尽。

4.3.7.6 实验步骤

(1) 首先检查设备系统外况和全部电气连接线有无异常，一切正常后开始操作。
(2) 打开电控箱总开关，合上触电保护开关。
(3) 在风量调节阀关闭的状态下，启动电控箱面板上的主风机开关。
(4) 调节风量调节开关至所需的实验风量。
(5) 在进风口和出风口各设5个点，测量静压以及动压。
(6) 实验完毕后依次关闭主风机、关闭控制箱主电源。
(7) 检查设备状况，没有问题后离开。

4.3.7.7 结果整理

阻力：

$$\Delta P = (p'_{\mathrm{d}} - p''_{\mathrm{d}}) + (p'_{\mathrm{j}} - p''_{\mathrm{j}}) \tag{4-48}$$

漏风率：

$$\frac{Q_{出} - Q_{入}}{Q_{入}} \times 100\% \tag{4-49}$$

$$v_{\mathrm{s}} = 128.9k_{\mathrm{p}}\sqrt{\frac{(273 + t_{\mathrm{s}})p_{\mathrm{v}}}{M_{\mathrm{s}}(102 \times 10^3) + p_{\mathrm{s}}}} \tag{4-50}$$

式中 k_{p}——毕管系数；
t_{s}——烟气温度（15℃）；
p_{v}——动压；
M_{s}——烟气摩尔质量（298kg/kmol）；
p_{s}——静压；
v_{s}——烟气流速，m/s。

说明：

使用倾斜式微压计以后，如短期内仍需继续使用，则容器内的酒精无须排出，但必须把阀门柄拨至“校准”处。

5 环境监测与影响评价实验

5.1 大气环境监测与评价

5.1.1 大气污染物 TSP 采样实验

5.1.1.1 实验目的

TSP（总悬浮颗粒物）一般是指在一定空气体积中，被空气悬浮的、粒径范围为 0.01~100μm 的全部颗粒物。空气中悬浮颗粒物不仅是严重危害人体健康的主要污染物，而且也是气态、液态污染物的载体，其成分复杂，并具有特殊的理化特性及生物活性，是空气污染监测的重要项目之一。

（1）掌握 TSP 采样器的操作。

（2）了解 TSP 测定的意义和原理。

（3）通过 TSP 的采集与测定实验，掌握大气中悬浮颗粒物的测定原理及测定方法。

5.1.1.2 实验原理

应用具有一定切割特性的采样头，以恒定速度抽取一定体积的空气，空气中的总悬浮颗粒物被截留在已称量好的恒重的清洁滤膜上。记录采样时间，并同时测量采样时的风速、温度和压力，计算出空气流量。对采样后的滤膜在与采样前相同的条件下进行称量。采样前后滤膜的质量差除以采样体积，即可得到空气中总悬浮颗粒物的质量浓度（mg/m^3）。

本方法适用于大流量或中流量总悬浮颗粒物采样器，检测限为 0.001mg/m^3。在雨天及雾天不要用此方法进行总悬浮颗粒物的测定。

5.1.1.3 实验仪器及药品

（1）已校准的中流量 TSP 采样器。

（2）三杯风速风向表。

（3）数字风表。

（4）空盒气压表。

（5）温度计。

（6）分析天平（0.1mg～100g）。

（7）恒温恒湿箱。

（8）玻璃纤维滤膜若干。

（9）镊子。

（10）滤膜袋若干。

5.1.1.4　实验操作步骤

（1）称量滤膜。将滤膜透光检查，确定滤膜无针孔或其他缺陷。将滤膜放入恒温恒湿箱中平衡24h。平衡温度取15～30℃，记录下平衡温度与湿度。在相同的温湿度条件下，称量已经平衡24h的滤膜。滤膜质量精确到0.1mg。称量好的滤膜放入已经编号的滤膜袋内。滤膜不可以折叠或者弯曲。

（2）观察测试现场，布置测点。

（3）安放滤膜。打开采样头顶盖，取出滤膜夹。用清洁干布擦拭采样头内部及滤膜夹。将已编号并称量过的滤膜用镊子从滤膜袋内取出，绒面朝上放在薄膜支撑网上，按紧加固圈和密封圈后，拧紧采样头，使它不漏气。

（4）采样。安放好滤膜后，按采样器使用说明书，设定采样流量及时间，开始采样。

（5）采样的同时记录大气气象参数，如风速、风向、气压、温度等，记录数据。

（6）采样完成。关闭采样器电源。轻轻拧开采样头，用镊子轻轻取出滤膜，采样面向内，将滤膜对折后放入对应的滤膜袋内。取滤膜时，若发现滤膜有破损或者滤膜上尘的边缘轮廓不清晰，滤膜安装歪斜，则此次采样作废，需重新进行采样。

（7）尘膜的称量。将采集好的尘膜带回实验室后，将其放在恒温恒湿箱内，在与清洁滤膜平衡条件相同的情况下，平衡24h后，称量尘膜的质量。尘膜质量精确到0.1mg。

（8）计算TSP浓度：

$$\text{总悬浮颗粒物含量} = \frac{K(m_1 - m_0)}{Q_N t} \tag{5-1}$$

式中　K——常数，中流量采样器 $K=1\times10^9$；

t——采样时间，min；

m_1——尘膜质量，g；

m_0——清洁滤膜质量，g；

Q_N——采样器平均抽气流量，L/min。

5.1.1.5　实验数据及结果处理

将所得数据填入表5-1中。

表5-1　大气污染物TSP采样实验结果

实验编号			
风向			
风速/m·s^{-1}			
采样流量/L·min^{-1}			

续表 5-1

采样时间/min			
清洁滤膜质量/g			
尘膜质量/g			
样品质量/g			
TSP 浓度/mg·m^{-3}			

注：采样时的 t（温度）=________℃；P（大气压）=________ Pa。

5.1.1.6 思考题

（1）分析影响 TSP 浓度测试精度的因素。

（2）安装滤膜时，为什么一定要绒面朝上？

5.1.2 大气环境中 PM_{10} 和 $PM_{2.5}$ 的检测实验

5.1.2.1 实验目的

（1）掌握中流量大气采样器 $PM_{2.5}$ 和 PM_{10} 部分的使用方法。

（2）掌握 PM_{10} 切割器分离原理和恒重法滤膜的精确称量。

5.1.2.2 实验原理

$PM_{2.5}$ 和 PM_{10} 是指悬浮在空气中，空气动力学直径分别小于 2.5μm 和 10μm 的颗粒物。

以恒速抽取定量体积的空气，使其通过具有 $PM_{2.5}$ 和 PM_{10} 切割特性的采样器，$PM_{2.5}$ 和 PM_{10} 分别收集在已恒重的滤膜上。根据采样前、后滤膜质量之差及采样体积，计算出质量浓度。滤膜样品还可以进行组分分析。

5.1.2.3 实验仪器及药品

（1）$PM_{2.5}$ 和 PM_{10} 中流量采样器，采气流量（工作点流量）一般为 100L/min。

（2）～（10）参见 5.1.1.3 节的（2）～（10）。

5.1.2.4 实验操作步骤

实验步骤与 5.1.1.4 节基本相同。

5.1.2.5 实验数据及结果处理

$PM_{2.5}$ 和 PM_{10} 浓度的计算方法同 5.1.1.4 节计算方法。

5.1.2.6 思考题

（1）TSP 与 PM_{10} 在采样仪器和方法上有什么区别？为什么会有这些区别？

（2）PM_{10}在采样时要注意哪些事项？

5.1.3　环境空气中 SO_2 的测定实验

5.1.3.1　实验目的

（1）掌握空气中 SO_2 的采样和监测方法。

（2）掌握甲醛缓冲溶液吸收-盐酸副玫瑰苯胺分光光度法测定空气中 SO_2 的方法。

5.1.3.2　实验原理

本实验采用甲醛缓冲溶液吸收-盐酸副玫瑰苯胺分光光度法测定。二氧化硫被甲醛缓冲溶液吸收后，生成稳定的羟基甲磺酸加成化合物。在样品溶液中加入氢氧化钠使加成化合物分解，释放出的二氧化硫与盐酸副玫瑰苯胺、甲醛作用，生成紫红色化合物，根据颜色深浅，用分光光度计在 577nm 波长处进行测定。

5.1.3.3　实验仪器及药品

空气采样器（TH-150C 智能中流量气体采样器）、分光光度计（可见光波长范围在 380~780nm）、多孔玻板吸收管（10mL 的多孔玻板吸收管用于短时间采样）、恒温水浴器（广口冷藏瓶内放置圆形比色管架），插一支长约 150mm、0~40℃的酒精温度计（其误差应不大于 0.5℃）、10mL 具塞比色管。

蒸馏水、环己二胺四乙酸二钠溶液（0.050mol/L）、甲醛缓冲吸收液储备液、甲醛缓冲吸收液、氢氧化钠溶液（1.5mol/L）、0.60%（质量分数）氨磺酸钠溶液、碘储备液（$C_{\frac{1}{2}I_2}$=0.10mol/L）、碘使用液（$C_{\frac{1}{2}I_2}$=0.05mol/L）、0.5%（质量分数）淀粉溶液、碘酸钾标准溶液（$C_{\frac{1}{6}KIO_3}$=0.1000mol/L）、盐酸（1∶9）、硫代硫酸钠储备液（0.10mol/L）、0.20%（质量分数）盐酸副玫瑰苯胺储备液、0.05%（质量分数）盐酸副玫瑰苯胺使用液、0.05%（质量分数）乙二胺四乙酸二钠溶液。

硫代硫酸钠标准溶液（0.05mol/L）标定方法：吸取 3 份 0.1000mol/L 碘酸钾标准溶液 10.00mL，分别置于 250mL 碘量瓶中，加入 70mL 新煮沸并已冷却的水，加入 1g 碘化钾，摇匀至完全溶解后，加入盐酸（1∶9）10mL，立即盖好瓶塞，摇匀。于暗处放置 5min 后，用硫代硫酸钠标准溶液滴定溶液至浅黄色，加入 2mL 淀粉溶液，继续滴定溶液至蓝色刚好褪去即为终点。硫代硫酸钠标准溶液的浓度按式（5-2）计算：

$$C_{Na_2S_2O_3}=\frac{0.1000\times 10.00}{V} \tag{5-2}$$

式中　$C_{Na_2S_2O_3}$——硫代硫酸钠标准溶液的浓度，mol/L；

V——滴定所消耗硫代硫酸钠标准溶液的体积，mL。

二氧化硫标准溶液标定方法：吸取 3 份 20.00mL 二氧化硫标准溶液，分别置于 250mL 碘量瓶中，加入 50mL 新煮沸并已冷却的水、20.00mL 碘使用液及 1mL 冰乙酸，盖塞，摇匀。于暗处放置 5min 后，用硫代硫酸钠标准溶液滴定溶液至浅黄色，加入 2mL 淀粉溶液，继续滴定溶液至蓝色刚好褪去为终点。记录滴定消耗硫代硫酸钠标准溶液的体积 V。另取 3 份乙二胺四乙酸二钠盐溶液 20.00mL，用同法进行空白实验。记录滴定消耗硫代硫酸钠标准溶液的体积 V_0。平行样滴定所消耗硫代硫酸钠体积之差不应大于 0.04mL，取其平均值。二氧化硫标准溶液的浓度按式（5-3）计算：

$$C = \frac{(V_0 - V)C_{Na_2S_2O_3} \times 32.02}{20.00} \times 1000 \tag{5-3}$$

式中　C——二氧化硫标准溶液的浓度，μg/mL；

V_0——空白滴定所耗硫代硫酸钠标准溶液的体积，mL；

V——二氧化硫标准溶液滴定所耗硫代硫酸钠标准溶液的体积，mL；

$C_{Na_2S_2O_3}$——硫代硫酸钠标准溶液的浓度，mol/L；

32.02——二氧化硫（$1/2SO_2$）的摩尔质量。

5.1.3.4　实验操作步骤

（1）采样：短时间采样，根据环境空气中二氧化硫浓度的高低，采用内装 10mL 吸收液的 U 形玻板吸收管，以 0.5L/min 的流量采样，采样时吸收液温度应保持在 23~29℃范围内。

（2）标准曲线的绘制：取 14 支 10mL 具塞比色管，分成 A、B 两组，每组 7 支，分别对应编号，A 组按照表 5-2 配制标准系列。

表 5-2　二氧化硫标准系列

管号	0	1	2	3	4	5	6
二氧化硫标准使用液体积/mL	0.00	0.50	1.00	2.00	5.00	8.00	10.00
甲醛缓冲吸收液体积/mL	10.00	9.50	9.00	8.00	5.00	2.00	0.00
二氧化硫含量/μg	0.00	0.50	1.00	2.00	5.00	8.00	10.00

B 组各管中加入 0.05%盐酸副玫瑰苯胺使用液 1.00mL，A 组各管中分别加入 0.6%氨磺酸钠溶液 0.5mL 和 1.50mol/L 氢氧化钠溶液 0.5mL，摇匀。再逐管迅速将溶液全部倒入对应编号并装有盐酸副玫瑰苯胺使用液的 B 管中，立即密塞摇匀后放入恒温水浴中显色。

在 577nm 波长处，用 1cm 比色皿，以水作参比，测定吸光度。

用最小二乘法计算标准曲线的回归方程式：

$$y = bx + a \tag{5-4}$$

式中　y——标准溶液吸光度 A 与试剂空白吸光度 A_0 之差（A-A_0）；

x——二氧化硫含量，μg；

b——标准曲线的斜率；

a——标准曲线的截距。

（3）样品测定：所采集的环境空气样品溶液中如有混浊物，则应离心分离除去，将样品放置 20min，以使臭氧分离，对于本实验采用的短时间采样，将吸收管中样品溶液全部移入 10mL 比色管中，用少量甲醛缓冲吸收液洗涤吸收管，倒入比色管中，并用吸收液稀释至 10mL 标线。加入 0.60%氨磺酸钠溶液 0.50mL，摇匀。放置 10min，以除去氮氧化物的干扰，以下步骤同标准曲线的绘制。

5.1.3.5 实验数据及结果处理

按如下公式计算样品中二氧化硫的浓度：

$$C_{SO_2} = \frac{(A - A_0) - a}{V_s b} \times \frac{V_t}{V_a} \tag{5-5}$$

式中 C_{SO_2}——样品中二氧化硫的浓度，mg/m^3；

A——样品溶液的吸光度；

A_0——试剂空白溶液的吸光度；

a——标准曲线的截距；

b——标准曲线的斜率；

V_t——样品溶液的总体积；

V_a——测定时所取样品溶液的体积，mL；

V_s——换算成标准状态下的采样体积，L。

二氧化硫浓度计算结果应精确到小数点后第三位。

5.1.3.6 思考题

(1) 大气中常见的污染物有哪些?

(2) 采样时吸收液温度和显色反应的温度分别是多少？是否需要严格控制?

5.1.4 环境空气中 NO_x 的测定实验

5.1.4.1 实验目的

(1) 学习和了解大气采样的基本过程及原理。

(2) 掌握分光光度法测定氮氧化物的方法。

(3) 了解空气中氮氧化物的来源和危害。

5.1.4.2 实验原理

空气中的氧化氮（NO_x）经氧化后，以 NO_2 形式在吸收过程中生成亚硝酸，再与对氨基本磺酰胺进行重氮化反应，然后与盐酸萘乙二胺作用生成玫瑰红色的偶氮染料，比色定量。

$$2NO_2+H_2O = HNO_2+HNO_3 \text{（}NO_2\text{ 有 76\% 转化为 }NO_2^-\text{）}$$

HNO_2 在冰乙酸存在的条件下，与显色剂（盐酸萘乙二胺）发生反应，生成紫红色配合物，$\lambda_{max}=540$nm。配合物颜色深浅与样品中 NO_2 的浓度成正比。

测总量时，让气体通过 CrO_3 砂子，NO 氧化为 NO_2；不通过 CrO_3 砂子，则只测得 NO_2。两者之差为 NO 的量。

本方法适用于空气中氮氧化物的测定，检出限为 0.01μg/mL，可测定空气中氮氧化物浓度为 0.01~20mg/m^3。

5.1.4.3 实验仪器及药品

多孔玻板吸收管（普通型，容量为10mL）、CD-1型空气采样器（流量为0.2~0.5L/min）、氧化管（双球玻璃管，内装氧化剂）、紫外可见分光光度计、10mL具塞玻璃试管。

对氨基苯磺酸（分析纯）、盐酸萘乙二胺（优级纯）、三氧化铬（分析纯）、亚硝酸钠（分析纯）。

所有试剂均需用不含亚硝酸根（NO_2^-）的蒸馏水配制。所用的水以不使吸收液呈淡红色为合格。

吸收原液：称取5.0g对氨基苯磺酸，直接放入1000mL棕色容量瓶中，加入50mL冰醋酸和900mL水的混合液，盖上瓶塞，轻轻摇动。待对氨基苯磺酸完全溶解后，加入0.050g盐酸萘乙二胺［$C_{10}H_7NH(CH_2)_2NH_2 \cdot 2HCl$］，溶解后，用水稀释至标线。贮于棕色瓶中，密封存放于冰箱内可保存3个月。

吸收液：分别用5mL和1mL移液管吸取4.0mL吸收原液和1.0mL蒸馏水，直接放入吸收管中（操作时应特别小心，易碎!）即为吸收液。采样前配置。

氧化剂：筛取20~40目石英砂或普通砂，用盐酸（1∶2）浸泡1夜，用水洗至中性，烘干。把三氧化铬和石英砂按质量比1∶20混合均匀，用少量水调成糊状，然后在105℃下烘干，烘干过程中应搅拌几次，装瓶备用。氧化剂的颜色为红棕色。制备好的三氧化铬砂子应是松散的，若黏在一起，说明三氧化铬比例太大，可适当增加一些砂子，重新制备。

使用时，在氧化管的一段塞入脱脂棉，然后在两个球部装入约6g的氧化剂，两端都用脱脂棉塞紧，备用。采样时将氧化管与吸收管用一小段乳胶管相接。

亚硝酸钠标准储备液：准确称重0.7500g干燥的亚硝酸钠（预先在干燥器中放置24h）溶于蒸馏水，移入1000mL容量瓶中，并用水稀释至刻度。此标准溶液每毫升含500μg NO_2^-，贮于棕色瓶中，保存在冰箱中可稳定3个月。

亚硝酸钠标准使用液：吸取1.00mL亚硝酸钠标准储备液于100mL容量瓶中，用蒸馏水稀释至标线。此溶液每毫升含5μg NO_2^-。临用前配制。

5.1.4.4 实验操作步骤

(1) 标准曲线的绘制：取7支10mL具塞玻璃试管，按表5-3所列数据配置标准系列溶液。将各管摇匀，避光放置15min。在540nm波长处，用1cm比色皿，以蒸馏水为参比测定吸光度。以标准液吸光度A与试剂空白溶液吸光度A_0之差为纵坐标，相应的标准液中NO_2^-含量（μg）为横坐标，绘制标准曲线。

表5-3 标准曲线记录表

编号	0	1	2	3	4	5	6
亚硝酸钠标准使用液（5μg/mL）体积/mL	0	0.10	0.20	0.30	0.40	0.50	0.60
吸收液体积/mL	4.00	4.00	4.00	4.00	4.00	4.00	4.00
蒸馏水体积/mL	1.00	0.90	0.80	0.70	0.60	0.50	0.40

(2) 样品的采集：将一个内装 5mL 吸收液的普通型多孔玻板吸收管（操作时应特别小心，易碎！）的进气口接上一个氧化管，并使管略微向下倾斜，以免潮湿空气将氧化剂弄湿，污染后面的吸收管。以 0.25L/min 左右的流量采样至吸收液呈浅玫瑰红色为止。采样体积应不少于 6L。记录采样地点，采样时的温度、大气压力、气体流速和采样时间等。

在采样、样品运送和存放过程中，都应采取避光措施（用黑布或黑纸包裹）。采样后，样品应尽快分析。

(3) 测定：采样后，避光放置 15min，将样品溶液移入 1cm 比色皿中，按与标准曲线绘制相同的方法测定吸光度。

5.1.4.5 实验数据及结果处理

(1) 本实验数据记录如表 5-4 所示。

表 5-4 空气中 NO_x 实验数据记录表

采样地点：________；气体流量 Q：________ L/min；采样时间 t：________ min；
采样点温度 T：________℃；大气压力 p：________ kPa

编号	标准溶液							样品溶液
	0	1	2	3	4	5	6	
NO_2^- 含量/μg								
A								
$A-A_0$								

(2) 数据处理：

1) 根据 $p_1V_1/T_1=p_0V_0/T_0$，将采集的气体体积换算成标准状态下的气体体积 V_0（式中，p_1、V_1 和 T_1 分别为采样点测定条件下的大气压力、气体吸收体积和温度；p_0、V_0 和 T_0 分别为标准状态下的大气压力、气体体积和温度）。

2) 将由样品吸收液测得的吸光度 $A-A_0$ 代入标准曲线中，计算样品吸收液中的 NO_2^- 含量（μg），并由下式计算样品气体中氮氧化物的总量（mg/m^3）。

$$C_{NO_x}=\frac{m}{0.76V_0} \tag{5-6}$$

式中 0.76——NO_2^-（气）转换为 NO_2^-（液）的系数。

5.1.4.6 思考题

(1) 大气中的氮氧化物主要包括哪些物质？其污染来源是什么？
(2) 怎样分别测定 NO_2 和 NO？

5.1.5 环境空气中 CO 的测定实验

5.1.5.1 实验目的

(1) 掌握非色散红外吸收法的原理和测定 CO 的技术。

（2）学会本实验中仪器的使用与维护。

5.1.5.2 实验原理

一氧化碳对以4.5μm为中心波段的红外辐射具有选择性吸收，在一定的浓度范围内，其吸光度与一氧化碳浓度呈线性关系，根据气样的吸光度可确定一氧化碳的浓度。

水蒸气、悬浮颗粒物会干扰一氧化碳的测定。测定时，气样需经硅胶、无水氯化钙过滤管除去水蒸气，经玻璃纤维滤膜除去颗粒物。

5.1.5.3 实验仪器及药品

（1）非色散红外一氧化碳分析仪。
（2）记录仪，0~10mV。
（3）聚乙烯塑料采气袋、铝箔采气袋或衬铝塑料采气袋。
（4）弹簧夹。
（5）双联球。
（6）高纯氮气，99.99%。
（7）变色硅胶。
（8）无水氯化钙。
（9）霍加拉特管。
（10）一氧化碳标准气。

5.1.5.4 实验操作步骤

（1）采样：用双联球将现场空气抽入采气袋内，洗3~4次，采气500mL，夹紧进气口。

（2）启动和调零：开启电源开关，稳定1~2h，将高纯氮气连接在仪器进气口，通入氮气校准仪器零点，也可以用经霍加拉特管（加热至90~100℃）净化后的空气调零。

（3）校准仪器：将一氧化碳标准气连接在仪器进气口，使仪表指针指示满刻度的95%，重复2~3次。

（4）样品测定：将采气袋连接在仪器进气口，样气被抽入仪器中，由指示表直接指示出一氧化碳的浓度（$\times10^{-6}$）。

5.1.5.5 实验数据及结果处理

按如下公式计算空气中一氧化碳的浓度（mg/m^3）：

$$\text{空气中 CO 浓度} = 1.25c \tag{5-7}$$

式中 c——实测空气中一氧化碳的浓度，$\times10^{-6}$；

1.25——一氧化碳浓度从$\times10^{-6}$换算为标准状态下质量浓度（mg/m^3）的换算系数。

5.1.5.6 思考题

（1）CO对人体有什么危害？
（2）仪器检测皿的工作原理是什么？在开始使用时为什么要充分预热？

(3) CO 的换算系数是怎么来的?

(4) 试分析该方法造成误差的原因有哪些?

5.1.6 空气中甲醛的测定实验

测定室内空气中甲醛的方法很多，主要有 AHMT 分光光度法、乙酰丙酮分光光度法、酚试剂分光光度法、气相色谱法、电化学传感器法等。我国室内环境空气质量监测技术规范规定 AHMT 分光光度法、酚试剂分光光度法、气相色谱法和乙酰丙酮分光光度法为测定室内空气中甲醛的标准方法。比较而言，酚试剂分光光度法灵敏度高，但选择性较差；乙酰丙酮分光光度法灵敏度略低，但选择性较好。

5.1.6.1 酚试剂分光光度法

A 实验目的

(1) 了解甲醛的几种测定方法。

(2) 掌握空气采样器的使用方法。

(3) 熟悉酚试剂分光光度法测定甲醛的原理和过程。

B 实验原理

空气中的甲醛与酚试剂反应生成嗪，嗪在酸性溶液中被高铁离子氧化形成蓝绿色化合物。根据颜色深浅，用分光光度法测定。本方法测定范围为 0.1~1.5μg，采样体积为 10L 时，可测浓度范围为 0.01~0.15mg/m^3。

C 实验仪器及药品

(1) 空气采样器。

(2) 分光光度计。

(3) 大型气泡吸收管，10mL。

(4) 具塞比色管，10mL。

(5) 吸收液原液：称量 0.10g 酚试剂 [3-甲基-苯并噻唑腙 $C_6H_4SN(CH_3)C:NNH_2 \cdot HCl$，简称 MBTH]，加水溶解，置于 100mL 容量瓶中，加水至刻度。贮存于棕色瓶中，放冰箱中保存，可稳定 3d。

(6) 吸收液：量取吸收原液 5mL，加 95mL 水，即为吸收液。采样时，临用现配。

(7) 1%硫酸铁铵溶液：称量 1.0g 硫酸铁铵 [$NH_4Fe(SO_4)_2 \cdot 12H_2O$] 用 0.1mol/L 盐酸溶解，并稀释至 100mL。

(8) 0.1000mol/L 碘溶液：称量 40g 碘化钾，溶于 25mL 水中，加入 12.7g 碘。待碘完全溶解后，用水定容至 1000mL。移入棕色瓶中，暗处贮存。

(9) 1mol/L 氢氧化钠溶液：称取 40g 氢氧化钠，溶于水中，并稀释至 1000mL。

(10) 0.5mol/L 硫酸溶液：取 28mL 浓硫酸缓慢加入水中，冷却后，稀释至 1000mL。

(11) 硫代硫酸钠标准溶液 [$c(Na_2S_2O_3) = 0.1000mol/L$]。

(12) 0.5%淀粉溶液：将 0.5g 可溶性淀粉，用少量水调成糊状后，再加入 100mL 沸水，并煮沸 2~3min 至溶液透明。冷却后，加入 0.1g 水杨酸或 0.4g 氯化锌保存。

（13）甲醛标准储备溶液：取 2.8mL 含量为 36%～38%的甲醛溶液，放入 1L 容量瓶中，加水稀释至刻度。此溶液 1mL 约相当于 1mg 甲醛。其准确浓度用下述碘量法标定。

甲醛标准储备溶液的标定：精确量取 20.00mL 甲醛标准储备溶液，置于 250mL 碘量瓶中。加入 20.00mL 0.0500mol/L 碘溶液和 15mL 1mol/L 氢氧化钠溶液，放置 15min。加入 20.00mL 0.5mol/L 硫酸溶液，再放置 15min，用 0.1000mol/L 硫代硫酸钠溶液滴定，至溶液呈现淡黄色时，加入 1mL 0.5%淀粉溶液，继续滴定至刚使蓝色消失为终点，记录所用硫代硫酸钠溶液体积。同时用水作试剂空白滴定。甲醛溶液的浓度用式（5-8）计算：

$$c = \frac{(V_1 - V_2)M \times 15}{20} \tag{5-8}$$

式中 c——甲醛标准储备溶液中甲醛浓度，mg/mL；

V_1——滴定空白时所用硫代硫酸钠标准溶液体积，mL；

V_2——滴定甲醛溶液时所用硫代硫酸钠标准溶液体积，mL；

M——硫代硫酸钠标准溶液的浓度，mol/L；

15——甲醛的换算值，相当于 1L 1mol/L 硫代硫酸钠标准溶液的甲醛（$1/2CH_2O$）的质量，g。

（14）甲醛标准溶液：临用时，将甲醛标准储备溶液用水稀释成 1.00mL 含 10μg 甲醛溶液，立即再取此溶液 10.00mL，加入 100mL 容量瓶中，加入 5mL 吸收原液，用水定容至 100mL，此液 1.00mL 含 1.00μg 甲醛，放置 30min 后，用于配制标准色列。此标准溶液可稳定 24h。

D 实验操作步骤

（1）采样：用一个内装 5mL 吸收液的大型气泡吸收管，以 0.5L/min 流量，采气 10L。并记录采样点的温度和大气压力。采样后样品在室温下应在 24h 内分析。

（2）标准曲线的绘制：取 10mL 具塞比色管，用甲醛标准溶液按表 5-5 制备标准系列。

表 5-5 甲醛标准系列

管号	0	1	2	3	4	5	6	7	8
标准溶液/mL	0	0.10	0.20	0.40	0.60	0.80	1.00	1.50	2.00
吸收液/mL	5.0	4.9	4.8	4.6	4.4	4.2	4.0	3.5	3.0
甲醛含量/μg	0	0.1	0.2	0.4	0.6	0.8	1.0	1.5	2.0

各管中，加入 0.4mL 1%硫酸铁铵溶液，摇匀。放置 15min。用 1cm 比色皿，在波长 630nm 下，以水作参比，测定各管溶液的吸光度。以甲醛含量为横坐标，吸光度为纵坐标，绘制标准曲线，并计算回归线斜率，以斜率的倒数作为样品测定的计算因子 B_g（μg/吸光度）。

（3）样品测定：采样后，将样品溶液全部转入比色管中，用少量吸收液洗吸收管，合并使总体积为 5mL。按绘制标准曲线的方法测定吸光度（A）；在每批样品测定的同时，用 5mL 未采样的吸收液作试剂空白，测定试剂空白的吸光度（A_0）。

E 实验数据及结果处理

（1）将采样体积按下式换算成标准状态下采样体积：

$$V_0 = V \times \frac{T_0}{T} \times \frac{P}{P_0}$$

（2）空气中甲醛质量浓度按下式计算：

$$c = \frac{(A - A_0)B_g}{V_0}$$

式中 c——空气中甲醛浓度，mg/m^3；

A——样品溶液的吸光度；

A_0——空白溶液的吸光度；

B_g——计算因子，μg/吸光度；

V_0——换算成标准状态下的采样体积，L。

F 思考题

在甲醛标准储备溶液标定时加入硫酸的作用是什么？用其他酸可否代替硫酸？

5.1.6.2 乙酰丙酮分光光度法

A 实验目的

熟悉乙酰丙酮分光光度法测定甲醛的原理和过程。

B 实验原理

甲醛气体经水吸收后，在 pH=6 的乙酸-乙酸铵缓冲溶液中，与乙酰丙酮作用，在沸水浴条件下，迅速生成稳定的黄色化合物，在波长 413nm 处测定。

C 实验仪器及药品

（1）空气采样器。

（2）皂膜流量计。

（3）气泡吸收管，10mL。

（4）具塞比色管，10mL。带 5mL 刻度，经校正。

（5）分光光度计。

（6）空盒气压表。

（7）水银温度计，0~100℃。

（8）pH 酸度计。

（9）水浴锅。

（10）不含有机物的蒸馏水：加少量高锰酸钾的碱性溶液于水中再行蒸馏即得（在整个蒸馏过程中水应始终保持红色，否则应随时补加高锰酸钾）。

（11）吸收液：不含有机物的重蒸馏水。

（12）乙酸铵（NH_4CH_3COO）。

（13）冰乙酸（CH_3COOH）：$\rho = 1.055g/mL$。

（14）乙酰丙酮溶液，0.25%（体积分数）：称 25g 乙酸铵，加少量水溶解，加 3mL 冰乙酸及 0.25mL 新蒸馏的乙酰丙酮，混匀再加水至 100mL，调整 pH=6.0，此溶液于 2~

5℃贮存，可稳定1个月。

（15）0.1000mol/L碘溶液：同酚试剂分光光度法。

（16）1mol/L氢氧化钠溶液：同酚试剂分光光度法。

（17）0.5mol/L硫酸溶液：同酚试剂分光光度法。

（18）硫代硫酸钠标准溶液［$c(Na_2S_2O_3)=0.1000mol/L$］。

（19）0.5%淀粉溶液：同酚试剂分光光度法。

（20）甲醛标准储备溶液：同酚试剂分光光度法。

（21）甲醛标准使用溶液：同酚试剂分光光度法。

D　实验操作步骤

（1）采样：同酚试剂分光光度法。

（2）标准曲线的绘制：取7支10mL具塞比色管按表5-6制备标准色列。

表5-6　甲醛标准色列

管号	0	1	2	3	4	5	6
甲醛（5.00μg/mL）/mL	0.0	0.1	0.4	0.8	1.2	1.6	2.0
甲醛/μg	0.0	0.5	2	4	6	8	10

于上述标准系列中，用水稀释定容至5.0mL刻线，加0.25%乙酰丙酮溶液2.0mL，混匀，置于沸水浴中加热3min，取出冷却至室温，用1cm比色皿，以水为参比，于波长413nm处测定吸光度。将上述系列标准溶液测得的吸光度A值扣除试剂空白（零浓度）的吸光度A_0值，得到校准吸光度y值，以校准吸光度y为纵坐标，以甲醛含量x（μg）为横坐标，绘制标准曲线，或用最小二乘法计算其回归方程式。注意"零"浓度不参与计算。

样品测定：取5mL样品溶液试样（吸取量视试样浓度而定）于10mL比色管中，用水定容至5.0mL刻线，以下步骤按步骤（1）进行分光光度测定。

（3）实验结果计算。室内空气中甲醛浓度按下式计算：

$$c=\frac{(A-A_0-a)B_s}{V_0}\times\frac{V_1}{V_2} \tag{5-9}$$

式中　c——空气中甲醛浓度，mg/m^3；

A——样品溶液的吸光度；

A_0——空白溶液的吸光度；

B_s——校准因子；

V_0——换算成标准状态下的采样体积，L；

a——校准曲线斜率；

V_1——定容体积，mL；

V_2——测定取样体积，mL。

E　实验数据及结果处理

将所得数据分别填入表5-7和表5-8中。

表 5-7 标准曲线测量记录表

管号	0	1	2	3	4	5
甲醛/μg	0.0	0.5	2	4	6	8
吸光度						

注：B_s=__________。

表 5-8 空气中甲醛浓度测定记录表

采样流量/L · min^{-1}	采样时间/min	采样标准体积/L	空白吸光度	样品吸光度	甲醛浓度/mg · m^{-3}

F 思考题

若不对蒸馏水进行预处理，会对测定结果有什么影响？

5.1.7 空气中苯系物的测定实验（气相色谱法）

5.1.7.1 实验目的

（1）了解苯系物的几种测定方法及其优缺点。

（2）掌握气相色谱法测定苯的原理及过程。

（3）熟悉气相色谱仪的操作。

5.1.7.2 实验原理

空气中苯、甲苯、二甲苯用活性炭管采集，然后用二硫化碳提取出来。用氢火焰离子化检测器的气相色谱仪分析，以保留时间定性，峰高（峰面积）定量。

5.1.7.3 实验仪器及药品

（1）活性炭采样管：用长 150mm，内径 3.5~4.0mm 的玻璃管，装入 100mg 椰子壳活性炭，两端用少量玻璃棉固定。装好管后再用纯氮气于 300~350℃ 温度条件下吹 5~10min，然后套上塑料帽封紧管的两端。此管放于干燥器中可保存 5d。若将玻璃管熔封，此管可稳定 3 个月。

（2）空气采样器。

（3）注射器 1mL。

（4）微量注射器 1μL，10μL。

（5）具塞刻度试管 2mL。

（6）气相色谱仪，配备氢火焰离子化检测器。

（7）标准品苯、甲苯、二甲苯均为色谱纯。

（8）二硫化碳，分析纯，需经纯化处理，保证色谱分析无杂峰。

二硫化碳的纯化方法：二硫化碳用 5% 的浓硫酸甲醛溶液反复提取，直至硫酸无色为止，用蒸馏水洗二硫化碳至中性，再用无水硫酸钠干燥，重蒸馏，贮于冰箱中备用。

(9) 椰子壳活性炭，20~40 目，用于装活性炭采样管。

(10) 纯氮，99.99%。

5.1.7.4　实验操作步骤

(1) 样品的采集：在采样地点打开活性炭管，两端孔径至少 2mm，与空气采样器入气口垂直连接，以 0.5L/min 的速度，抽取 25L 空气。采样后，将管的两端套上塑料帽，并记录采样时的温度和大气压力。样品可保存 5d。

(2) 色谱分析条件：根据所用气相色谱仪的型号和性能，以及所用色谱柱，制定能分析苯、甲苯、二甲苯的最佳色谱分析条件。

(3) 绘制标准曲线：于 5.0mL 容量瓶中，先加入少量二硫化碳，用 1μL 微量注射器准确取一定量的苯、甲苯和二甲苯（20℃时，1μL 苯重 0.8787mg，甲苯重 0.8669mg，邻、间、对二甲苯分别重 0.8802mg、0.8642mg、0.8611mg）分别注入容量瓶中，加二硫化碳至刻度，配成一定浓度的储备液。临用前取一定量的储备液用二硫化碳逐级稀释成苯、甲苯、二甲苯含量分别为 0.5μg/mL、1.0μg/mL、2.0μg/mL、4.0μg/mL 的标准液。取 1μL 标准液进样，测量保留时间及峰高（峰面积）。每个浓度重复 3 次，取峰高（峰面积）的平均值。分别以苯、甲苯和二甲苯的含量（μg/mL）为横坐标，平均峰高（峰面积）为纵坐标，绘制标准曲线。并计算回归线的斜率，以斜率的倒数 B_s 作样品测定的计算因子。

(4) 样品分析：将采样管中的活性炭倒入具塞刻度试管中，加 1.0mL 二硫化碳，塞紧管塞，放置 1h，并不时振摇。取 1μL 进样，用保留时间定性，峰高（峰面积）定量。每个样品做 3 次分析，求峰高（峰面积）的平均值。同时，取一个未经采样的活性炭管按样品管同时操作，测量空白管的平均峰高（峰面积）。

5.1.7.5　实验数据及结果处理

(1) 将采样体积换算成标准状态下的采样体积：

$$V_0 = \frac{PVT_s}{TP_s} \tag{5-10}$$

式中　V_0——标准状态下的采样体积，L；

P——现场采样时的大气压，kPa；

V——实际采样体积，L；

T_s——标准状态下的温度，273K；

P_s——标准状态下的大气压，101.325kPa；

T——实际采样温度，K。

(2) 根据式（5-11）计算样品中苯系物的质量浓度：

$$\rho = \frac{(h - h')B_s}{V_0 E_s} \tag{5-11}$$

式中　ρ——空气中苯或甲苯、二甲苯的质量浓度，mg/m^3；

h——样品峰高（峰面积）的平均值；

h'——空白管的峰高（峰面积）；

B_s——由标准曲线得到的计算因子；

E_s——由实验确定的二硫化碳提取的效率；

V_0——标准状态下的采样体积，L。

5.1.7.6 思考题

（1）如何判断标准曲线是否达到要求？

（2）绘制标准曲线时应从哪些方面提高精确度？

5.1.8 空气中多环芳烃的测定实验（高效液相色谱法）

5.1.8.1 实验目的

（1）掌握高效液相色谱法测定多环芳烃的原理及过程。

（2）熟悉高效液相色谱法的操作。

5.1.8.2 实验原理

基于高效液相色谱的基本原理对环境样品中的多环芳烃进行定性定量分析。

5.1.8.3 实验仪器及药品

（1）高效液相色谱仪。

（2）色谱柱，C_{18}反相柱。

（3）中流量采样器。

（4）滤膜。

（5）索氏提取器。

（6）K-D 浓缩器。

（7）PAH 标准样品：荧蒽、苯并［b］荧蒽、苯并［k］荧蒽、苯并［a］芘、苯并［ghi］芘、茚并［1，2，3-cd］芘。如无 PAH 标样，可用烷基取代苯系列（苯、甲苯、二甲苯、三甲苯、乙苯、二乙苯等）。

（8）流动相用水为二次蒸馏水，甲醇为 HPLC 级。

（9）其他试剂皆为分析纯级。

5.1.8.4 实验操作步骤

（1）采样：安放好滤膜后，按采样器使用说明书，设定采样流量及时间，开始采样。

（2）样品预处理：

1）PAH 的萃取。将颗粒物样品滤膜（“毛”面朝里）折叠后，小心放入索氏提取器的渗滤管中，注意不要让滤膜堵塞回流管，渗滤管上下部分分别与冷凝管和接受瓶连接好，加入 40mL 环己烷，置于温度为（98±1）℃的水浴锅中回流。要求水面要达到接受瓶高度的 2/3，连续回流 8h。

2）PAH 的分离及浓缩。称取含水率 10%（质量分数）氟罗里土 6g，制成环己烷浆液，装入内径为10mm的玻璃柱内，将环己烷回流液通过层析柱。用10~20mL环己烷分3次洗涤索氏提取器，洗涤液过柱。用75~100mL二氯甲烷/丙酮［(8∶1)~(4∶1)，体积分数］的洗脱液浸泡层析柱（40~60min），再用50~60mL洗脱液洗脱（流速控制在2mL/min左右）。将全部洗脱液接入浓缩装置，在水浴（60~70℃）上浓缩至预定体积（0.3~0.5mL），供HPLC分析。

（3）HPLC分析。

1）色谱条件（供参考，可根据仪器及柱型选用最适合的条件）。

单泵：流动相为95%二次蒸馏水+5%甲醇。

程序洗脱（双泵或多泵系统）：A溶剂，85%二次蒸馏水+15%甲醇；B溶剂，100%甲醇。

流速：0.5mL/min。

程序洗脱：75%B保持8min，然后以每分钟1%B的速度线性增加至92%B，保持至出峰完成，平衡15min。

柱温：30℃。

进样量：5~10μL。

检测器：254nm或可调波长于276nm。

2）PAH的测定。按以上色谱条件分析标样，得到PAH标样的色谱图，并分析未知样品，得到样品色谱图。以保留时间定性，按外标法计算样品中各个PAH的浓度。也可将PAH配成标准系列，测定不同浓度的响应，并绘制响应曲线（工作曲线），即可得样品中PAH的含量。

5.1.8.5 实验数据及结果处理

多环芳烃的质量浓度用下式进行计算：

$$\rho(\mu g/L)=\frac{A_0 H V_t}{V_i V_s} \tag{5-12}$$

式中 A_0——标样浓度×进样体积/标样峰高，μg/mm；

H——样品峰高，mm；

V_t——样品浓缩液体积，μL；

V_i——样品进样体积，μL；

V_s——水样体积，μL。

5.1.8.6 思考题

操作为什么要在避光条件下进行?

5.1.9 空气中氨的测定实验（靛酚蓝分光光度法）

5.1.9.1 实验目的

（1）掌握靛酚蓝分光光度法测定空气中的氨的原理和过程。

（2）掌握次氯酸钠溶液的标定方法。

5.1.9.2 实验原理

空气中氨吸收在稀硫酸中，在亚硝基铁氰化钠及次氯酸钠存在下，与水杨酸生成蓝绿色靛酚蓝染料，用分光光度法定量。

5.1.9.3 实验仪器及药品

（1）空气采样器。

（2）分光光度计，检测波长为697.5nm。

（3）气泡吸收管，10mL。

（4）具塞比色管，10mL。

（5）聚四氟乙烯管（或玻璃管），内径6~7mm。

（6）容量瓶、移液管。

（7）无氨水：向1000mL的蒸馏水中加0.1mL硫酸（$\rho=1.84g/mL$），在全玻璃装置中进行重蒸馏，弃去50mL初馏液，于具塞磨口的玻璃瓶中接取其余馏出液，密封，保存。

（8）吸收液：0.005mol/L硫酸溶液。量取2.8mL浓硫酸加入水中，用水稀释至1000mL。临用时再稀释10倍。

（9）水杨酸溶液（50g/L）：称取10g水杨酸［$C_6H_4(OH)COOH$］和10.0g柠檬酸钠（$Na_3C_6H_5O_7 \cdot 2H_2O$），加水约50mL，再加55mL氢氧化钠［$c(NaOH)=2mol/L$］，用水稀至200mL。此试剂稍有黄色，室温可稳定1个月。

（10）亚硝酸铁氰化钠溶液（10g/L）：称取0.1g亚硝酸铁氰化钠［$Na_2Fe(CN)_5NO \cdot 2H_2O$］，溶于100mL水中，存于冰箱中可稳定1个月。

（11）次氯酸钠原液：次氯酸钠试剂，有效氯不低于5.2%。

取1mL次氯酸钠原液，用碘量法标定其浓度。标定方法：称取2g碘化钾于250mL碘量瓶中，加水50mL溶解。再加1.00mL次氯酸钠试剂，加0.5mL（1+1）盐酸溶液，摇匀。暗处放置3min，用0.1000mol/L硫代硫酸钠标准溶液滴定至浅黄色，加入1mL 5g/L淀粉溶液，继续滴定至蓝色刚好褪去为终点。记录滴定所用硫代硫酸钠标准溶液的体积，平行滴定3次，消耗硫代硫酸钠标准溶液体积之差不应大于0.04mL，取其平均值。已知硫代硫酸钠标准溶液的浓度，则次氯酸钠标准溶液浓度按式（5-13）计算：

$$c=\frac{c(Na_2S_2O_3)V}{1.00\times 2} \tag{5-13}$$

式中　c——次氯酸钠标准溶液浓度，mol/L；

V——滴定消耗硫代硫酸钠标准溶液体积，mL；

$c(Na_2S_2O_3)$——硫代硫酸钠标准溶液的浓度，mol/L。

（12）次氯酸钠使用液［$c(NaClO)=0.05mol/L$］：用2mol/L NaOH溶液稀释标定好的次氯酸钠标准溶液成0.05mol/L的使用液，存于冰箱中可保存2个月。

（13）氨标准溶液：准确称取0.3142g经105℃干燥2h的氯化铵（NH_4Cl）。用少量水溶解，移入100mL容量瓶中，用吸收液稀释至刻度。此液1.00mL含1mg的氨。临用时，再用吸收液稀释成1.00mL含1μg氨的标准溶液。

5.1.9.4 实验操作步骤

（1）采样：在气泡吸收管中加入10mL吸收液，以0.5L/min的流量采气10~20L。记录采样时的温度和大气压力。

（2）样品保存：样品应尽快分析，以防止吸收空气中的氨。若不能立即分析，需转移到具塞比色管中封好，在2~5℃下存放，可存放1周。

（3）绘制标准曲线：取7只具塞10mL比色管按表5-9制备标准系列。

向各管中加入0.5mL水杨酸溶液，混匀，再加入0.1mL亚硝基铁氰化钠溶液和0.1mL次氯酸钠使用液，混匀，放置1h。用10mm比色皿，于波长697.5nm处，以蒸馏水为参比，测定吸光度。以吸光度为纵坐标，氨含量（μg）为横坐标，绘制标准曲线。计算回归曲线的斜率，以斜率的倒数为样品测定的计算因子 B_s（μg/吸光度）。

表5-9 氯化铵标准系列

管号	0	1	2	3	4	5	6
氨标准溶液/mL	0	0.50	1.00	3.00	5.00	7.00	10.0
水体积/mL	10.00	9.50	9.00	7.00	5.00	3.00	0
氨含量/μg	0	0.50	1.00	3.00	5.00	7.00	10.0

（4）样品测定：采取一定体积（视样品浓度而定）样品后用吸收液定容到10mL的样液（用具塞比色管），按绘制标准曲线的步骤进行显色，测定吸光度，同时用吸收液做空白实验。由扣除空白后的吸光度计算氨含量。

5.1.9.5 实验数据及结果处理

将采样体积换算成标准状态下的体积。空气中氨质量浓度用下式进行计算：

$$\rho(NH_3) = \frac{(A - A_0)B_s D}{V_0} \tag{5-14}$$

式中 ρ——试样中的氨含量，mg/m³；

A_0——试剂空白液吸光度；

A——样品溶液吸光度；

B_s——由标准曲线测定的计算因子，μg/吸光度；

V_0——标准状态下的采样体积，L；

D——分析时样品溶液的稀释倍数。

5.1.9.6 思考题

怎样消除三价铁等金属离子、硫化物和有机物对空气中氨的测定的干扰？其原理分别是什么？

5.1.10 室内空气总挥发有机物的快速测定实验

5.1.10.1 实验目的

（1）了解总挥发有机物（TVOCs）的几种测定方法。

（2）掌握热解吸-毛细管气相色谱仪测定空气中 TVOCs 的原理及过程。

5.1.10.2 实验原理

选择合适的吸附剂（Tenax GC 或 Tenax TA），用吸附罐采集一定体积的空气样品，空气流中的 TVOCs 保留在吸附管中。采样后，将吸附管加热，解吸 TVOCs，待测样品随惰性载气进入毛细管气相色谱仪。用保留时间定性，峰高或峰面积定量。

5.1.10.3 实验仪器及药品

（1）空气采样器。

（2）热解吸仪。

（3）气相色谱仪：配备氢火焰离子化检测器、质谱检测器或其他合适的检测器。

（4）吸附管：外径 6.3mm、内径 5mm、长 90mm 或 180mm 内壁抛光的不锈钢管或玻璃管，吸附管的采样入口一端有标记。吸附管可以装填一种或多种吸附剂，应使吸附层处于解吸仪的加热区。根据吸附剂的密度，吸附管中可装填 200~1000mg 的吸附剂，管的两端用不锈钢网或玻璃纤维堵住。如果在一支吸附管中使用多种吸附剂，吸附剂应按吸附能力增加的顺序排列，并用玻璃纤维隔开，吸附能力最弱的装填在吸附管的采样入口端。

（5）注射器：可精确读出 0.1μL 的 10μL 液体注射器、可精确读出 0.1μL 的 10μL 气体注射器、可精确读出 0.01mL 的 1mL 气体注射器。

（6）色谱柱：非极性（极性指数小于 10）石英毛细管柱。

（7）液体外标法制备标准系列的注射装置：常规气相色谱进样口，可以在线使用也可以独立装配，保留进样口载气连线，进样口下端可与吸附管相连。

（8）标准品：甲醛、苯、甲苯、对（间）二甲苯、邻二甲苯、苯乙烯、乙苯、乙酸丁酯、十一烷均为色谱纯。

5.1.10.4 实验操作步骤

（1）采样和样品保存：将吸附管与采样泵用塑料或硅橡胶管连接。个体采样时，采样管垂直安装在呼吸带。固定位置采样时，选择合适的采样位置。打开采样泵，调节流量，以保证在适当的时间内获得所需的采样体积（1~10L）。如果总样品量超过 1mg，采样体积应相应减少。记录采样开始和结束时的时间、采样流量、温度和大气压力。采样后将管取下，密封管的两端或将其放入可密封的金属或玻璃管中。样品可保存 14d。

（2）样品的解吸：将吸附管安装在热解吸以上，加热，使有机蒸汽从吸附剂上解吸下来，进入毛细管气相色谱仪。具体解吸条件按照解吸仪的操作条件进行。

（3）色谱分析条件：可选择膜厚度为 1~5μm 50m×0.22mm 的石英柱，固定相可以是二甲基硅氧烷或 7%的氰基丙烷、7%的苯基、86%的甲基硅氧烷。柱操作条件为程序升温，初始温度 50℃保持 10min，以 5℃/min 的速率升温至 250℃，保持 2min。检测其温度为 250℃。

（4）标准曲线的绘制。

气体外标法：取 7 支预处理好的采样管，分别向各管通入各组分为 100μg/m³ 的挥发性有机物混合标准气体 100mL、200mL、400mL、1L、2L、4L、10L 通入吸附管，制备标准系列。

液体外标法：利用进样装置取 1~5μL 含液体组分 100μg/mL 和 10μg/mL 的标准溶液注入吸附管，同时用 100mL/min 的惰性气体通过吸附管，5min 后取下吸附管密封，制备标准系列。

用热解吸气相色谱法分析吸附管标准系列，以扣除空白后峰面积为纵坐标，以待测物质量为横坐标，绘制标准曲线。

（5）样品分析：每支样品吸附管按绘制标准曲线的操作步骤（即相同的解吸和浓缩条件及色谱分析条件）进行分析，用保留时间定性，峰面积定量。

5.1.10.5 实验数据及结果处理

（1）所采空气样品中各组分的含量，应按式（5-15）计算：

$$\rho_i = \frac{m_i - m_0}{V} \times 1000 \tag{5-15}$$

式中 ρ_i——所采空气样品中 i 组分的质量浓度，μg/m³；

m_i——被测样品中 i 组分的量，μg；

m_0——空白样品中 i 组分的量，μg；

V——空气采样体积，L。

（2）空气样品中各组分的含量，应按式（5-16）换算成标准状态下的质量浓度：

$$\rho_c = \rho_m \times \frac{101}{P} \times \frac{t + 273}{273} \times \frac{1}{1000} \tag{5-16}$$

式中 ρ_c——标准状态下所采空气样品中 i 组分的质量浓度，mg/m³；

P——采样时采样点的大气压力，kPa；

t——采样时采样点的温度，℃。

（3）应按式（5-17）计算所采空气样品中 TVOCs 的质量浓度：

$$\rho_{TVOCs} = \sum_{i=1}^{n} \rho_c \tag{5-17}$$

式中 ρ_{TVOCs}——标准状态下所采空气样品中 TVOCs 的质量浓度，mg/m³。

5.1.10.6 思考题

为什么用气相色谱检测 TVOCs 时要使用程序升温？

5.1.11 烟气中硫酸雾的测定（中和滴定）

5.1.11.1 实验目的

（1）掌握用中性玻璃纤维滤筒采集烟气的方法；
（2）学会用中和滴定法测烟气中硫酸雾的方法。

5.1.11.2 实验原理

用中性玻璃纤维滤筒采集烟气中的硫酸雾和三氧化硫，将待测物用水浸出，以甲基红-亚甲基蓝为指示剂，用标准氢氧化钠溶液滴定至终点：

$$H_2SO_4+2NaOH = Na_2SO_4+2H_2O$$

根据氢氧化钠溶液的浓度和消耗的体积即可求得硫酸雾的含量。

此法的测定范围为 $1000mg/m^3$ 以上。

5.1.11.3 实验仪器及药品

（1）中性玻璃纤维滤筒。
（2）尘粒采样装置。
（3）滴定管等容量分析仪器。
（4）0.1mol/L 的氢氧化钠溶液：称取氢氧化钠 50g 于聚乙烯瓶中，加水约 40mL；摇匀后，盖好塞子，在阴凉处放置数日，制成饱和溶液；取 5mL 相当于 4g 氢氧化钠的上层清液，加入不含二氧化碳的水至 1000mL，贮于聚乙烯瓶中，装上碱石灰管后保存。此溶液的标定方法如下：

将氨基磺酸（基准试剂）在干燥器中放置 48h 左右。称取 2~2.5g（准确至 0.1mg），溶解于水中，移入 250mL 容量瓶中，并稀释至标线，摇匀。取此液 25.00mL 置于 200mL 锥形瓶中，加甲基红-亚甲基蓝指示剂 3~4 滴，用 0.1mol/L 的氢氧化钠溶液滴定至溶液的颜色由紫色变为绿色为止。由式（5-18）计算氢氧化钠标准溶液的浓度：

$$c=\frac{W\times\frac{25.00}{250}}{V\times 97.00}\times 1000=\frac{W\times 100}{V\times 97.00} \tag{5-18}$$

式中 c——氢氧化钠标准溶液的物质的量浓度，mol/L；
W——氨基磺酸的称取量，g；
V——氢氧化钠标准溶液的消耗量，mL；
97.00——氨基磺酸的摩尔质量，g。

（5）甲基红-亚甲基蓝混合指示剂：将 0.1g 甲基红和 0.1g 亚甲基蓝溶解在 100mL 95%乙醇溶液中，装入棕色瓶中于阴暗处保存。此溶液有效期为 1 周。

5.1.11.4 实验操作步骤

（1）采样。因为硫酸雾属颗粒物，必须按等速采样法进行采样。为此，在采集尘样前，先测出采样点的烟气压力和温度，计算出等速采样的流量。再连接好采样装置，将流量快速调节到应有的流量，采样 5~30min。

为了进一步捕集硫酸雾和三氧化硫，在采样管后连接一个内装脱脂棉的玻璃三联球。三联球置于保温水套中，水套温度为 70~80℃，在此温度下，二氧化硫不会冷凝和氧化为三氧化硫。

（2）样品溶液的制备。采样后，取出滤筒及三联球中的脱脂棉，放入 250mL 锥形瓶中，加水 100mL（浸没滤筒及脱脂棉），瓶口上放一小漏斗，于电热板上加热约 30min，放至室温，将溶液过滤移入 250mL 容量瓶中，用水洗涤滤筒及残渣 3~5 次，用水稀释至标线，摇匀，作为样品溶液。另取一空白滤筒，按同样方法制取空白滴定液。

（3）样品分析。取适量样品溶液（视硫酸雾含量大小决定）于 250mL 锥形瓶中，用水稀释至约 500mL，加入甲基红-亚甲基蓝混合指示剂 3~5 滴，摇匀，用标定好的氢氧化钠标准溶液进行滴定。溶液颜色由紫色变为绿色时为终点，记录氢氧化钠标准溶液的消耗量。按同样操作进行空白滴定，记录氢氧化钠标准溶液的消耗量。

5.1.11.5　实验数据及结果处理

按下式计算硫酸雾浓度（mg/m^3）：

$$硫酸雾浓度 = \frac{c(V - V_0) \times 49.0 \times 1000 V_s}{V_{nd} V_1} \tag{5-19}$$

式中　c——氢氧化钠标准溶液的物质的量浓度，mol/L；

V——滴定样品液时氢氧化钠标准溶液的消耗量，mL；

V_0——滴定空白液时氢氧化钠标准溶液的消耗量，mL；

V_s——样品溶液的总体积，mL；

V_1——滴定时所取样品溶液的体积，mL；

V_{nd}——标准状态下干气的采样体积，L；

49.0——1/2 H_2SO_4 的摩尔质量，g。

5.1.11.6　注意事项

（1）不含二氧化碳的水的制取方法：将二次蒸馏水装入硬质玻璃烧瓶中，煮沸 15min，塞上装有碱石灰管的塞子，再冷却。

（2）如硫酸雾的浓度较低时，可使用 10mL 微量滴定管进行滴定。

5.1.11.7　思考题

配制 0.1mol/L 氢氧化钠溶液时为何要加入不含二氧化碳的水？

5.1.12　地面风向风速测定实验

5.1.12.1　实验目的

（1）了解测定原理，掌握测定方法。

(2) 会读出指示器和记录纸上的风向风速和绘制风玫瑰图。

5.1.12.2 实验原理

风是空气运动所产生的气流，风速是一个三度空间的矢量，除了在考察大气湍流结构和地形气流的时候，只需要考虑气流的水平运动，由风速（m/s）和风向（度或16个方位）两个量来决定它的大小和方向。

当感应器上的风杯转动时（见图5-1和图5-2），带动风速表中的涡轮，并通过拨钩

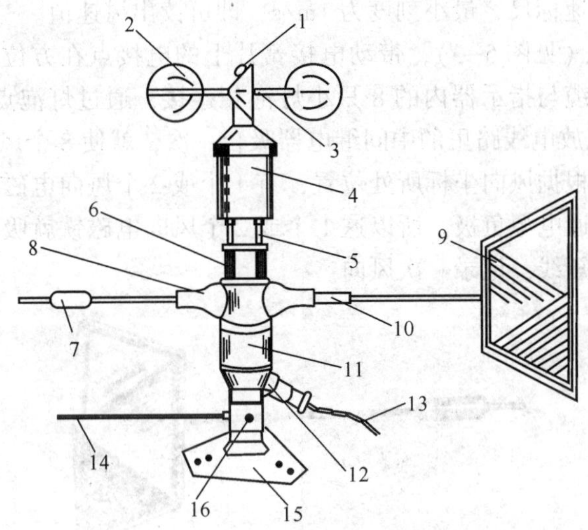

图5-1 感应器

1—风杯压帽；2—风杯；3—风杯固定螺钉；4—风速表；5—风速表固定螺钉；6—风标座；7—平衡锤；8—平衡杆固定螺钉；9—风向标；10—风向标固定螺钉；11—风向接触器；12—防水插头座；13—电缆；14—指北杆；15—底座；16—底座固定螺钉

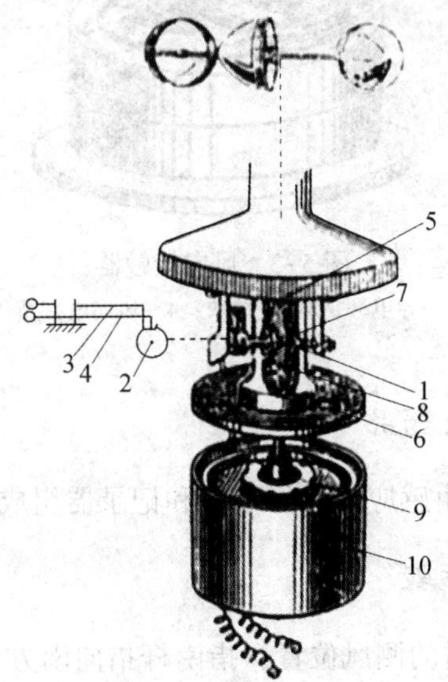

图5-2 风速表

1，2—涡轮；3，4—风速电接簧片；5—风杯轴；6—涡杆；7—涡轮；8—拨钩；9—磁钢；10—定子线圈

推着凸轮一起转动，两风速电接簧片沿凸轮表面滑动，风杯转过 80 圈后，两簧片相接触一次，即完成一次电接，代表风程 200m，当风速表内的两电接簧片接触时，电容器就经过电接簧片向中间继电器的线圈放电，使中间继电器吸合一次，固定在棘轮上的凸轮转过一个小小的角度，推动笔尖向上或向下移动，则将风速信号连续记录下来。风杯轴同时还带动风速表中的磁钢在其定子线圈中转动，线圈上就产生交流电动势，其数值基本上与风速成正比例，风速到 40m/s 时，定子线圈两端开路电压为交流 10V 左右。风速表产生的交流电动势通过电缆输送到指示器内，经过限流电阻和整流器，用直流电流表测量指示，电表的表面直接刻成风速标尺，最小刻度为 1m/s，即可读出风速值。

当风向标转动时（见图 5-3），带动电接簧片上的电接点在方位环上滑动，风向标上的 8 个方位块通过电缆与指示器内的 8 只小灯泡相连接，通过灯泡点亮的方块读出风向。每隔 2. 5min，风向充放电线路里的中间继电器吸合一次，就使 8 个风向电磁铁线圈的公共一端接通电源正极，根据风向坐标所处位置，有 1 个或 2 个风向电磁铁线圈的另一端是经过感应器的方位块接通电源负极。所以这 1 个或 2 个风向电磁铁就吸动衔铁一次，使笔尖向上或向下画出一根短线，记录一次风向。

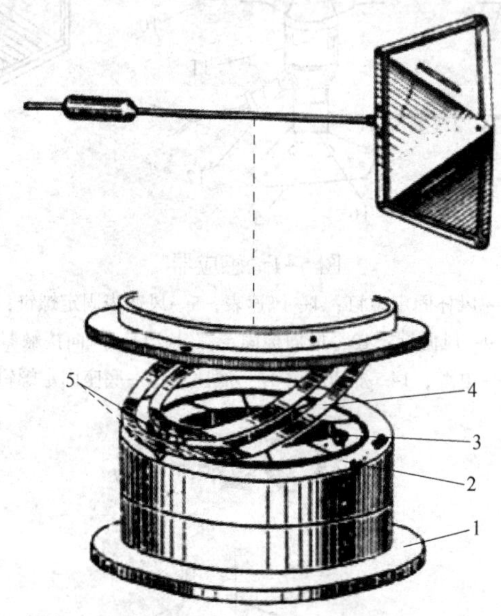

图 5-3 风向接触器

1—方位盘；2—导电环；3—方位块；4—风向电接簧片；5—电接点

5. 1. 12. 3 实验仪器及药品

EL 型电接风向风速计：由感应器、指示器和记录器组成。

5. 1. 12. 4 实验操作步骤

（1）将感应器安装在合适的测风位置，指南杆指向南方。

（2）将指示器风向开关扳向上方，观测风向变化。

（3）将指示器风速开关扳向下方，读 0~20m/s 标尺读数；扳向上方，读 0~40m/s 标尺读数，观测瞬时变化。

(4) 做好记录器的上钟条、换记录纸、加墨水等准备工作。

(5) 观测记录纸上的风向记录。记录器每隔 2.5min 记录一次风向，所以 10min 内连头带尾共有 5 次划线，读出这 5 个方位，取其出现次数最多者，作为这 10min 的平均风向。如出现次数相同，则舍去最远的一次划线，而在右端的其余 4 次划线中选。如出现的次数仍相同，则再舍去左端的一次划线，而在其余 3 次中选，以此类推。

(6) 观测记录纸上的风速记录。10min 内风速曲线上下移动的若干格就是这 10min 内以 m/s 为单位的平均风速值。如遇到曲线在 10min 移动不到边线或略微超过边线应按照曲线实走格数计算。

(7) 统计该时段内的风向频率和平均风速，并绘制风向频率玫瑰图（间距为 5%）和风速玫瑰图（间距为 1m/s）。

5.1.12.5 实验数据及结果处理

(1) 风向频率（%）的计算公式如下：

$$\text{某时段某风向频率}=\frac{\text{该时段内该风向出现的次数合计}}{\text{该时段内各风向记录总次数}}\times 100\% \qquad (5-20)$$

(2) 平均风速（m/s）的计算公式如下：

$$\text{某时段某风向平均风速（m/s）}=\frac{\text{该时段内该风向各次风速值合计}}{\text{该时段内该风向出现的总次数}}\times 100\% \qquad (5-21)$$

5.1.12.6 思考题

地面风向风速测定实验需注意哪些事项？

5.2 水环境监测与评价

5.2.1 水温的测定

5.2.1.1 实验目的

(1) 掌握地表水水温的测定方法。
(2) 掌握各温度计的使用方法和测试范围。

5.2.1.2 实验原理

利用温度计对地表水温度进行测定。

5.2.1.3 实验仪器及药品

(1) 水温计：适用于测量水的表层温度，测量范围为-6~+40℃，分度值为 0.2℃。

（2）深水温度计：适用于水深 40m 以内的水温的测量，测量范围为-2～+40℃，分度值为 0.2℃。

（3）颠倒温度计：适用于测量水深在 40m 以上的各层水温，主温计测量范围为-2～32℃，分度值为 0.10℃，辅温计测量范围为-20～50℃，分度值为 0.5℃。

5.2.1.4 实验操作步骤

（1）表层水温的测定：将水温计投入水中至待测深度，感温 5min 后，迅速上提并立即读数。从水温计离开水面至读数完毕应不超过 20s。

（2）水温在 40m 以内水温的测定：将深水温度计投入水中，与表层水温测定步骤相同。

（3）水温在 40m 以上的水温：将安装有闭端式颠倒温度计的颠倒采水器投入至水中待测深度，感温 10min 后，由"使锤"作用，打击采水器的"撞击开关"，使采水器完成颠倒动作。感温时，温度计的贮泡向下，断点以上的水银柱高度取决于现场温度，当温度颠倒时，水银点在断点分开，分成上、下两部分，此时，接受泡一端的水银柱示度，即为所测温度。上提采水器，立即读取主温度计上的温度。根据主、辅温度计的读数，分别查主、辅温度计的器差表（由温度计检定证中的检定值线性内插做成）得相应的校正值。

5.2.1.5 实验数据及结果处理

颠倒温度计的还原校正值 K 的计算公式为：

$$K = \frac{(T-t)(T+V_0)}{n}\left(1+\frac{T+V_0}{n}\right) \tag{5-22}$$

式中 T——主温计经器差校正后的度数；

t——辅温计经器差校正后的度数；

V_0——主温计自接受泡至刻度 0℃处的水银容积，以温度度数表示；

$1/n$——水银与温度计玻璃的相对膨胀系数。n 通常取值为 6300。

主温计经器差校正后得读数 T 加校正还原至 K，即为实际水温。

5.2.1.6 思考题

水温测定过程中需注意哪些事项？

5.2.2 水体色度的测定

5.2.2.1 实验目的

（1）掌握用铂钴比色法和稀释倍数法测定水和废水中色度的方法，以及不同方法所适用的范围。

（2）了解色度测定的其他方法及各自的特点。

5.2.2.2 实验原理

铂钴比色法的实验原理是用铝铂酸钾与氯化钴配成标准色列，与水样进行目视比色。每升水中含有1mg铂和0.5mg钴时所具有的颜色，称为1度，作为标准色度单位。如水样混浊，则放置澄清，可用离心法或用孔径0.45μm滤膜过滤以去除悬浮物，但不能用滤纸过滤，因滤纸可吸附部分溶解于水的有色物质。

稀释倍数法的实验原理是将有色工业废水用无色水稀释到接近无色时，记录稀释倍数，以此表示该水样的色度，并辅以文字描述颜色种类，如深蓝色、棕黄色等。

5.2.2.3 实验仪器及药品

（1）具塞比色管：50mL，表现高度应一致。

（2）铂钴标准溶液：称取1.246g铝铂酸钾（K_2PtCl_6）（相当于500mg铂）及1.000g六水氯化钴$CoCl_2 \cdot 6H_2O$（相当于250mg钴），溶于100mL水中，加100mL浓盐酸，用水定容至1000mL。此溶液色度为500度，保存在密塞玻璃瓶中，暗处存放。

5.2.2.4 实验操作步骤

A 铂钴比色法

（1）标准色列的配制：向50mL具塞比色管中加入0mL、0.50mL、1.00mL、1.50mL、2.00mL、2.50mL、3.00mL、3.50mL、4.00mL、4.50mL、5.00mL、6.00mL、7.00mL铂钴标准溶液，用水稀释至标线，混匀。各管的色度依次为0度、5度、10度、15度、20度、25度、30度、35度、40度、45度、50度、60度、70度。密塞保存。

（2）水样的测定：吸取50mL澄清透明水样于具塞比色管中，如水样色度较大，可酌情少取水样，用水稀释至50mL。将水样与标准色列进行目视比较。观察时可将具塞比色管置于白瓷板或白纸上，使光线从管底部向上透过液柱，目光自管口垂直向下观察，记下与水样色度相同的标准色列的色度。

B 稀释倍数法

（1）取100~150mL澄清水样置于烧杯中，以白瓷板为背景，观察并描述其颜色种类。

（2）分取澄清水样，用无色水稀释成不同倍数。分取50mL分别置于50mL具塞比色管中，管底部衬一白瓷板，由上向下观察稀释后水样的颜色，并与无色水相比较，直至刚好看不出颜色，记录此时的稀释倍数。

5.2.2.5 实验数据及结果处理

按如下公式计算色度（度）：

$$\text{色度}=\frac{A\times 50}{V} \tag{5-23}$$

式中 A——稀释后水样相当于标准色列的色度，度；

V——水样的体积，mL；

50——水样稀释后的体积，即具塞比色管的容积，mL。

5.2.2.6 思考题

（1）铂钴比色法是测定水样的真色还是表色？

（2）怎样根据水质污染情况选择色度的测试方法？

5.2.3 水体浊度的测定

5.2.3.1 实验目的

（1）掌握浊度测定的基本方法。

（2）学习和掌握目视比色法测定废水浊度。

5.2.3.2 实验原理

浊度是表现水中悬浮物对光线透过时所发生的阻碍程度。水中含有泥土、粉砂、微细有机物、浮游生物和其他微生物等悬浮物和胶体物都可使水体呈现浊度。水的浊度大小不仅和水中存在的颗粒物含量有关，而且和颗粒物粒径大小、形状、颗粒表面光散射特性等有密切关系，规定采用1000mL蒸馏水中含有1mg二氧化硅为1个浊度单位。

5.2.3.3 实验仪器及药品

100mL具塞比色管、1L容量瓶、750mL具塞无色玻璃瓶（玻璃质量和直径均需一致）、1L量筒。

浊度标准溶液的配制方法如下：

（1）称取10g通过0.1mm筛孔（150目）的硅藻土，于研钵中加入少量蒸馏水调成糊状并研细，移至1000mL量筒中，加水至刻度。充分搅拌，静置24h，用虹吸法仔细将上层800mL悬浮液移至第二个1000mL量筒中。向第二个量筒内加水至1000mL，充分搅拌后静置24h。虹吸出上层含细颗粒的800mL悬浮液，弃去。下部沉积物加水稀释至1000mL。充分搅拌后贮于具塞玻璃瓶中，作为浊度原液。其中含硅藻土颗粒直径大约为400μm。取上述悬浊液50mL置于已恒重的蒸发皿中，在水浴上蒸干。于105℃烘箱内烘2h，置于干燥器中冷却30min，称重。重复以上操作，即烘1h，冷却，称重，直至恒重。求出每毫升悬浊液中含硅藻土的质量（mg）。

（2）吸取含250mg硅藻土的悬浊液，置于1000mL容量瓶中，加水至刻度，摇匀。此溶液浊度为250度。

（3）吸取浊度为250度的标准液100mL，置于250mL容量瓶中，用水稀释至标线，此溶液为浊度100度的标准溶液。

于上述原液和各标准溶液中加入1g氯化汞，以防菌类生长。

5.2.3.4 实验操作步骤

（1）浊度小于10度的水样。

1）吸取浊度为 100 度的标准液 0mL、1.0mL、2.0mL、3.0mL、4.0mL、5.0mL、6.0mL、7.0mL、8.0mL、9.0mL 及 10.0mL 于 100mL 比色管中，加水稀释至标线，混匀，得到浊度依次为 0 度、1.0 度、2.0 度、3.0 度、4.0 度、5.0 度、6.0 度、7.0 度、8.0 度、9.0 度、10.0 度的标准液。

2）取 100mL 摇匀水样，置于 100mL 比色管中，与浊度标准液进行比较。可在黑色底板上，由上往下垂直观察。

（2）浊度大于 10 度的水样。

1）吸取浊度为 250 度的标准液 0mL、10mL、20mL、30mL、40mL、50mL、60mL、70mL、80mL、90mL 及 100mL，置于 250mL 比色管中，加水稀释至标线，混匀，得到浊度依次为 0 度、10 度、20 度、30 度、40 度、50 度、60 度、70 度、80 度、90 度及 100 度的标准液，移入成套的 250mL 具塞玻璃瓶中，每瓶加入 1g 氯化汞，以防菌类生长，密塞保存。

2）取 250mL 摇匀水样，置于成套的 250mL 具塞玻璃瓶中，瓶后放一有黑线的白纸作为辨别标志，从瓶前向后观察，根据目标清晰程度，选出与水样产生视觉效果相近的标准液，记下其浊度值。

3）水样浊度超过 100 度时，则先需用水稀释再进行测定。

5.2.3.5　实验数据及结果处理

记录并根据浊度标准确定水样的浊度。

5.2.3.6　思考题

（1）水体的浊度可以采用哪些方法测定？

（2）配制浊度标准液时，为什么要加入氯化汞？

5.2.4　水中悬浮物的测定

5.2.4.1　实验目的

（1）掌握悬浮物测定的基本方法。

（2）熟悉称重、过滤、干燥等基本实验操作。

5.2.4.2　实验原理

残渣分为总残渣、总可滤残渣和总不可滤残渣三种。总残渣是指水或废水在一定温度下蒸发，烘干后剩留在器皿中的物质，包括“总不可滤残渣”（即截留在滤器上的全部残渣，也称为悬浮物）和“总可滤残渣”（即通过滤器的全部残渣，也称为溶解性总固体）。

水中悬浮物的理化特性、所用的滤器与孔径大小、滤片面积和厚度，以及截留在滤器上物质的数量和物理状态等均能影响不可滤残渣与可滤残渣的测定结果。鉴于这些因素较复杂，且难以控制，因而上述两种残渣的测定方法只是为了实用而规定的近似方法，具有相对意义。

水中悬浮物的测定是将水样通过滤料后，于 103~105℃下烘干固体残留物及滤料，将所称质量减去滤料质量，即为悬浮物（总不可滤残渣）质量。

5.2.4.3 实验仪器及药品

烘箱、分析天平、干燥器、玻璃漏斗、内径为 30~50mm 称量瓶、孔径为 0.45μm 的滤膜及相应的滤器或中速定量滤纸。

5.2.4.4 实验操作步骤

（1）将滤膜（或滤纸）放在称量瓶中，打开瓶盖，在 103~105℃下烘干 2h，取出，冷却后盖好瓶盖称重，直至恒重（两次称量相差不超过 0.0005g）。

（2）去除漂浮物后振荡水样，量取适量均匀水样（使悬浮物大于 2.5mg），通过上面称至恒重的滤膜（或滤纸）过滤；用蒸馏水洗涤残渣 3~5 次。如样品中含油脂，用 10mL 石油醚分两次淋洗残渣。

（3）小心取下滤膜，放入原称量瓶内，在 103~105℃烘箱中打开瓶盖烘 2h，冷却后盖好盖称重，直至恒重（反复烘干、冷却、称重，直至连续两次称重差小于 0.4mg）。

5.2.4.5 实验数据及结果处理

按下式计算悬浮物含量（mg/L）

$$悬浮物含量 = \frac{(A - B) \times 1000 \times 1000}{V} \tag{5-24}$$

式中 A——悬浮固体、滤膜及称重瓶重，g；

B——滤膜及称重瓶重，g；

V——水样的体积，mL。

5.2.4.6 思考题

（1）残渣主要分为哪几种？可分别用什么方法测定？

（2）影响悬浮物测定结果的主要因素有哪些？为什么？

5.2.5 水中苯系化合物的测定

5.2.5.1 实验目的

（1）掌握用顶空法预处理水样，用气相色谱法测定苯系物的原理和操作方法。

（2）熟练操作气相色谱仪。

5.2.5.2 实验原理

苯系物通常包括苯、甲苯、乙苯、邻二甲苯、间二甲苯、对二甲苯、异丙苯、苯乙烯八种化合物，是生活饮用水、地表水质量标准和污水排放标准中控制的有毒物质指标。测定苯系物的方法有顶空气相色谱法、二硫化碳萃取气相色谱法和气相色谱-质谱（GC-MS）法。本实验采用顶空气相色谱法，原理为在恒温的密闭容器中，水样中的苯系物挥发进入容器上气相中，当气、液两相间达到平衡后，取液上气相样品进行色谱分析。

5.2.5.3 实验仪器及药品

（1）气相色谱仪：带 FID 检测器。

（2）振荡器：带恒温水浴。

（3）顶空瓶。

（4）全玻璃注射器：5mL 和 100mL。或气密性注射器，配有耐油胶帽，可用于顶空瓶。

（5）微量注射器：10μL。

（6）色谱固定液：有机硅藻土。

（7）色谱固定液：邻苯二甲酸二壬酯（DNP）。

（8）101 白色担体。

（9）苯系物标准物质：苯、甲苯、乙苯、邻二甲苯、间二甲苯、对二甲苯、异丙苯、苯乙烯，均为色谱纯。

（10）苯系物标准储备液：用 10μL 微量注射器量取苯系物标准物质，配成质量浓度各为 10mg/L 的混合水溶液。该储备液于冰箱内保存，1 周内有效。也可采用商品标准储备液。

（11）氯化钠：色谱纯。

（12）高纯氮气：纯度 99.999%。

5.2.5.4 实验操作步骤

（1）顶空样品的制备。

1）用注射器制备：称取 20g 氯化钠，放入 100mL 全玻璃注射器中，加入 40mL 水样，排出针筒内空气，再吸入 40mL 高纯氮气，用胶帽封好注射器。将注射器置于振荡器恒温水浴中固定，在约 30℃下振荡 5min，抽出液上空间的气样 5mL 进行色谱分析。当水中苯系物浓度较高时，适当减少进样量。

2）用专用顶空设备制备：取一定体积的标准样品（或样品）于一定容积的顶空瓶中，用封盖器将瓶子用带隔垫的盖子封好，放入具有一定温度（65℃）的顶空加热器上平衡一定时间（20min），取一定体积液上气样进入气相色谱仪测定。

（2）色谱条件。

1）色谱柱：长 3m、内径 4mm 的螺旋形不锈钢柱或玻璃柱。

2）柱填料：3%有机硅藻土/101 白色担体与 2.5%DNP/101 白色担体，其质量比例为 35：65。

3）温度：柱温 65℃，气化室温度 200℃，检测其温度 150℃。

4）气体流量：氮气 400mL/min，氢气 40mL/min，空气 400mL/min，应根据仪器型号选用最合适的气体流量。

(3) 标准曲线的绘制。用苯系物标准储备液配成质量浓度为5μg/L、20μg/L、40μg/L、60μg/L、80μg/L、100μg/L的苯系物标准系列溶液，吸取不同质量浓度的标准系列溶液，取5mL液上空间气样进行色谱分析，绘制质量浓度-峰高标准曲线。

(4) 水样测定。按照标准曲线绘制方法，抽取适量水样的液上空间气样进行色谱分析，获得色谱峰高。

5.2.5.5 实验数据及结果处理

根据水样的液上空间气样中各组分峰高、标准曲线和水样体积，计算废水中苯系物质量浓度。

5.2.5.6 思考题

(1) 根据实验操作和条件控制等方面的实际情况，分析可能导致测定误差的因素。

(2) 为什么取顶空气样测试就可以测得水样中待测成分的含量?

5.2.6 水体电导率的测定

5.2.6.1 实验目的

(1) 了解电导率的含义。

(2) 掌握电导率的测定方法。

5.2.6.2 实验原理

电导率是以数字表示溶液传导电流的能力。纯水的电导率很小，当水中含无机酸、碱或盐时，电导率增加。电导率常用于间接推测水中离子成分的总浓度。水溶液的电导率取决于离子的性质和浓度、溶液的温度和黏度。

由于电导是电阻的倒数，因此当两个电极(通常为铂电极或铂黑电极)插入溶液中，可以测出两电极间的电阻 R。根据欧姆定律，温度一定时，这个电阻值与电极的间距 L (cm)成正比，与电极的截面积 A (cm^2) 成反比，即:

$$R = \rho L/A \tag{5-25}$$

由于电极面积 A 与间距 L 都是固定不变的，故 L/A 是一个常数，称为电导池常数(以 Q 表示)。比例常数 ρ 叫作电阻率。其倒数 $1/\rho$ 称为电导率，以 κ 表示，κ 的单位为S/m(西门子/米)。

电导与电阻成反比，即：S 表示电导，反映导电能力的强弱。

$$S = 1/R = 1/\rho Q \tag{5-26}$$

所以，$\kappa = QS$ 或 $\kappa = Q/R$。当已知电导池常数，并测出电阻后，即可求出电导率。

5.2.6.3 实验仪器及药品

(1) 电导率仪：误差不超过1%。

（2）温度计：能读至0.1℃。

（3）恒温水浴锅：(25±2)℃。

（4）纯水（电导率小于0.1mS/m）。

（5）氯化钾标准溶液 $c(KCl)=0.0100mg/L$。称取0.7456g于105℃干燥2h并冷却的氯化钾，溶于纯水中，于25℃定容至1000mL。此溶液在25℃时电导率为141.3mS/m。必要时可适当稀释，各种浓度氯化钾溶液的电导率（25℃）见表5-10。

表5-10 不同浓度氯化钾的电导率

浓度/mol · L^{-1}	电导率/mS · m^{-1}
0.0001	1.494
0.0005	7.39
0.001	14.7
0.005	71.78

5.2.6.4 实验操作步骤

注意阅读各种型号的电导率仪使用说明书。

（1）电导率常数测定：

1）用0.01mol/L标准氯化钾溶液冲洗电导池3次。

2）将此电导池注满标准溶液，放入恒温水浴中约15min。

3）测定溶液电阻 R_{KCl}，更换标准液后再进行测定，重复数次，使电阻稳定在±2%范围内，取其平均值。

4）用公式 $Q=\kappa R_{KCl}$ 计算。对于0.1mol/L氯化钾溶液，在25℃时 $\kappa=141.3mS/m$，则 $Q=141.3R_{KCl}$。

（2）样品测定：用水冲洗电导池数次，再用水样冲洗后，装满水样，同步骤3）测定水样电阻 R。由已知电导池常数 Q，得出水样电导率 κ。同时记录测定温度。

5.2.6.5 实验数据及结果处理

电导率计算公式如下：

$$\kappa = Q/R = (141.3R_{KCl})/R \quad (5-27)$$

式中 R_{KCl}——0.01mol/L氯化钾标准溶液电阻，Ω；

R——水样电阻，Ω；

Q——电导池常数。

当测定水样温度不是25℃时，样品电导率为：

$$\kappa_s = \kappa_t/[1 + a(t - 25)] \quad (5-28)$$

式中 κ_s——25℃时电导率，mS/m；

κ_t——测定时 t 温度下电导率，mS/m；

a——各离子电导率平均温度系数，取为0.022；

t——测定时温度,℃。

5.2.6.6 思考题

测定水中的电导率有何意义？

5.2.7 废水 pH 值的测定

5.2.7.1 实验目的

（1）了解用直接电位法测定溶液 pH 值的原理和方法。
（2）掌握酸度计的使用方法。

5.2.7.2 实验原理

溶液的 pH 值通常使用酸度计进行测定。

在实际工作中，当用酸度计测定溶液的 pH 值时，经常用已知 pH 值的标准缓冲溶液来校正酸度计（也叫“定位”）。校正时应选用与被测溶液的 pH 值接近的标准缓冲溶液，以减少在测量过程中可能由于液接电位、不对称电位以及温度等变化而引起的误差。校正后的酸度计，可直接测量水或其他低酸碱度溶液的 pH 值。

5.2.7.3 实验仪器及药品

（1）标准缓冲溶液（简称标准溶液）。

1）试剂和蒸馏水的质量：在分析中，除非另做说明，均要求使用分析纯或优级纯试剂，购买经中国计量科学研究院检定合格的袋装 pH 标准物质时，可参照说明书使用。配制标准溶液所用的蒸馏水应符合下列要求：煮沸并冷却、电导率小于 2×10^{-6}S/cm 的蒸馏水，其 pH 值以 6.7~7.3 之间为宜。

2）测量值 pH 时，按水样呈酸性、中性和碱性三种可能，常配制以下三种标准溶液：

① pH 标准溶液甲（pH 4.008，25℃）。称取先在 110~130℃干燥 2~3h 的邻苯二甲醉氢钾（$KHC_8H_4O_4$）10.12g，溶于水并在容量瓶中稀释至 1L。

② pH 标准溶液乙（pH 6.865，25℃）。分别称取先在 110~130℃干燥 2~3h 的磷酸二氢钾（KH_2PO_4）3.388g 和磷酸氢二钠（Na_2HPO_4）3.533g，溶于水并在容量瓶中稀释至 1L。

③ pH 标准溶液丙（pH9.180，25℃）。为了使晶体具有一定的组成，应称取与饱和溴化钠（或氯化钠加蔗糖溶液（室温））共同放置在干燥器中平衡两昼夜的硼砂（$Na_2B_4O_7\cdot10H_2O$）3.80g，溶于水并在容量瓶中稀释 1L。

（2）酸度计或离子浓度计。常规检验使用的仪器，至少应当精确到 0.1pH 单位，pH 值范围从 0 至 14。如有特殊需要，应使用精度更高的仪器。

（3）玻璃电极与甘汞电极。

5.2.7.4 实验操作步骤

（1）仪器校准：操作程序按仪器使用说明书进行。先将水样与标准溶液调到同一温度，记录测定温度，并将仪器温度补偿旋钮调至该温度上。用标准溶液校正仪器，该标准溶液与水样 pH 值相差不超过 2 个 pH 单位。从标准溶液中取出电极，彻底冲洗并用滤纸吸干。再将电极浸入第二个标准溶液中，其 pH 值大约与第一个标准溶液相差 3 个 pH 单位，如果仪器响应的示值与第二个标准溶液的 pH 值之差大于 0.1pH 单位，就要检查仪器、电极或标准溶液是否存在问题。当三者均正常时，方可用于测定样品。

（2）样品测定：测定样品时，先用蒸馏水认真冲洗电极，再用水样冲洗，然后将电极浸入样品中，小心摇动或进行搅拌使其均匀，静置，待读数稳定时记下 pH 值。

5.2.7.5　实验数据及结果处理

将溶液 pH 值测定数据填入表 5-11 中。

表 5-11　溶液 pH 值测定数据记录表

测量值	缓冲溶液		待测溶液		
	1	2	1	2	3
温度/℃					
pH 值					

5.2.7.6　思考题

酸度计为什么要用已知 pH 值的标准缓冲溶液校正？校正时要注意什么问题？

5.2.8　水样硬度的测定（配位滴定法）

5.2.8.1　实验目的

（1）了解水的硬度含义、单位及其换算。

（2）掌握配位滴定法测定水的总硬度的原理及方法。

5.2.8.2　实验原理

将溶液的 pH 值调整到 10，用 EDTA 溶液配合滴定钙、镁离子。铬黑 T 作指示剂与钙、镁离子生成紫红色配合物，滴定中，游离的钙和镁离子首先与 EDTA 反应，跟指示剂配合的钙镁离子随后与 EDTA 反应，到达终点时溶液的颜色由紫色变为天蓝色。

5.2.8.3　实验仪器及药品

（1）50mL 滴定管。

（2）250mL 锥形瓶。

（3）钙标准溶液：10mmol/L。将 $CaCO_3$ 在 150℃ 干燥 2h，取出放在干燥器中冷却至室温，称取 1.001g 于 500mL 锥形瓶中，用水润湿。逐滴加入 4mol/L HCl 溶液至 $CaCO_3$ 全部溶解，避免滴入过量酸。加 200mL 水，煮沸数分钟赶除 CO_2，冷却至室温，加入数滴甲基红指示剂（0.1g 溶于 100mL 60%乙醇），逐滴加入 3mol/L 氨水至变为橙色，转移至 1000mL 容量瓶中，定容至 1000mL。此溶液 1.00mL 含 0.4008mg Ca（0.01mmol/L），$M_1 = W/m$。

（4）EDTA-2Na 标准溶液：10mmol/L。将 EDTA-2Na-2H_2O 合物（$C_{10}H_{14}N_2O_8Na_2 \cdot 2H_2O$）在 80℃干燥 2h 后置于干燥器中冷至室温，称取 3.725g EDTA-2Na，溶于去离子水中，转移至 1000mL 容量瓶中，定容至 1000mL，其标准浓度标定如下：用移液管吸取 20.00mL EDTA-2Na 标准溶液于 250mL 锥形瓶中，加入 25mL 去离子水，稀释至 50mL。再加入 5mL 缓冲溶液及 3 滴铬黑 T 指示剂（或 50~100mg 铬黑 T 干粉），此溶液应呈紫红色，pH 值应为 1.0。为防止产生沉淀应立刻在不断搅拌下，自滴定管加入 EDTA-2Na 标准溶液，开始滴定时速度宜稍快，滴定至溶液由紫红色变为蓝色，计算其准确浓度：$M_2 = MLV_1/V_2$。

（5）缓冲溶液（pH=10）：称取 16.9g 氯化铵（NH_4Cl），溶于 143mL 浓氢氧化氨中。称取 0.780g 硫酸镁（$MgSO_4 \cdot 7H_2O$）及 1.178g EDTA-2Na-2H_2O 合物，溶于 50mL 去离子水中，加入 2mL NH_4Cl-NH_4OH 溶液和 5 滴铬黑 T 指示剂（此时溶液应呈紫红色，若为蓝色，应加极少量 $MgSO_4$ 使成紫红色）。用入 EDTA-2Na 溶液滴定至溶液由紫红色变为蓝色，合并上述两种溶液，并用去离子水稀释至 250mL，合并如溶液又变为紫红色，在计算过程中应扣除空白。

（6）0.5%铬黑 T 指示剂：称取 0.5g 铬黑 T，溶于 100mL 二乙醇胺，可用少于 25mL 乙醇代替二乙醇胺以减少溶液的黏性，盛放在棕色瓶中。或者，配制成铬黑 T 干粉，称取 0.5g 铬黑 T 与 100g NaCl 充分混合，研磨后通过 40~50 目筛，盛放在棕色瓶中，塞紧，可长期使用。

（7）0.5%硫化钠溶液：称取 5.0g 硫化钠（$Na_2S \cdot H_2O$）溶于去离子水中，稀释至 100mL。

（8）1.0%盐酸羟胺溶液：称取 1.0g 盐酸羟胺（$NH_2OH \cdot HCl$），溶于去离子水中稀释至 100mL。

（9）10%氰化钾溶液：称取 10.0g 氰化钾（KCN）溶于去离子水中，稀释至 100mL。注意此溶液剧毒！

5.2.8.4　实验操作步骤

（1）用移液管吸取 50.0mL 水样（硬度过大时，可取适量水样用去离子水稀释至 50mL，硬度过小时，改取 100mL 水样），于 250mL 锥形瓶中。

（2）加入 1~2mL 缓冲溶液及 5 滴铬黑 T 指示剂（或一小勺固体指示剂），立即用 EDTA-2Na 标准溶液滴定，充分振摇，至溶液由紫红色变为蓝色，即表示到达滴定终点，记录 EDTA-2Na 消耗的用量。

（3）若水样中含有金属干扰离子使滴定终点延迟或颜色发暗，可另取水样，加入 0.5mL 盐酸羟胺溶液及 1mLNa_2S 溶液或 0.5mL KCN 溶液后，再按步骤（2）继续进行。

5.2.8.5　实验数据及结果处理

总硬度（mg/L）计算如下：

$$总硬度(CaCO_3) = cV_1 \times 100.9 \times 1000/V \quad (5\text{-}29)$$

式中 c——EDTA-2Na 浓度，mol/L；

V_1——EDTA-2Na 溶液的消耗量，mL；

V——水样的体积，mL。

5.2.8.6 思考题

（1）根据水样碱度及总硬度测定结果计算总硬度（$CaCO_3$，mg/L）、碳酸盐硬度（毫克当量/L）和非碳酸盐硬度（度）。

（2）如果碳酸盐硬度加碳酸氢盐硬度大于非碳酸盐硬度，这是什么原因？

5.2.9 水中溶解氧的测定（碘量法）

5.2.9.1 实验目的

掌握碘量法测定水中溶解氧的原理和方法。

5.2.9.2 实验原理

氧在碱性溶液中使二价锰氧化成四价锰，而四价锰在酸溶液中使碘离子氧化成碘分子，释放出来的碘量=水中的溶解氧量，碘量用硫代硫酸钠溶液测定。

5.2.9.3 实验仪器及药品

（1）250~300mL 溶解氧瓶。

（2）25mL 滴定管。

（3）250mL 锥形瓶。

（4）浓硫酸 H_2SO_4（相对密度为 1.84）。

（5）硫酸锰溶液：称取 480g 硫酸锰（$MnSO_4 \cdot 4H_2O$）或 400g 二水硫酸锰（$MnSO_4 \cdot 2H_2O$）溶于去离子水中，过滤并稀释至 1000mL。

（6）碱性碘化钾溶液：称取 500g NaOH 溶于 300~400mL 去离子水中，另称取 150g KI（或 135g NaI）溶于 200mL 去离子水中，待 NaOH 溶液冷却后，将两溶液合并混匀，用去离子水稀释至 1000mL。静置 24h 使 Na_2CO_3 下沉，倒出上层澄清液，贮于棕色瓶中，用橡皮塞塞紧，避光保存。

（7）1%淀粉溶液：称取 1g 可溶性淀粉，用少量水调成糊状，用刚煮沸的水冲稀至 100mL。冷却后，加入 0.1g 水杨酸或 0.4g $ZnCl_2$ 防腐。

（8）0.100mol/L（$1/6K_2Cr_2O_7$）重铬酸钾标准溶液：称取于 105~110℃烘干 2h 并冷却的 $K_2Cr_2O_7$ 4.9031g，溶于去离子水中，转移至 1000mL 容量瓶中，用水稀释至刻线，摇匀。

（9）硫代硫酸钠溶液：称取 25g 硫代硫酸钠（$Na_2S_2O_3 \cdot 5H_2O$），溶于 1000mL 煮沸放凉的去离子水中，加入 0.4g NaOH 或 0.2g Na_2CO_3。贮于棕色瓶中。此溶液浓度约为

0.1mol/L，准确浓度可按下法标定：于250mL碘量瓶中，加入100mL去离子水和1g KI，用移液管吸取10.00mL 0.1000mol/L $K_2Cr_2O_7$ 标准溶液、5mL 1∶5 H_2SO_4 溶液，密塞，摇匀。置于暗处5min，取出后用待标定的硫代硫酸钠溶液滴定至由棕色变为淡黄色时，加入1mL淀粉溶液，继续滴定至蓝色刚好褪去为止，记录用量。计算硫代硫酸钠的浓度：

$$M = 10.00 \times 0.1000/V \tag{5-30}$$

式中 M——硫代硫酸钠的浓度，mol/L；

V——滴定时消耗硫代硫酸钠的体积，mL。

将计算的准确浓度标记在盛硫代硫酸钠溶液的瓶上，并以此溶液作为配制0.0250mol/L硫代硫酸钠溶液的原液。0.0250mol/L硫代硫酸钠标准溶液配制：取一定量上述硫代硫酸钠原液，用刚煮沸并冷却的去离子水稀释至1000mL即成。所需硫代硫酸钠原液量可按式（5-31）求得：

$$Na_2S_2O_3\text{标准溶液所需原液量} = 25/Na_2S_2O_3\text{的浓度} \tag{5-31}$$

于每升0.0250mol/L $Na_2S_2O_3$ 标准溶液中加入0.4g NaOH或0.2g无水 Na_2CO_3 以便保存（溶液贮于棕色瓶中）。此溶液每两周配制1次。

5.2.9.4 实验操作步骤

（1）采集水样时，先用水样冲洗溶解氧瓶后，沿瓶壁直接注入水样或用虹吸法将吸管插入溶解氧瓶底部，注入水样至溢流出瓶容积的1/3~1/2。需注意不使水样曝气或有气泡残存在溶解氧瓶中。

（2）用刻度吸管吸取1mL $MnSO_4$ 溶液，加入装有水样的溶解氧瓶中，加注时，应将吸管插入液面下。

（3）按上法，加入2mL碱性KI溶液。

（4）盖紧瓶塞，将样瓶颠倒混合数次，静置。待沉淀降至瓶内一半时，再颠倒混合一次，待沉淀物下降至瓶底。用刻度吸管吸取2mL浓 H_2SO_4，插入液面下加入，盖紧瓶塞。颠倒混合，直至沉淀物全部溶解为止，放置暗处5min。

（5）用移液管吸取100.0mL上述溶液放于250mL锥形瓶中，用0.0250mol/L $Na_2S_2O_3$ 标准溶液滴定至溶液呈浅黄色，加入1mL淀粉溶液，继续滴定至蓝色刚刚褪去，记录硫代硫酸钠溶液用量。

5.2.9.5 实验数据及结果处理

溶解氧浓度计算如下：

$$\text{溶解氧浓度} = 2V \tag{5-32}$$

式中 V——0.0250mol/L $Na_2S_2O_3$ 标准溶液用量，mL。

5.2.9.6 思考题

（1）水样中加入 $MnSO_4$ 和碱性KI溶液后，如发现白色沉淀，测定还需继续进行吗？试说明理由。

（2）在上述测定和计算中未考虑因试剂的加入而损失的水样体积，这样做对于实验结果会有怎样的影响？

5.2.10 水中铁含量的测定（分光光度法）

5.2.10.1 实验目的

（1）学习分光光度法的基本条件试验方法。

（2）掌握摩尔比法测定配合物组成的原理和方法。

5.2.10.2 实验原理

邻二氮菲是测定微量铁的一种较好的显色试剂，在 pH＝3～9 的溶液中，试剂与 Fe^{2+} 生成稳定的橙红色配合物，其最大吸收波长为 508nm，摩尔吸光系数 $\varepsilon = 1.1\times10^{4}$ L/(mol·cm)，配合物的 $\lg K^{\ominus}_{稳} = 21.3$，$Fe^{2+}$ 与邻二氮菲的反应如下：

$$Fe^{2+} + 3\,\text{(phen)} \longrightarrow [(\text{phen})_3Fe]^{2+}$$

本方法的选择性很高，相当于含铁量 40 倍的 Sn^{2+}、Al^{3+}、Ca^{2+}、Mg^{2+}、Zn^{2+}、SiO_3^{2-}，20 倍的 Cr^{3+}、Mn^{2+}、V^{5+}、PO_4^{3-}，5 倍的 Co^{2+}、Cu^{2+} 等均不干扰测定。

5.2.10.3 实验仪器及药品

A 实验仪器

分光光度计。

B 试剂

（1）标准铁溶液（含铁 0.001mol/L，含 0.5mol/L HCl 溶液）：准确称取 0.4822g $NH_4Fe(SO_4)_2\cdot 12H_2O$，置于烧杯中，加入 80mL 1∶1 HCl 和少量水，溶解后，转移至 1000mL 容量瓶中，用水稀释至刻度，摇匀。

（2）标准铁溶液（含铁 20mg/L）：准确称取 0.1727g $NH_4Fe(SO_4)_2\cdot 12H_2O$ 置于烧杯中，加入 20mL 1∶1 HCl 和少量水，溶解后，转移至 1000mL 容量瓶中，用水稀释至刻度，摇匀。

（3）0.15%邻二氮菲溶液（新鲜配制）。

（4）邻二氮菲溶液（0.001mol/L）：准确称取 0.1982g 邻二氮菲（$C_{12}H_8N_2H_2O$）于 400mL 烧杯中，加水溶解，转移至 1000mL 容量瓶中，用水稀释至刻度，摇匀。

（5）10%盐酸羟胺水溶液（临用时配制）。

（6）1mol/L 醋酸钠溶液。

（7）0.1mol/L NaOH 溶液。

（8）1∶1 HCl 溶液。

5.2.10.4　实验操作步骤

（1）条件试验。

1）吸收曲线的制作。用移液管吸取10.00mL含铁20mg/L标准铁溶液，注入50mL容量瓶中，加入1mL 10%盐酸羟胺溶液，摇匀，加入2mL 0.15%邻二氮菲溶液，5mL 1mol/L醋酸钠溶液，以水稀释至刻度，摇匀。在分光光度计上，选用1cm比色皿，采用试剂空白溶液为参比溶液，在440~560nm范围内，每隔10nm测定1次吸光度，以波长为横坐标，吸光度为纵坐标，绘制吸收曲线，从而选择测定铁的适宜波长。

2）显色剂浓度的影响。取7只50mL容量瓶，各加入2mL 0.001mol/L标准铁溶液和1mL 10%盐酸羟胺溶液，摇匀，分别加入0.10mL、0.30mL、0.50mL、0.80mL、1.00mL、2.00mL、4.00mL 0.15%邻二氮菲溶液，然后加5mL 1mol/L醋酸钠，用水稀释至刻度，摇匀，在分光光度计上，用1cm比色皿，在所选波长下，以试剂空白溶液为参比溶液，测定显色剂各浓度的吸光度，以显色剂邻二氮菲的体积（mL）为横坐标，相应的吸光度为纵坐标，绘制吸光度-试剂用量曲线，从而确定在测定过程中应加入的试剂体积。

3）有色溶液的稳定性。在50mL容量瓶中，依次加入2mL 0.001mol/L标准铁溶液、1mL 10%盐酸羟胺溶液、2mL 0.15%邻二氮菲溶液、5mL 1mol/L醋酸钠溶液，用水稀释至刻度，摇匀。立即在所选择的波长下，用1cm比色皿，以相应的试剂空白溶液为参比溶液，测定吸光度，然后放置5min、10min、30min、1h、2h、3h，测定相应的吸光度，以时间为横坐标，吸光度为纵坐标，绘出吸光度-时间曲线，从曲线上观察此配合物的稳定性情况。

4）溶液酸度的影响。在9只50mL容量瓶中，分别加入2mL 0.001mol/L标准铁溶液、1mL 10%盐酸羟胺、2mL 0.15%邻二氮菲溶液，从滴定管中分别加入0mL、2mL、5mL、8mL、10mL、20mL、25mL、30mL、40mL 0.1mol/L NaOH溶液，摇匀。以水稀释至刻度，摇匀。用精密pH试纸测定各溶液的pH值，然后在所选择的波长下，用1cm比色皿，以各自相应的试剂空白为参比溶液，测定其吸光度。

以pH值为横坐标，溶液相应的吸光度为纵坐标，绘出吸光度-pH值曲线，找出进行测定的适宜pH区间。

（2）铁含量的测定。

1）标准曲线的制作。在6只50mL容量瓶中，用移液管分别加0.00mL、2.00mL、4.00mL、6.00mL、8.00mL、10.00mL标准铁溶液（含铁20mg/L），再分别加入1mL 10%盐酸羟胺溶液、2mL 0.15%邻二氮菲溶液和5mL 1mol/L醋酸钠溶液，以水稀释至刻度，摇匀。在所选择的波长下，用1cm比色皿，以试剂空白溶液为参比溶液，测定各溶液的吸光度。

2）铁含量的测定。吸取含铁试液代替标准溶液，其他步骤均同标准曲线，由测得的吸光度在标准曲线上查出铁的质量（μg），计算铁含量。

（3）配合物组成的测定——摩尔比法。取9只50mL容量瓶，各加1mL 0.001mol/L标准铁溶液，1mL 10%盐酸羟胺溶液，依次加入0.001mol/L邻二氮菲溶液1.0mL、1.5mL、2.0mL、2.5mL、3.0mL、3.5mL、4.0mL、4.5mL、5.0mL，然后各加5mL 1mol/L醋酸钠，用水稀释到刻度，摇匀。在所选择的波长下，用1cm比色皿，以各自的试剂空白为参比，测定各溶液的吸光度。以吸光度对邻二氮菲与铁的浓度比做图，根据曲线上前后两部分延长线的交点位置，确定反应的配合比。

5.2.10.5 实验数据及结果处理

（1）以波长为横坐标、吸光度为纵坐标绘制吸收曲线，确定波长。

（2）绘制吸光度-试剂用量曲线，确定最佳显色剂用量。

（3）绘制吸光度-时间曲线，确定合适的测量时间。

（4）绘制吸光度-pH 值曲线，确定合适的 pH 值范围。

（5）绘制铁含量标准曲线。

（6）以邻二氮菲与铁的浓度比为横坐标、吸光度为纵坐标做图，确定反应的配合比。

5.2.10.6 思考题

（1）什么叫吸收曲线？有何用途？

（2）用邻二氮菲法测定铁时，为什么在测定前需加入还原剂盐酸羟胺？

（3）做吸收曲线测量最大吸收波长时，标准溶液的浓度对实验有无影响？

5.2.11 水中化学需氧量的测定（重铬酸钾法）

5.2.11.1 实验目的

（1）了解化学需氧量的含义。

（2）掌握重铬酸钾法测定水样中有机物的原理和方法。

5.2.11.2 实验原理

在水样中加入一定量的 $K_2Cr_2O_7$，在一定条件（强酸性、加热回流 2h、Ag_2SO_4 作催化剂）与水中的有机物相互作用，剩余的 $K_2Cr_2O_7$ 用硫酸亚铁铵 $Fe(NH_4)_2(SO_4)_2$ 滴定。指示剂：试亚铁灵；终点现象：溶液颜色由黄经绿、灰蓝到最后的棕红色。

5.2.11.3 实验仪器及药品

（1）25mL 锥形瓶。

（2）25mL 酸式滴定管。

（3）10mL 专用 COD 消化管。

（4）COD 测定专用加热仪。

（5）消化液：10.216g $K_2Cr_2O_7$、17.0g $HgSO_4$ 和 250mL 浓硫酸，加去离子水至 1000mL。注意先用 500mL 去离子水将固体溶解，再加入浓硫酸，最后加水至刻线。

（6）催化液：10.7g Ag_2SO_4 加至 1L 浓硫酸中。

（7）硫酸亚铁铵溶液（约 0.035mol/L）：13.72g $Fe(NH_4)_2(SO_4)_2 \cdot 6H_2O$，加入 20mL 浓硫酸，最后加去离子水至 1L。

（8）指示剂：1.485g 邻菲罗啉，0.695g $HgSO_4 \cdot 7H_2O$，加去离子水至100mL。

5.2.11.4 实验操作步骤

（1）取水样2.5mL（同时做去离子水空白）至消化管（COD≥900mg/L 时水样需稀释，例如，0.5mL 水样加2mL 去离子水）。

（2）加入消化液1.5mL，再加入催化液3.5mL（沿管壁慢慢加入）。

（3）消化管用生料带封口，加盖盖紧，摇混一次，放入已升温至150℃的加热器中2h。

（4）待消化管冷却至室温，将消化管中溶液倒入25mL 锥形瓶中，用去离子水洗消化管3~4次，将洗出液也倒入锥形瓶中。

（5）加指示剂1~2滴，用硫酸亚铁铵溶液滴定由绿—蓝—灰—褐红色。

（6）硫酸亚铁铵溶液标定：另取5mL 去离子水，加浓硫酸3mL，加0.05mol/L $K_2Cr_2O_7$ 溶液5.00mL，加指示剂1~2滴，用硫酸亚铁铵溶液滴定由绿—蓝—灰—褐红色。

5.2.11.5 实验数据及结果处理

硫酸亚铁铵溶液浓度（N）计算及COD计算如下所示：

$$N = 5 \times 0.05/C \tag{5-33}$$

$$\mathrm{COD} = (B - A)N \times 8000/V \tag{5-34}$$

式中 A——水样滴定用去的硫酸亚铁铵的量，mL；

B——空白滴定用去的硫酸亚铁铵的量，mL；

C——标定硫酸亚铁铵时用去的硫酸亚铁铵的量，mL；

V——所用水样的真实体积，mL。

5.2.11.6 思考题

（1）根据重铬酸钾法和库伦滴定法测定COD的原理，分析两种方法的联系、区别和影响测定准确度的因素。

（2）高锰酸盐指数和COD在应用上有何区别？两者在数量上有何关系？为什么？

5.2.12 水中五日生化需氧量（BOD_5）的测定

5.2.12.1 实验目的

（1）加深对生化需氧量的理解。

（2）掌握水样稀释接种的过程。

（3）掌握测定生化需氧量的原理和方法。

5.2.12.2 实验原理

生化需氧量是指在规定条件下，微生物分解存在水中的某些可氧化物质，特别是有机物所进行的生物化学过程中消耗溶解氧的量。此生物氧化全过程进行的时间很长，如在20℃培养时，完成此过程需100多天。目前国内外普遍规定于20℃±1℃培养5d，分别测定样品培养前后的溶解氧，两者之差即为BOD_5值，以氧含量（mg/L）表示。

5.2.12.3 实验仪器及药品

（1）恒温培养箱（20℃±1℃）。

（2）5~20L细口玻璃瓶。

（3）1000~2000mL量筒。

（4）玻璃搅棒：棒的长度应比所用量筒高度长200mm。在棒的底端固定一个直径比量筒底小并带有几个小孔的硬橡胶板。

（5）溶解氧瓶：在250~300mL之间，带有磨口玻璃塞并具有供水封用的钟形口。

（6）虹吸管：供分取水样和添加稀释水用。

（7）磷酸盐缓冲溶液：将8.5g磷酸二氢钾（KH_2PO_4）、21.75g磷酸氢二钾（K_2HPO_4）、33.4g七水合磷酸氢二钠（$Na_2HPO_4 \cdot 7H_2O$）和1.7g氯化铵（NH_4Cl）溶于蒸馏水中，稀释至1000mL。此溶液的pH值应为7.2。

（8）硫酸镁溶液：将22.5g七水合硫酸镁（$MgSO_4 \cdot 7H_2O$）溶于蒸馏水中，稀释至1000mL。

（9）氯化钙溶液：将27.5g无水氯化钙溶于蒸馏水，稀释至1000mL。

（10）氯化铁溶液：将0.25g六水合氯化铁（$FeCl_3 \cdot 6H_2O$）溶于蒸馏水，稀释至1000mL。

（11）盐酸溶液（0.5mol/L）：将40mL（$\rho = 1.18$g/mL）盐酸溶于蒸馏水，稀释至1000mL。

（12）氢氧化钠溶液（0.5mol/L）：将20g氢氧化钠溶于蒸馏水，稀释至1000mL。

（13）亚硫酸钠溶液（1/2 Na_2SO_4 = 0.025mol/L）：将1.575g亚硫酸钠溶于蒸馏水，稀释至1000mL。此溶液不稳定，需每天配制。

（14）葡萄糖-谷氨酸标准溶液：将葡萄糖（$C_6H_{12}O_6$）和谷氨酸（$HOOC—CH_2—CH_2—CHNH_2—COOH$）在103℃干燥1h后，各称取150mg溶于水中，移入1000mL容量瓶内并稀释至标线，混合均匀。此标准溶液临用前配制。

（15）稀释水：在5~20L玻璃瓶内装入一定量的水，控制水温在20℃左右。然后用无油空气压缩机或薄膜泵，将吸入的空气先后经活性炭吸附管及水洗涤管后，导入稀释水内曝气2~8h，使稀释水中的溶解氧接近于饱和。曝气亦可导入适量纯氧。瓶口盖以两层经洗涤晾干的纱布，置于20℃培养箱中放置数小时，使水中溶解氧含量达8mg/L左右。临用前每升水中加入氯化钙溶液、氯化铁溶液、硫酸镁溶液、磷酸缓冲溶液各1mL，并混合均匀。

稀释水的pH值应为7.2，其BOD_5应小于0.2mg/L。

（16）接种液：可选择以下任一方法，以获得适用的接种液。

1）城市污水，一般采用生活污水，在室温下放置一昼夜，取上清液供用。

2）表层土壤浸出液，取100g花园或植物生长土壤，加入1L水，混合并静置10min，取上清液供用。

3）用含城市污水的河水或湖水。

4）污水处理厂的出水。

5）当分析含有难以降解物质的废水时，在其排污口下游 3~8km 处取水样作为废水的驯化接种液。如无此种水源，可取中和或经适当稀释后的废水进行连续曝气，每天加入少量该种废水，同时加入适量表层土壤或生活污水，使能适应该种废水的微生物大量繁殖。当水中出现大量絮状物，或检查其化学需氧量的降低值出现突变时，表明使用的微生物已进行繁殖，可用作接种液。一般驯化过程需要 3~8d。

（17）接种稀释水：分取适量接种液，加入稀释水中，混匀。每升稀释水中接种液加入量为生活污水 1~10mL，或表层土壤浸出液 20~30mL，或河水、湖水 10~100mL。

接种稀释水的 pH 值应为 7.2，BOD_5 值以在 0.3~1.0mg/L 之间为宜。接种稀释水配制后应立即使用。

5.2.12.4　实验操作步骤

（1）水样的预处理：

1）水样的 pH 值若超过 7.5 范围时，可用盐酸或氢氧化钠稀溶液调节 pH 值接近于 7，但用量不要超过水样体积的 0.5%。若水样的酸度或碱度很高，可改用高浓度的碱液或酸液进行中和。

2）水样中含有铜、铅、锌、镉、铬、砷、氰等有毒物质时，可使用经驯化的微生物接种液的稀释水进行稀释，或提高稀释倍数以减少毒物的浓度。

3）含有少量游离氯的水样，一般放置 1~2h，游离氯即可消失。对于游离氯在短时间不能消散的水样，可加入亚硫酸钠溶液以去除。其加入量由下述方法决定。

取已中和好的水样 100mL，加入 1+1 乙酸 10mL，10%碘化钾溶液 1mL，混匀。以淀粉溶液为指示剂，用亚硫酸钠溶液滴定游离碘。由亚硫酸钠溶液消耗的体积，计算出水样中应加亚硫酸钠溶液的量。

4）从水温较低的水域或富营养化的湖泊中采集的水样，可遇到含有过饱和溶解氧的情况，此时应将水样迅速升温至 20℃左右，在保证未达到满瓶的情况下，充分振摇，并时时开塞放气，以赶出过饱和的溶解氧。

从水温较高的水域或废水排放口取得的水样，则应迅速使其冷却至 20℃左右，并充分振摇，使与空气中氧的分压接近平衡。

（2）不经稀释水样的测定：溶解氧含量较高、有机物含量较少的地面水，可不经稀释，而直接以虹吸法，将约 20℃的混匀水样转移入两个溶解氧瓶内，转移过程应注意不使其产生气泡。以同样的操作使两个溶解氧瓶充满水样后溢出少许，加塞。瓶内不应留有气泡。

其中一瓶随即测定溶解氧，另一瓶的瓶口进行水封后，放入培养箱中，在 20℃±1℃培养 5d。在培养过程中注意添加封口水。

从开始放入培养箱算起，经过 5 昼夜后，弃去封口水，测定剩余的溶解氧。

（3）需经稀释水样的测定：

1）稀释倍数的确定。根据实践经验，剔除下述计算方法，供稀释时参考。

地表水：由测得的高锰酸盐指数与一定的系数的乘积，即求得稀释倍数，见表 5-12。

表 5-12 由高锰酸盐指数与一定系数的乘积求得的稀释倍数表

高锰酸盐指数/$mg \cdot L^{-1}$	系 数
<5	—
5~10	0.2、0.3
10~20	0.4、0.6
>20	0.5、0.7、1.0

工业废水：有重铬酸钾法测得的 COD 值来确定。通常需做 3 种稀释比。

使用稀释水时，由 COD 值分别乘以系数 0.075、0.115、0.225，即获得 3 种稀释倍数。

使用接种稀释水时，则分别乘以 0.075、0.115 和 0.25 三个系数。

注：COD_{Cr}值可在测定 COD 过程中，加热回流至 60min 时，用由校核试验的苯二甲酸氢钾溶液按 COD 测定相同操作步骤制备的标准色列进行估测。

2）稀释操作。

一般稀释法：按照选定的稀释比例，用虹吸法沿筒壁先引入部分稀释水（或接种稀释水）于 1000mL 量筒中，加入需要量的均匀水样，再引入稀释水（或接种稀释水）至 800mL，用带胶版的玻璃棒小心上下搅匀。搅拌时勿使搅拌棒的胶板露出水面，防止产生气泡。按不经稀释水样的测定相同操作步骤，进行装瓶。测定当天溶解氧和培养 5d 后的溶解氧。另取两个溶解氧瓶，用虹吸法装满稀释水（或接种稀释水）作为空白试验。测定 5d 前后的溶解氧。

直接稀释法：直接稀释法是在溶解氧瓶内直接稀释。在已知两个容积相同（其差 <1mL）的溶解氧瓶内，用虹吸法加入部分稀释水（或接种稀释水），再加入根据瓶容积和稀释比例计算出的水样量，然后用稀释水（或接种稀释水）使其刚好充满，加塞，勿留气泡于瓶内。其余操作与上述一般稀释法相同。

BOD_5 测定中，一般采用叠氮化钠改良法测定溶解氧。如遇干扰物质，应根据其他情况采用其他测定。

5.2.12.5 实验数据及结果处理

（1）不经稀释直接培养的水样 ρ_{BOD_5}（mg/L）：

$$\rho_{BOD_5} = \rho_1 - \rho_2 \tag{5-35}$$

式中 ρ_1——在培养前的溶解氧质量浓度，mg/L；

ρ_2——水样经 5d 培养后，剩余溶解氧质量浓度，mg/L。

（2）经稀释后培养的水样 ρ_{BOD_5}（mg/L）：

$$\rho_{BOD_5} = \frac{(\rho_1 - \rho_2) - (B_1 - B_2)f_1}{f_2} \tag{5-36}$$

式中 B_1——稀释水（或接种稀释水）在培养前的溶解氧，mg/L；

B_2——稀释水（或接种稀释水）在培养后的溶解氧，mg/L；

f_1——稀释水（或接种稀释水）在培养液中所占比例；

f_2——水样在培养液中所占比例。

f_1、f_2 的计算：例如培养液的稀释比为3%，即3份水样，97份稀释水，则 $f_1=0.97$，$f_2=0.03$。

将稀释接种法测定的水样的生化需氧量数据填入表5-13。

表5-13 稀释接种法测定生化需氧量数据记录表

水样序号	水样中溶解氧浓度/mg·L^{-1}		稀释水中溶解氧浓度/mg·L^{-1}		培养液中所占比例	
	培养前	经5d培养后	培养前	经5d培养后	稀释水	水样
1						
2						
3						
4						
5						
6						

5.2.12.6 思考题

（1）为什么要测定水样中的生化需氧量？
（2）为什么某些水样在测定生化需氧量时需要接种稀释？
（3）水样中的氧气过多或过少应如何处理？

5.2.13 水中氨氮、亚硝酸盐氮和硝酸盐氮的测定

5.2.13.1 实验目的

（1）掌握三氮的测定原理和技术。
（2）明确三氮测定的环境意义。

5.2.13.2 实验原理

氮是蛋白质、核酸、某些维生素等有机物中的重要组分。纯净天然水体中的含氮物质是很少的，水体中含氮物质的主要来源是生活污水和某些工业废水。当含氮有机物进入水体后，由于微生物和氧的作用，可以逐步分解或氧化为无机氨（NH_3）、铵（NH_4^+）、亚硝酸盐（NO_2^-）和最终产物（NO_3^-）。

氨和铵中的氮称为氨氮。亚硝酸盐中的氮称为亚硝酸盐氮。硝酸盐中的氮称为硝酸盐氮。这三种形态氮的含量都可以作为水质指标，分别代表有机氮转化为无机氮的各个不同阶段。随着含氮物质的逐步氧化分解，水体中的微生物和其他有机污染物也被分解破坏，因而达到净化水体的作用。

三氮的测定方法如下。

（1）氨氮的测定——纳氏比色法。氨氮与纳氏试剂反应生成棕色沉淀，当含量很低时

呈浅黄色或棕色，因而可以比色测定。

（2）亚硝酸盐氮的测定——盐酸 α-萘胺比色法。在 pH 值为 2.0~2.5 时，水中亚硝酸盐与对氨基苯磺酸生成重氮盐，当与盐酸 α-萘胺发生偶联后生成红色燃料，其色度与亚硝酸盐含量成正比。

（3）硝酸盐氮的测定——紫外分光光度法。NO_3 在紫外区有强烈吸收，在 220nm 波长处的吸光度可定量测定硝酸盐氮，而其他氮化物在此波长不干扰测定。本法适用于测定自来水、井水、地下水和洁净地面水中的硝酸盐氮，浓度范围为 0.04~0.08mg/L。

5.2.13.3 实验仪器及药品

（1）紫外可见分光光度计。

（2）全玻璃磨口蒸馏装置。

（3）2%硼酸溶液。

（4）pH=7.4 磷酸盐缓冲液。

（5）浓 H_2SO_4。

（6）纳氏试剂。称取 KI 5g，溶于 5mL 无氨水中，分次少量加入 $HgCl_2$ 溶液（2.5g $HgCl_2$ 溶解于 10mL 热的无氨水中），不断搅拌至有少量沉淀为止，冷却后，加入 30mL KOH 溶液（含 15g KOH），用无氨水稀释至 100mL，再加入 0.5mL。$HgCl_2$ 溶液，静置 1d，将上层清液储于棕色瓶内，盖紧橡皮塞于低温处保存，有效期为 1 个月。

（7）50%酒石酸钾钠溶液。

（8）铵标准液。称取 NH_4Cl 3.8190g 溶于无氨水中，转入 1000mL。容量瓶内，用无氨水稀释至刻度，摇匀，吸取该溶液 10.00mL 于 1000mL 容量瓶内，用无氨水稀释至刻度，其浓度为 10μg/mL 氨氮。

（9）0.01mol/L $KMnO_4$ 溶液。

（10）$NaNO_2$ 标准储备液。称取 1.232g $NaNO_2$ 溶于水中，稀释至 1000mL 后，加入 1mL 氯仿保存。由于亚硝酸盐氮在潮湿环境中易氧化，所以储备液在测定时需标定。标定方法如下：在 250mL 具塞锥形瓶内依次加入 50.00mL 0.01mol/L $KMnO_4$ 溶液、5mL 浓 H_2SO_4 及 50.00mL $NaNO_2$ 储备液（加此溶液时应将吸管插入 $KMnO_4$ 溶液液面以下），混匀，在水浴上加热至 70~80℃后，加入 0.0250mol/L 草酸钠标准溶液，使溶液紫红色褪去并过量。再以 0.01mol/L $KMnO_4$ 溶液滴定过量的草酸钠，至溶液成微红色，记录 $KMnO_4$ 的量。再以 50mL 不含亚硝酸盐的水代替亚硝酸钠储备液，并按上述步骤操作，用草酸钠标准溶液滴定 0.01mol/L $KMnO_4$ 溶液，得：

$$\rho_N = \frac{5V(KMnO_4) \times c(KMnO_4) - 2DE}{F} \times 7000 \tag{5-37}$$

式中 ρ_N——$NaNO_2$ 储备液浓度（以 N 计），mg/L；

$V(KMnO_4)$——所用 $KMnO_4$ 溶液总量，mL；

$c(KMnO_4)$——$KMnO_4$ 浓度的物质的量浓度，mol/L；

D——所加草酸钠标准溶液总量，mL；

E——草酸钠标准溶液的物质的量浓度，mol/L；

F——滴定时 $NaNO_2$ 储备液用量，mL。

式中的 c 值，根据标定结果为：

$$c = 5EG/2H \tag{5-38}$$

式中 G——滴定时草酸钠标准溶液的用量，mL；

H——所加 $KMnO_4$ 溶液的总量，mL。

（11）$NaNO_2$ 标准溶液。临用时将标准储备液稀释为 1.0μg/mL 的使用液。

（12）0.0250mol/L 草酸钠标准溶液。

（13）$Al(OH)_3$ 悬浮液。溶解 125g 硫酸铝钾［$AlK(SO_4)_2 \cdot 12H_2O$，CP 级］于 1L 水中，加热到 60℃。在不断搅拌下慢慢加入 55mL 氨水，放置约 1h 后，用水反复洗涤沉淀至洗出液中不含氨氮化物、硝酸盐和亚硝酸盐。待澄清后，倾出上层清液，只留悬浮液，最后加入 100mL 水。使用前振荡均匀。

（14）对氨基苯磺酸溶液。称取 0.6g 对氨基苯磺酸于 80mL 热水中，冷却后加 20mL 浓 HCl，摇匀。

（15）醋酸钠溶液。称取 16.4g 醋酸钠溶液溶解于水中，稀释至 100mL。

（16）盐酸 α-萘胺溶液。称取 0.6g 盐酸 α-萘胺溶于含 1mL 浓 HCl 的水中，加水稀释至 100mL。如溶液混浊，则应过滤，溶液储于棕色瓶内并保存于冰箱中。

（17）KNO_3 标准溶液。称取 0.721g KNO_3（经 105~110℃烘 4h）溶于水中，稀释至 1L。其浓度为 100mg/L。

（18）1mol/L 盐酸。

5.2.13.4 实验操作步骤

（1）氨氮的测定。

1）制备无氨水。蒸馏法：每升水加入 0.1mL 浓 H_2SO_4 进行蒸馏，馏出水接收于玻璃容器中；离子交换法：蒸馏水通过弱酸性阳离子树脂柱。

2）水样蒸馏。先在蒸馏瓶中加 200mL 无氨水、10mL 磷酸盐缓冲液和数粒玻璃珠，加热至馏出物中不含氨，冷却，然后将蒸馏液倾出（留下玻璃珠）。取水样 200mL 置于蒸馏瓶中，加入 10mL 磷酸盐缓冲液，以一只盛有 50mL 吸收液的 250mL 锥形瓶收集馏出液，收集时应将冷凝管的导管末端浸入吸收液，其蒸馏速度为 6~8mL/min，至少收集 150mL 馏出液。蒸馏结束前 2~3min，应把锥形瓶放低，使吸收液面脱离冷凝管，并再蒸馏片刻以洗净冷凝管和导管，用无氨水稀释至 250mL 备用。

3）测定。

① 水样。如为清洁水样，可直接取 50mL 至于 50mL 比色管中。一般水样则用上述方法蒸馏，收集馏出液并稀释至 50mL。

② 制备标准系列。取浓度为 10mg/mL 氨氮的铵标准溶液 0mL、0.50mL、1.00mL、2.00mL、3.00mL、5.00mL 于比色管中，以无氨水稀释至刻度。

③ 测定。在水样及标准系列中分别加入 1mL 酒石酸钾钠，摇匀，再加 1mL 纳氏试剂，摇匀，放置 10min 后，在 $\lambda = 425$nm 处，用 1cm 比色皿，测定吸光度。

（2）亚硝酸盐氮的测定。

1）制备不含亚硝酸盐的水。在水中加入少许 $KMnO_4$ 晶体，再加 $Ca(OH)_2$ 或 $Ba(OH)_2$，使之呈碱性。重蒸馏后，弃去 50mL 初滤液，收集中间 70%的无亚硝酸馏分。

2）水样制备。水样如有颜色和悬浮物，可以每1000mL水样中加入2mL $Al(OH)_3$ 悬浮液搅拌，静置过滤，弃去25mL初滤液，取50.00mL滤液测定。如亚硝酸盐含量高，可适量少取水样，用无亚硝酸盐的水稀释至50mL。如水样清澈，则直接取50mL。

3）制备标准系列。取50mL比色管7支，分别加入亚硝酸盐氮1.0μg/mL的标准溶液0mL、0.50mL、1.00mL、2.00mL、3.00mL、5.00mL，用无氨水稀释至刻度。

4）显色测定。向上述各比色管中分别加1.0mL对氨基苯磺酸，混匀。2～8min后，各加1.0mL醋酸钠溶液及1.0mL盐酸α-萘胺溶液，摇匀。放置30min后，在 $\lambda=520$nm处，用1cm比色皿，测定吸光度。绘制标准曲线，查出水样中亚硝酸盐氮的含量。

（3）硝酸盐氮的测定。

1）水样。混浊水样应过滤。如水样有颜色，应在每100mL水样中加入4mL $Al(OH)_3$ 悬浮液，在锥形瓶中搅拌5min后过滤。取25mL经过滤或脱色的水样于50mL容量瓶中，加入1mL 1mol/L HCl溶液，用无氨水稀释至刻度。

2）制备标准系列。将浓度为100mg/L的 KNO_3 标准溶液稀释10倍，分别取1.00mL、2.00mL、4.00mL、10.00mL、20.00mL、40.00mL于50mL容量瓶内，各加入1mL 1mol/L HCl溶液，用无氨水稀释至刻度。

3）比色测定。在 $\lambda=220$nm处，用1cm比色皿分别测定标准系列和水样的吸收度。由标准系列可得到标准曲线，水样的吸收度可从标准曲线上查得对应的浓度，此值乘以稀释倍数即得水样中硝酸盐氮值。

若水样中存在有机物对测定有干扰作用，可同时在 $\lambda=275$nm处测定吸光度，并得到校正吸光度：$A_{校}=A_{220nm}-A_{275nm}$。

5.2.13.5 实验数据及结果处理

氨氮浓度（或亚硝酸盐氮、硝酸盐氮，以N计）。

$$\rho_N(mg/L)=测定的氨氮量(或亚硝酸盐氮、硝酸盐氮)/水样体积 \quad (5-39)$$

5.2.13.6 思考题

（1）简述三氮测定的环境意义。

（2）简述滴定法测定氨氮的适用范围和测定中的注意事项。

5.2.14 水中总磷的测定（钼酸铵分光光度法）

5.2.14.1 实验目的

掌握钼酸铵分光光度法测定总磷的原理和操作。

5.2.14.2 实验原理

在中性条件下用过硫酸钾（或硝酸-高氯酸）使试样消解，将所含磷全部氧化为正磷酸盐。在酸性介质中，正磷酸盐与钼酸铵反应，在锑盐存在下生成磷钼杂多酸后，立即被抗坏血酸还原，生成蓝色的配合物。

5.2.14.3 实验仪器及药品

（1）实验室常用仪器设备。

（2）医用手提式蒸汽消毒器或一般压力锅（0.11~0.14MPa）。

（3）50mL 具塞（磨口）刻度管。

（4）分光光度计。

（5）硫酸（H_2SO_4），密度为 1.85g/mL。

（6）硝酸（HNO_3），密度为 1.4g/mL。

（7）高氯酸（$HClO_4$），优级纯，密度为 1.68g/mL。

（8）（1+1）硫酸（H_2SO_4）。

（9）硫酸，$c(H_2SO_4/2)$ 约为 1mol/L：将 27mL 硫酸（5）加入到 973mL 水中。

（10）氢氧化钠（NaOH）溶液，1mol/L：将 40g 氢氧化钠溶于水并稀释至 1000mL。

（11）氢氧化钠（NaOH）溶液，6mol/L：将 240g 氢氧化钠溶于水并稀释至 1000mL。

（12）过硫酸钾溶液，50g/L：将 5g 过硫酸钾（$K_2S_2O_8$）溶解于水，并稀释至 100mL。

（13）抗坏血酸溶液，100g/L：溶解 10g 抗坏血酸（$C_6H_8O_6$）于水中，并稀释至 100mL。

（14）钼酸盐溶液：溶解 13g 钼酸铵于 100mL 水中。溶解 0.35g 酒石酸锑钾于 100mL 水中。在不断搅拌下把钼酸铵溶液徐徐加到 300mL 硫酸［试剂（8）］中，加酒石酸锑钾溶液并且混合均匀，将此溶液贮存于棕色试剂瓶中，在冷处可保存 2 个月。

（15）浊度-色度补偿液：混合 2 个体积硫酸［试剂（8）］和 1 个体积抗坏血酸溶液［试剂（13）］。使用当天配制。

（16）磷标准储备溶液：称取（0.2197±0.001）g 磷酸二氢钾（KH_2PO_4）于 110℃ 干燥 2h，在干燥器中冷却，用水溶解后转移至 1000mL 容量瓶中，加入大约 800mL 水、5mL 硫酸［试剂（8）］用水稀释至标线并混匀。1mL 此标准溶液含 50.0μg 磷。本溶液在玻璃瓶中可贮存至少 6 个月。

（17）磷标准使用溶液：将 10.0mL 的磷标准储备溶液［试剂（16）］转移至 250mL 容量瓶中，用水稀释至标线并混匀。1mL 此标准溶液含 2.0μg 磷。使用当天配制。

（18）酚酞溶液，10g/L：0.5g 酚酞溶于 50mL 95%乙醇中。

注：所有玻璃器皿均应用稀盐酸或稀硝酸浸泡。本标准所用试剂除另有说明外，均应使用符合国家标准或专业标准的分析试剂和蒸馏水或同等纯度的水。

5.2.14.4 实验操作步骤

（1）采样。采取 500mL 水样后加入 1mL 硫酸［试剂（5）］调节样品的 pH 值，使之低于或等于 1，或不加任何试剂于冷处保存。

注：含磷量较少的水样，不要用塑料瓶采样，因磷酸盐易吸附在塑料瓶壁上。

（2）试样的制备。取 25mL 采集的样品于具塞刻度管中。取时应仔细摇匀，以得到溶解部分和悬浮部分均具有代表性的试样。如样品中含磷浓度较高，试样体积可以减少。

（3）测定。

1）消解。

过硫酸钾消解：向试样中加 4mL 过硫酸钾［试剂（12）］，将具塞刻度管的盖塞紧后，用一小块布和线将玻璃塞扎紧（或用其他方法固定），放在大烧杯中置于高压蒸汽消毒器中加热。待压力达 0.1MPa，相应温度为 120℃时，保持 30min 后停止加热。待压力表读数降至零后，取出刻度管冷却，需先将试样调至中性。

硝酸-高氯酸消解：取 25mL 试样于锥形瓶中，加数粒玻璃珠，加 2mL 硝酸［试剂（6）］在电热板上加热浓缩至 10mL。冷却后加 5mL 硝酸［试剂（6）］，再加热浓缩至 10mL，冷却。加 3mL 高氯酸［试剂（7）］，加热至高氯酸冒白烟，此时可在锥形瓶上加小漏斗或调节电热板温度，使消解液在锥形瓶内壁保持回流状态，直至剩下 3~4mL，冷却。加水 10mL，加 1 滴酚酞指示剂［试剂（18）］。滴加氢氧化钠溶液［试剂（10）或（11）］至溶液刚成微红色，再滴加硫酸溶液［试剂（9）］使微红刚好褪去，充分混匀。移至具塞刻度管中，用水稀释至标线。

2）发色。分别向各份消解液中加入 1mL 抗坏血酸溶液［试剂（13）］混匀，30s 后加 2mL 钼酸盐溶液［试剂（14）］充分混匀。

（4）空白试样。按照步骤（3）的规定进行空白试验，用水代替试样，并加入与测定时相同体积的试剂。

（5）工作曲线的绘制。取 7 支具塞刻度管分别加入 0.00mL、0.50mL、1.00mL、3.00mL、5.00mL、10.0mL、15.0mL 磷标准使用溶液［试剂（17）］，加水至 25mL，然后按测定步骤（3）进行处理。以水做参比，测定吸光度。扣除空白试验的吸光度后，和对应的磷的含量绘制工作曲线。

（6）试样分光光度测量。将试样室温下放置 15min 后，使用光程为 30mm 的比色皿，在 700nm 波长下，以水做参比测吸光度。扣除空白试样吸光度后，从工作曲线上查得磷的含量。

5.2.14.5 实验数据及结果处理

总磷含量以 c(mg/L) 表示，按下式计算：

$$c = m/V \tag{5-40}$$

式中 m——试样测得含磷量，μg；

V——测定用试样体积，mL。

5.2.14.6 思考题

（1）简述总磷测定的环境意义。

（2）简述钼酸铵分光光度法测定总磷的适用范围和注意事项。

5.2.15 水中挥发酚类的测定

5.2.15.1 实验目的

（1）了解 4-氨基安替比林分光光度法测定挥发酚的原理和实验技术。

（2）掌握用蒸馏法预处理水样的方法。

5.2.15.2 实验原理

酚类化合物于 pH 值为 10.0±0.2 介质中，在铁氰化钾存在下，与 4-氨基安替比林反应，生成橙红色的吲哚酚安替比林染料，其水溶液在 510nm 波长处有最大吸收。用光程长为 20mm 的比色皿测量时，酚的最低检出浓度为 0.1mg/L。

5.2.15.3 实验仪器及药品

（1）全玻璃蒸馏器。

（2）分光光度计。

（3）具塞比色管。

（4）无酚水：于 1L 水中加入 0.2g 经 200℃活化 0.5h 的活性炭粉末，充分振摇后，放置过夜。用双层中速滤纸过滤，或加 NaOH 使水呈强碱性，并滴加 $KMnO_4$ 溶液至紫红色，移入蒸馏瓶中加热蒸馏，收集馏出液备用。

注：无酚水应储于玻璃瓶中，取用时应避免与橡胶制品（橡皮塞或乳胶管）接触。

（5）$CuSO_4$ 溶液：称取 50g 硫酸铜（$CuSO_4 \cdot 5H_2O$）溶于水，稀释至 500mL。

（6）H_3PO_4 溶液：量取 50mL 磷酸（ρ=1.69g/mL）用水稀释至 500mL。

（7）甲基橙指示液：称取 0.05g 甲基橙溶于 100mL 水中。

（8）苯酚标准储备液：称取 1.00g 无色苯酚溶于水，移入 100mL 容量瓶中，稀释至标线。置冰箱内保存，至少稳定 1 个月。

标定方法：吸取 10.00mL 酚储备液于 250mL 碘量瓶中，加水稀释至 100mL，加 10.0mL 0.1mol/L 溴酸钾-溴化钾溶液，立即加入 5mL 盐酸，盖好瓶塞，轻轻摇匀，于暗处放置 10min。加入 1g 碘化钾，密塞，再轻轻摇匀，放置暗处 5min。用 0.0125mol/L 硫代硫酸钠标准滴定溶液滴定至淡黄色，加入 1mL 淀粉溶液，继续滴定至蓝色刚好褪去，记录用量。

同时以水代替苯酚储备液做空白实验，记录硫代硫酸钠标准滴定溶液用量。

苯酚储备液浓度由下式计算：

$$\text{苯酚(mg/mL)} = \frac{(V_1 - V_2)c \times 15.68}{V} \tag{5-41}$$

式中 V_1——空白实验中硫代硫酸钠标准滴定溶液用量，mL；

V_2——滴定苯酚储备液时，硫代硫酸钠标准滴定溶液用量，mL；

V——取用苯酚储备液体积，mL；

c——硫代硫酸钠标准滴定溶液浓度，mol/L；

15.68——1/6 C_6H_5OH 摩尔质量，g/mol。

（9）苯酚标准中间液：取适量苯酚储备液，用水稀释至每毫升含 0.010mg 苯酚。使用当天配制。

（10）$KBrO_3$-KBr 标准参考溶液（$c(1/6\ KBrO_3)$=0.1mol/L）。

（11）KIO_3标准参考溶液（$c(1/6\ KIO_3)$=0.0125mol/L）。

（12）$Na_2S_2O_3$ 标准溶液（$c(Na_2S_2O_3 \cdot 5H_2O)$=0.0125mol/L）：称取 6.2g $Na_2S_2O_3$ 溶

于煮沸的冷的水中，加入 0.2g $Na_2S_2O_3$，稀释至 1000mL，临用前，用 KIO_3 溶液标定。

标定方法：量取 10.00mL 碘化钾溶液溶于 250mL 碘量瓶中，加水稀释至 1000mL，加 1g 碘化钾，再加 5mL（1+5）硫酸，加塞，轻轻摇匀。置暗处放置 5min，用硫代硫酸钠溶液滴定至淡黄色，加 1mL 淀粉溶液，继续滴定至蓝色刚好褪去为止，记录硫代硫酸钠溶液用量。按下式计算硫代硫酸钠溶液浓度（mol/L）：

$$c(Na_2S_2O_3 \cdot 5H_2O) = 0.0125V_4/V_3 \qquad (5-42)$$

式中 V_3——硫代硫酸钠溶液消耗量，mL；

V_4——移取碘酸钾标准参考溶液量，mL；

0.0125——碘酸钾标准参考溶液浓度，mol/L。

（13）淀粉溶液：称取 1g 可溶性淀粉，用少量水调成糊状，加沸水至 100mL，冷却后，置冰箱内保存。

（14）缓冲溶液（pH 值约为 10）：称取 20g 氯化铵（NH_4Cl）溶于 100mL 氨水中，加塞，置冰箱中保存。

注：应避免氨挥发所引起 pH 值的改变，注意在低温下保存和取用后立即加塞盖严，并根据使用情况适量配制。

（15）2%（质量浓度）4-氨基安替比林溶液。

（16）8%（质量浓度）铁氰化钾溶液。

5.2.15.4 实验操作步骤

（1）水样预处理：量取 250mL 水样至蒸馏瓶中，加数粒小玻璃珠以防暴沸，再加 2 滴甲基橙指示液，用磷酸溶液调节至 pH=4（溶液呈橙红色），加 5.0mL 硫酸铜溶液（如采样时已加过硫酸铜，则补加适量）。如加入硫酸铜溶液后产生较大量的黑色硫化铜沉淀，则应摇匀后放置片刻，待沉淀后，再滴加硫酸铜溶液，至不再产生沉淀为止。

连接冷凝器，加热蒸馏，至蒸馏出约 225mL 时，停止加热，放冷。向蒸馏瓶中加入 25mL 水，继续蒸馏至馏出液为 250mL 为止。蒸馏过程中，如发现甲基橙的红色褪去，应在蒸馏结束后，再加 1 滴甲基橙指示液。如发现蒸馏后残液不呈酸性，则应重新取样，增加磷酸加入量，进行蒸馏。

（2）标准曲线的绘制：于一组 8 支 50mL 比色管中，分别加入 0mL、0.50mL、1.00mL、3.00mL、5.00mL、7.00mL、10.00mL、12.50mL 酚标准中间液，加水至 50mL 标线。加 0.5mL 缓冲溶液，混匀，此时 pH 值为 10.0±0.2，加 4-氨基安替比林溶液 1.0mL，混匀。再加 1.0mL 铁氰化钾溶液。充分混匀后，放置 10min，立即于 510nm 波长，用光程为 20mm 比色皿，以水为参比，测量吸光度。经空白校正后，绘制吸光度对苯酚含量（mg）的标准曲线。

（3）水样的测定：分取适量的馏出液放入 50mL 比色管中，稀释至 50mL 标线。用与绘制标准曲线相同的步骤测定吸光度，最后减去空白实验所得吸光度。

（4）空白实验：以水代替水样，经蒸馏后，按水样测定步骤进行测定，以其结果作为水样测定的空白校正值。

5.2.15.5 实验数据及结果处理

按下式计算挥发酚含量（以苯酚计，mg/L）：

$$挥发酚 = m \times 1000/V \tag{5-43}$$

式中 m——由水样的校正吸光度，从标准曲线上查得的苯酚含量，mg；

V——移取馏出液体积，mL。

5.2.15.6 思考题

简述挥发酚测定的注意事项和适用范围。

5.2.16 水中六价铬的测定

5.2.16.1 实验目的

（1）了解分光光度计的工作原理及它的正确使用方法。

（2）熟练掌握分光光度计的测试操作。

5.2.16.2 实验原理

在酸性溶液中，Cr^{6+} 与二苯碳酰二肼反应，生成紫红色化合物，其最大吸收波长为540nm，吸光度与浓度的关系符合比尔定律。

5.2.16.3 实验仪器及药品

（1）分光光度计，比色皿（1cm、3cm）。

（2）50mL 具塞比色管、移液管、容量瓶等。

（3）丙酮。

（4）（1+1）硫酸。

（5）（1+1）磷酸。

（6）0.2%（质量浓度）氢氧化钠溶液。

（7）氢氧化锌共沉淀剂：称取硫酸锌（$ZnSO_4 \cdot 7H_2O$）8g，溶于 100mL 水中；称取氢氧化钠 2.4g，溶于 120mL 水中。将以上两溶液混合。

（8）4%（质量浓度）高锰酸钾溶液。

（9）铬标准储备液：称取于 120℃ 干燥 2h 的重铬酸钾（优级纯）0.2829g，用水溶解，移入 1000mL 容量瓶中，用水稀释至标线，摇匀。每毫升储备液含 0.100μg 六价铬。

（10）铬标准使用液：吸取 5.00mL 铬标准储备液于 500mL 容量瓶中，用水稀释至标线，摇匀。每毫升使用液含 1.00μg 六价铬。使用当天配制。

（11）20%（质量浓度）尿素溶液。

（12）2%（质量浓度）亚硝酸钠溶液。

（13）二苯碳酰二肼溶液：称取二苯碳酰二肼（简称 DPC，$C_{13}H_{14}N_4O$）0.2g，溶于 50mL 丙酮中，加水稀释至 100mL，摇匀，贮于棕色瓶内，置冰箱中保存。颜色变深后不能再用。

5.2.16.4 实验操作步骤

(1) 水样预处理。

1) 对不含悬浮物、低色度的清洁地面水，可直接进行测定。

2) 如果水样有色但不深，可进行色度校正。即另取一份试样，加入除显色剂以外的各种试剂，以 2mL 丙酮代替显色剂，用此溶液为测定试样溶液吸光度的参比溶液。

3) 对混浊、色度较深的水样，应加入氢氧化锌共沉淀剂并进行过滤处理。

4) 水样中存在次氯酸盐等氧化性物质时，干扰测定，可加入尿素和亚硝酸钠消除。

5) 水样中存在低价铁、亚硫酸盐、硫化物等还原性物质时，可将 Cr^{6+} 还原为 Cr^{3+}，此时，调节水样 pH 值至 8，加入显色剂溶液，放置 5min 后再酸化显色，并以同样的方法做标准曲线。

(2) 标准曲线的绘制：取 9 支 50mL 比色管，依次加入 0mL、0.20mL、0.50mL、1.00mL、2.00mL、4.00mL、6.00mL、8.00mL 和 10.00mL 铬标准使用液，用水稀释至标线，加入 1+1 硫酸 0.5mL 和 1+1 磷酸 0.5mL，摇匀。加入 2mL 显色剂溶液，摇匀。5~10min 后，于 540nm 波长处，用 1cm 或 3cm 比色皿，以水为参比，测定吸光度并做空白校正。以吸光度为纵坐标，相应六价铬含量为横坐标绘出标准曲线。

(3) 水样的测定：取适量（含 Cr^{6+} 少于 50μg）无色透明或经预处理的水样于 50mL 比色管中，用水稀释至标线，测定方法同标准溶液。进行空白校正后根据所测吸光度从标准曲线上查得 Cr^{6+} 含量。

5.2.16.5 实验数据及结果处理

按下式计算 Cr^{6+} 含量（mg/L）：

$$c(Cr^{6+}) = m/V \tag{5-44}$$

式中 m——从标准曲线上查得的 Cr^{6+} 量，μg；

V——水样的体积，mL。

5.2.16.6 思考题

(1) 水中铬的分析方法有哪些？

(2) 影响测定结果准确度的因素有哪些？如何减少干扰？

5.2.17 水中氟化物的测定

5.2.17.1 实验目的

(1) 掌握用氟离子选择电极法测定水中氟化物的原理和基本操作。

(2) 掌握离子活度计或精密 pH 计及氟离子选择电极的使用方法。

(3) 了解干扰测定的因素和消除方法。

5.2.17.2　实验原理

氟化物（F^-）是人体必需的微量元素之一，缺氟易患龋齿病，饮用水中含氟的适宜质量浓度为0.5~1.0mg/L（F^-）。长期饮用含氟量高于1~1.5mg/L的水时易患斑齿病，水中含氟量高于4mg/L时，则导致氟骨症。因此，水中氟化物的含量是衡量水质的重要指标之一。本实验采用氟离子选择电极法测定游离态氟离子的质量浓度。

将氟离子选择电极和外参比电极（如甘汞电极）置于欲测含氟溶液，构成原电池。该原电池的电动势与氟离子活度的对数呈线性关系，故通过测量电极与已知F^-浓度溶液组成的原电池电动势和电极与待测F^-浓度溶液组成原电池的电动势，即可计算出待测水样中F^-浓度。常用定量方法是标准曲线法和标准加入法。

对于污染严重的生活污水和工业废水，以及含氟硼酸盐的水样均要进行预蒸馏。

5.2.17.3　实验仪器及药品

（1）盐酸（HCl）：2mol/L。

（2）硫酸（H_2SO_4）：ρ=1.84g/mL。

（3）总离子强度调节缓冲溶液（TISAB）。

0.2mol/L柠檬酸钠-1mol/L硝酸钠（TISABⅠ）：取58.8g二水柠檬酸钠和8.5g硝酸钠，加水溶解，用盐酸调节pH值至5~6，转入1000mL容量瓶中，稀释至标线，摇匀。

总离子强度调节缓冲溶液（TISABⅡ）：量取约500mL水于1L烧杯内，加入57mL冰乙酸、68g氯化钠和4.0g环己二胺四乙酸，或者1，2-环己二胺四乙酸，搅拌溶解。置烧杯于冷水浴中，慢慢地在不断搅拌下加入6mol/L NaOH（约125mL）使pH值达到5.0~5.5，转入1000mL容量瓶中，稀释至标线，摇匀。

1mol/L六次甲基四胺-1mol/L硝酸钾-0.03mol/L钛铁试剂（TISABⅢ），称取142g六次甲基四胺（$(CH_2)_6N_4$）和85g硝酸钾（KNO_3）、9.97g钛铁试剂（$C_6H_4Na_2O_8S_2 \cdot H_2O$），加水溶解，调节pH值至5~6，转移到1000mL容量瓶中，稀释至标线，摇匀。

（4）氟化物标准储备液：称取0.2210g基准氟化钠（NaF）预先于105~110℃干燥2h，或者于500~600℃干燥约40min，干燥器内冷却，转入1000mL容量瓶中，稀释至标线，摇匀。贮存在聚乙烯瓶中，此溶液每毫升含氟100μg。

（5）氟化物标准溶液：用无分度吸管吸取氟化钠标准储备液（4）10.00mL，注入100mL容量瓶中，稀释至标线，摇匀。此溶液每毫升含氟（F^-）10.0μg。

（6）乙酸钠（CH_3COONa）：称取15g乙酸钠溶于水，并稀释至100mL。

（7）高氯酸（$HClO_4$）：70%~72%。

（8）氟离子选择电极。

（9）饱和甘汞电极或氯化银电极。

（10）离子活度计、毫伏计或pH计：精确到0.1mV。

（11）磁力搅拌器：具备覆盖聚乙烯或者聚四氟乙烯等的搅拌棒。

（12）聚乙烯杯：100mL、150mL。

（13）氟化物的水蒸气蒸馏装置。

5.2.17.4　实验操作步骤

（1）采样与样品。

试样：实验室样品应该用聚乙烯瓶采集和贮存。如果水样中氟化物含量不高，pH 值在 7 以上也可以用硬质玻璃瓶存放。采样时应先用水样冲洗取样瓶 3~4 次。

试份：试样如果成分不太复杂，可直接取出试份。如果含有氟硼酸盐或者污染严重，则应该先进行蒸馏。在沸点较高的溶液中，氟化物可形成易挥发的氢氟酸和氟硅酸，与干扰组分按下列步骤分离：准确取适量（例如 25.00mL）水样，置于蒸馏瓶中，并在不断摇动下缓慢加入 15mL 高氯酸，连接好蒸馏装置，加热，待蒸馏瓶内溶液温度约 130℃时，开始通入蒸汽，并维持温度在 140℃附近（误差不超过 5℃），控制蒸馏速度为 5~6mL/min，待接收瓶馏出液体积约为 150mL 时，停止蒸馏，并用水稀释至 200mL，供测定用。

（2）测定。用无分度吸管，吸取适量试份，置于 50mL 容量瓶中，用乙酸钠或者盐酸调节至近中性，加入 10mL 总离子强度调节缓冲溶液（1）和（2），用水稀释至标线，摇匀，将其注入 100mL 聚乙烯杯中，放入一只塑料搅拌棒，插入电极，连续搅拌溶液，待电位稳定后，在继续搅拌时读取电位值 E。在每一次测量之前，都要用水充分冲洗电极，并用滤纸吸干。根据测得的电位，由校准曲线上查找氟化物的含量。

（3）空白试验。用水代替试份，按（2）的条件和步骤进行空白试验。

（4）校准曲线法。用无分度吸管分别吸取 1.00mL、3.00mL、5.00mL、10.00mL、20.0mL 氟化物标准溶液，置于 50mL 容量瓶中，加入 10mL 总离子强度调节缓冲溶液（1）和（2），用水稀释至标线，摇匀，分别注入 100mL 聚乙烯杯中，各放入 1 只塑料搅拌棒，以浓度由低到高为顺序，分别依次插入电极，连续搅拌溶液，待电位稳定后，在继续搅拌时读取电位值 E。在每一次测量之前，都要用水冲洗电极，并用滤纸吸干。在半对数坐标值上绘制 E-$\lg\rho_{F^-}$ 校准曲线，浓度标示在对数分格上，最低浓度标示在横坐标的起点线上。

5.2.17.5　实验数据及结果处理

（1）绘制 E-$\lg\rho_{F^-}$ 标准曲线。

（2）根据测得的电位，由标准曲线上查得溶液氟化物的质量浓度，再根据水样的稀释倍数计算其氟化物含量。计算公式如下：

$$\rho_{F^-} = \rho_{测} \times 50/V \tag{5-45}$$

式中 ρ_{F^-}——水样中氟离子的质量浓度，mg/L；

$\rho_{测}$——标准曲线查得的氟离子的质量浓度，mg/L；

V——水样体积，mL；

50——水样定容后的体积，mL。

5.2.17.6　思考题

（1）分析影响测定准确度的因素和加入总离子强度缓冲剂的作用。

（2）根据测定结果，分析所测样品受氟污染的程度。

5.2.18 水中铜元素的测定（原子吸收光谱法）

5.2.18.1 实验目的

（1）进一步理解原子吸收光谱法的基本原理。

（2）了解原子吸收光谱仪的结构、性能及操作方法。

（3）了解分析条件的选择。

5.2.18.2 实验原理

铜是原子吸收光谱分析中经常和最容易测定的元素之一，在稍贫燃性的空气-乙炔火焰中进行测定时的干扰很少，测定时以铜标准系列溶液的浓度为横坐标，以对应的吸光度为纵坐标绘制一条过原点的工作曲线，根据在相同条件下测得的试样溶液的吸光度即可求出试液中铜的浓度，进而计算出原样中铜的含量。

5.2.18.3 实验仪器及药品

（1）WFX-110 原子吸收光度计。仪器工作条件：灯电流 3mA，波长 324.7nm，狭缝宽 0.1mm，燃烧器高度 7~9mm，阻尼 2 档，空气流量 400L/h，乙炔流量 100L/h。

（2）1000μg/mL 铜标准储备液：准确称取 1.000g 金属铜溶于硝酸（1∶1）中，再以蒸馏水稀释至 1000mL。

5.2.18.4 实验操作步骤

（1）铜标准使用液系列配制。吸取 1000μg/mL 铜标准储备液 1.00mL 于 100mL 容量瓶中，稀释至刻度，得到 10μg/mL 的铜标准使用液。分别吸取 10μg/mL 的铜标准使用液 1.00mL、3.00mL、5.00mL、7.00mL、10.00mL，置于 4 支 50mL 容量瓶中，以蒸馏水稀释至刻度。

（2）准确吸取水样 5.00mL 置于 50mL 容量瓶中，并用蒸馏水稀释至刻度。

（3）以蒸馏水为空白，测量标准系列和水样的原子吸收吸光度值。

5.2.18.5 实验数据及结果处理

（1）在直角坐标纸上做吸光度-浓度标准曲线。

（2）由吸光度-浓度标准曲线上查出水样测量体系中铜的含量 c_x（μg/mL）。

（3）按式（5-46）求出原水样铜的含量（μg/mL）：

$$c_0 = 10c_x \tag{5-46}$$

5.2.18.6 思考题

（1）测定水中铜的方法主要有哪些？

（2）原子吸收光谱法有哪些特点？

5.2.19 水中氯离子的测定（离子色谱法）

5.2.19.1 实验目的

（1）了解水中氯化物的性质及常用分析方法。

（2）掌握离子色谱法分离和测定水中氯离子的原理和方法。

（3）学习和掌握离子色谱仪的操作原理和方法。

5.2.19.2 实验原理

氯离子（Cl^-）是水和废水中一种常见的无机阴离子。几乎所有的天然水中都有氯离子存在，它的含量范围变化很大。在河流、湖泊、沼泽地区，氯离子含量一般较低，而在海水、盐湖及某些地下水中，含量可高达每升数十克。在人类的生存活动中，氯化物有很重要的生理作用及工业用途。正因为如此，在生活污水和工业废水中，均含有相当数量的氯离子。

若氯离子含量达到250mg/L，相应的阳离子为钠时，会感觉出咸味。水中氯化物含量较高时，会损害金属管道和构筑物，并妨碍植物的生长。

水中氯离子的测定方法通常有4种：硝酸银滴定法、硝酸汞滴定法、电位滴定法、离子色谱法。硝酸银滴定法和硝酸汞滴定法所需仪器设备简单，在许多方面类似，可以任意选用，适用于较清洁水。硝酸汞滴定法的终点比较易于判断。电位滴定法适用于带色或混浊水样。离子色谱法能同时、快速、灵敏地测定包括氯化物在内的多种阴离子。

利用离子交换的原理，离子色谱可以连续对多种离子进行分离和定性定量测定。离子色谱装置主要包括离子交换分离柱、保护柱、淋洗液电导抑制器、电导检测器和计算系统。水样随淋洗液流经系列的离子交换树脂，基于待测阳（阴）离子树脂的相对亲和力不同而彼此分开。仪器一般包括阳离子测定系统和阴离子测定系统。阳离子测定系统中，分离柱中为低容量的阳离子交换树脂，一般采用盐酸为淋洗液，通过抑制器后，转变为低电导的H_2O，被测离子以YOH的形式进入电导池检测。阴离子测定系统中，分离柱中为低容量的阴离子交换树脂，一般用适当比例的Na_2CO_3-$NaHCO_3$水溶液作为淋洗液，通过抑制器后转变为低电导的H_2CO_3，被测阴离子以HX的形式进入电导池检测。

水中的氯离子可以采用阴离子测定系统进行分离测定。

5.2.19.3 实验仪器及药品

（1）DIONEX离子色谱仪（配阴离子色谱柱、阳离子色谱柱等）。

（2）纯水仪。

（3）电子天平（精度0.0001g）。

（4）NaCl（优级纯）。

（5）碳酸钠（优级纯）。

（6）碳酸氢钠（优级纯）。

5.2.19.4 实验操作步骤

（1）配制淋洗液。

阴离子淋洗储备液：分别称取25.44g碳酸钠和26.04g碳酸氢钠（均已在105℃烘干2h，于干燥器中放冷），溶解于水中，移入1000mL容量瓶中，用水稀释到标线，摇匀，储存于聚乙烯瓶中，在冰箱中保存，其中碳酸钠浓度为0.24mol/L，碳酸氢钠浓度为0.31mol/L。

阴离子淋洗使用液：使用时移取20.00mL阴离子淋洗储备液，用水稀释，配置成2000mL溶液，其中碳酸钠浓度为0.0024mol/L，碳酸氢钠浓度为0.0031mol/L。

（2）配制标准储备液。准确称取1.6484g氯化钠（105℃烘干2h，于干燥器中放冷）溶于水，移入1000mL容量瓶中，加入10.00mL阴离子淋洗储备液，用水稀释到标线，摇匀，储存于聚乙烯瓶中，在冰箱中保存，此溶液每毫升含1.00mg氯离子。

（3）配制标准系列溶液。分别吸取氯离子标准储备液0mL、1.00mL、2.50mL、5.00mL、7.50mL、10.00mL，移入50mL容量瓶中，加入0.5mL阴离子淋洗储备液，用水稀释到标线，摇匀。

（4）绘制校准曲线。采用阴离子测定系统测定氯离子混合标准系列溶液。建立离子色谱分析条件，以峰面积进行定量，由计算机自动绘制校准曲线。

（5）样品预处理。用自来水润洗聚乙烯瓶后，承接约50mL自来水样，加入0.5mL水样，经0.45μm微孔滤膜过滤后进样测定。测定前，将水样和淋洗储备液以99：1的体积比混合，以除去负峰干扰。

（6）样品测定。注入自来水样，记录谱图的出峰时间和峰面积。比较标样和自来水样的出峰时间，根据标样计算自来水样的氯离子浓度。

5.2.19.5 实验数据及结果处理

根据标准曲线计算氯离子浓度，分析测定结果，评价自来水水质状况。

5.2.19.6 思考题

（1）水中氯化物常用的测定方法有哪些？

（2）影响离子色谱分析结果的主要因素有哪些？为什么？

5.2.20 水中镁离子的测定（荧光分析法）

5.2.20.1 实验目的

了解荧光分析法的基本原理，掌握荧光分析法的实验技术。

5.2.20.2 实验原理

物质分子具有共轭体系，尤其是刚性平面共轭体系时，在激发光作用下，能发出其波长较激发光更长的光，即荧光。利用荧光对物质进行定性及定量分析的方法称为荧光分析法，所用仪器有荧光计和荧光分光光度计。

Mg^{2+}与8-羟基喹啉在pH值为6.5的醋酸盐缓冲溶液中生成强荧光性配合物，此时8-羟基喹啉本身的荧光强度很低，水中的其他物质不干扰测定。

5.2.20.3 实验仪器及药品

（1）荧光分光光度计。

（2）比色皿。

（3）刻度移液管。

（4）8-羟基喹啉-乙醇溶液：称取0.5000g 8-羟基喹啉，溶于175mL乙醇中，加入25mL pH值为6.5的醋酸盐缓冲溶液（1.0mol/L），摇匀。

（5）镁标准溶液：称取20.3mg分析纯$MgSO_4 \cdot H_2O$，用去离子水溶解，并定容于100mL容量瓶中，该溶液含Mg^{2+} 20μg/mL。

（6）未知水样（纯净水水样、自来水水样、矿泉水水样）。

5.2.20.4 实验操作步骤

（1）于3个比色皿中按下面方式配制溶液：

1）0.10mL去离子水+3.90mL 8-羟基喹啉-乙醇溶液，摇匀。

2）0.10mL Mg^{2+}标准溶液+3.90mL 8-羟基喹啉-乙醇溶液，摇匀。

3）0.10mL未知水样+3.90mL 8-羟基喹啉-乙醇溶液，摇匀。

（2）绘制激发光谱和发射光谱。用步骤（1）中溶液2）绘制激发光谱和发射光谱。先固定发射波长为510nm，在350~450nm范围内扫描激发光谱，确定λ_{ex}（最大激发波长）。再固定激发波长λ_{ex}，在450~600nm范围内扫描发射光谱，确定λ_{em}（最大发射波长）。

（3）在确定的λ_{ex}和λ_{em}及其他仪器条件下分别测定（1）中1）~3）溶液的荧光强度IF_a、IF_b、IF_c。

5.2.20.5 实验数据及结果处理

按下式计算未知水样中Mg含量（μg/mL）：

$$c_{mg} = 20 \times (IF_c - IF_a)/(IF_b - IF_a) \tag{5-47}$$

5.2.20.6 思考题

（1）测定水中的镁，除荧光法外，还有其他什么方法？

（2）荧光法的测定原理和常用的可见光分光光度法有什么区别？

5.2.21 水中氰化物的测定（比色法）

5.2.21.1 实验目的

（1）了解水中氰化物的性质及常用分析方法。

（2）掌握比色法测定水中氰化物的原理和方法。

5.2.21.2 实验原理

水样经蒸馏后，氰化物被吸收在碱溶液中，在弱酸性条件下，用氯胺T与氰化物转化为氯化氰，再与异烟酸-吡唑啉酮试剂作用，生成蓝色染料，采用比色法测定其浓度。本方法适用于测定清洁水及污染水中游离和部分配合氰的含量，S^{2-}引起的负干扰及硫氰酸根引起的干扰在水样经蒸馏后可以避免，最低检测量为0.1μg。

5.2.21.3 实验仪器及药品

（1）全玻璃蒸馏器。

（2）具塞比色管。

（3）722型分光光度计。

（4）0.02%试银灵指示剂。

（5）0.1%NaOH溶液。

（6）1%NaOH溶液。

（7）2%NaOH溶液。

（8）0.05%甲基橙指示剂。

（9）15%酒石酸溶液。

（10）10% $Zn(NO_3)_2$ 溶液。

（11）1%氯胺T溶液。

（12）异烟酸-吡唑啉酮溶液。

异烟酸用液配制：称取1.5g异烟酸，溶于24mL 2%NaOH溶液中，加热至完全溶解，冷却后用水稀释至100mL。

吡唑啉酮溶液配制：称取0.25g吡唑啉酮（3-甲基-1-苯基-5-吡唑啉酮）溶于20mL N-二甲基甲酰胺中。临用前，将异烟酸溶液与吡唑啉酮溶液按5∶1混合。

（13）pH=7磷酸盐缓冲溶液。

（14）0.0100mol/L $AgNO_3$ 标准溶液。

（15）KCN标准溶液：称取0.25g KCN，用0.1%NaOH溶液溶解，并用0.1%NaOH溶液稀释至100mL，摇匀，避光储于棕色瓶中。吸取10.0mL KCN溶液于锥形瓶中，加入50mL水和1mL 2%NaOH溶液，再加0.2mL银灵指示剂，用0.0100mol/L $AgNO_3$ 标准溶液滴定至由黄色刚变为橙色为止，记录消耗 $AgNO_3$ 溶液的用量。同时取10mL实验用水代替KCN储备液做空白试验，记录 $AgNO_3$ 溶液的用量，KCN浓度（mg/mL）计算如下。

$$\rho_{KCN}=\frac{c(V_0-V_1)\times 52.04}{10.00} \tag{5-48}$$

式中 c——$AgNO_3$ 标准溶液的浓度，mol/L；

V_1——滴定 KCN 标液时消耗 $AgNO_3$ 标液的体积，mL；

V_0——滴定空白时消耗 $AgNO_3$ 标液的体积，mL；

52.04——转换系数；

10.00——KCN 储备液体积，mL。

5.2.21.4 实验操作步骤

（1）样品蒸馏。

1）取 200mL 水样于 500mL 全玻璃蒸馏器中，加入数粒玻璃珠，检查蒸馏装置，各连接部分勿使漏气；于蒸馏瓶中加入 7~8 滴甲基橙及 10mL $Zn(OH)_2$ 溶液，然后迅速加入 5mL 15%酒石酸溶液（pH≈4），立即盖好瓶塞，使溶液保持红色，以每分钟 2~3mL 的流出速度加热蒸馏。取 100mL 容量瓶，加入 10mL 1%NaOH 吸收液，用以承接馏出液。当吸收瓶内馏出液接近 100mL 时，停止蒸馏，用水稀释至标线，混合均匀，得到样品蒸馏液。

2）用实验用水取代水样，按步骤（1）做空白试验，得到空白蒸馏液。

（2）标准曲线的绘制。

1）取 8 支 25mL 具塞比色管，分别加入 KCN 标准使用液 0mL、0.10mL、0.25mL、0.50mL、1.00mL、1.50mL、2.00mL、2.50mL，加 0.025mol/L NaOH 溶液到 10mL。

2）向各管中加入 5mL 磷酸盐缓冲液，摇匀，迅速加入 0.2mL 氯胺 T 溶液，立即盖紧塞子，混匀，放置 3~5min。

3）向各管中加入 5mL 异烟酸-吡唑啉酮溶液，摇匀，加水稀释至标线，在 25~35℃水浴中加热 40min。

4）用分光光度计以试剂空白做参比，用 1cm 比色皿于 638nm 波长处，测定标准溶液和样品的吸光度。

（3）样品检测。分别取 10.0mL 的样品蒸馏液和 10.0mL 空白蒸馏液，然后按绘制标准曲线步骤（2）中 2)~4）进行操作，测定吸光度。

5.2.21.5 实验数据及结果处理

（1）标准曲线的绘制。以标准系列溶液测得的吸光度为纵坐标，以相应的溶液浓度为横坐标做图即得到标准曲线。

（2）水中氰化物浓度计算。从标准曲线上查出相应的氰化物含量，按下式计算水中氰化物浓度（mg/mL）：

$$\rho_{CN^-}=\frac{m_a-m_b}{V}\times\frac{V_2}{V_1} \tag{5-49}$$

式中 m_a——从标准曲线上查出水样蒸馏液的氰化物含量，μg；

m_b——从标准曲线上查出空白蒸馏液的氰化物含量，μg；

V——原始样品的体积，mL；

V_1——水样蒸馏液体积，mL；

V_2——比色时所取的水样蒸馏液体积，mL。

5.2.21.6 思考题

（1）水中氰化物常用的测定方法有哪些？

（2）实验中应注意些什么？

5.2.22 水中高锰酸盐指数的测定

5.2.22.1 实验目的

（1）了解高锰酸盐指数的含义。

（2）掌握氧化-还原滴定法测定水中高锰酸盐指数的原理及方法。

5.2.22.2 实验原理

在水中加入一定量的高锰酸钾，煮沸 10min，使水中有机物氧化（红色），加入草酸，使过量的高锰酸钾与草酸作用（无色），最后用高锰酸钾反滴定多余的草酸（红色出现时为终点，自身指示剂），根据用去的高锰酸钾量计算出耗氧量（以 mg/L 计）。

5.2.22.3 实验仪器及药品

（1）水浴和相当的加热装置。

（2）酸式滴定管。

（3）250mL 锥形瓶。

（4）不含还原性物质的水：将 1000mL 去离子水置于全玻璃蒸馏器中，加入 10mL H_2SO_4 和 $KMnO_4$（1/5 $KMnO_4$≈0.1mol/L）蒸馏。弃去 100mL 初馏液。余下馏出液贮于具塞的细口瓶中，以下试剂均由此蒸馏水配制。

（5）（1+3）H_2SO_4 溶液。

（6）草酸钠标准储备液（1/2 $Na_2C_2O_4$ = 0.100mol/L）：称取 0.6705g（经 120℃烘干 2h 后放于干燥器）$Na_2C_2O_4$ 溶于去离子水中，转于 100mL 容量瓶中，用水稀释至标线，混匀。置 4℃保存。

（7）草酸钠标准液（1/2 $Na_2C_2O_4$ = 0.0100mol/L）：吸取 10.00mL 上述草酸钠储备液于 100mL 容量瓶中，加水稀释至标线，混匀。

（8）高锰酸钾标准储备液（1/5 $KMnO_4$≈0.1mol/L）：称取 3.2g $KMnO_4$ 溶于水并稀释至 1000mL，于 90~95℃水浴加热 2h，冷却，存放 2d，倾出清液，贮于棕色瓶中。

（9）高锰酸钾标准液（1/5 $KMnO_4$≈0.01mol/L）：吸取上述 $KMnO_4$ 储备液 100mL 于 1000mL 容量瓶中，加水稀释至标线，混匀。此溶液在暗处可保存几个月，使用当天标定其浓度。

5.2.22.4 实验操作步骤

（1）吸取 100.0mL 经充分摇匀的水样（或取适量水样，稀释至 100mL），置于 250mL 锥形瓶中，加入 5mL（1+3）H_2SO_4 溶液，用滴定管加入 10.00mL $KMnO_4$ 标准液（0.01mol/L），摇匀。将锥形瓶置于沸水浴中加热 30min（水浴沸腾开始计时）。

（2）将上述溶液从沸水中取出后用滴定管加入 10.00mL 0.010mol/L $Na_2C_2O_4$ 标准液至溶液变为无色。趁热用 0.01mol/L $KMnO_4$ 标准液滴定到刚出现粉红色，并保持 30s 不褪色。记录消耗的 $KMnO_4$ 溶液的体积 V_1。

（3）空白试验用 100.0mL 水代替水样，按上述步骤测定，记录滴定消耗的 $KMnO_4$ 溶液的体积 V_0。

（4）向上述空白试验滴定后的溶液中加入 10.00mL 0.010mol/L $Na_2C_2O_4$ 标准液，将溶液加热至 80℃，用 0.01mol/L $KMnO_4$ 继续滴定至刚出现粉红色，并保持 30s 不褪色。记录消耗的 $KMnO_4$ 溶液的体积 V_2。

5.2.22.5 实验数据及结果处理

高锰酸钾指数计算如下：

$$\text{高锰酸钾指数} = \left[(10 + V_1)\frac{10}{V_2} - 10\right] \times c \times 8 \times 1000/V_3 \tag{5-50}$$

式中 V_1——滴定水样时消耗高锰酸钾标准溶液的体积，mL；

V_2——标定高锰酸钾标准溶液时所消耗的高锰酸钾标准溶液的体积，mL；

V_3——所取水样的体积，mL；

c——草酸标准溶液的浓度，0.01mol/L。

如样品经稀释后测定，按下式计算：

$$\text{高锰酸钾指数} = \frac{\left\{\left[(10 + V_1)\frac{10}{V_2} - 10\right] - \left[(10 + V_0)\frac{10}{V_2} - 10\right] \times f\right\} \times c \times 8 \times 1000}{V_3} \tag{5-51}$$

式中 V_0——空白试验时，消耗的高锰酸钾标准溶液的体积，mL；

V_3——所取水样的体积，mL；

f——稀释水样时，去离子水在 100mL 测定用体积内所占比例（例如，取 10mL 水样用去离子水稀释至 100mL，f=0.90）。

5.2.22.6 思考题

（1）高锰酸盐指数测得的有机物含量大大低于 COD，为什么现在（尤其在一些发达国家）仍然采用该指标？

（2）测定加热过程中，如溶液红色褪去说明什么？该怎么办？

5.2.23 水中总有机碳（TOC）的测定（非色散红外吸收法）

5.2.23.1 实验目的

掌握非色散红外吸收法测定水中总有机碳的原理及方法。

5.2.23.2 实验原理

水中总有机碳（TOC），是以碳的含量表示水体中有机物质总量的综合指标。由于TOC的测定采用燃烧法，能将有机物全部氧化，它比BOD或COD更能直接表示有机物的总量，因此，TOC经常被用来评价水体中有机物污染的程度。

近年来，国内外已研制成各种类型的TOC分析仪。按工作原理不同，可分为燃烧氧化-非色散红外吸收法、电导法、气相色谱法、湿法氧化-非色散红外吸收法等。其中，燃烧氧化-非色散红外吸收法只需一次性转化，流程简单、重现性好、灵敏度高，因此，这种TOC分析仪被国内外广泛采用。

（1）差减法测定TOC值的方法原理。水样分别被注入高温燃烧管（680℃）和低温反应管中。经高温燃烧管的水样受高温催化氧化，使有机化合物和无机碳酸盐均转化为CO_2；经低温反应管的水样受酸化而使无机碳酸盐分解成CO_2，两者所生成的CO_2依次导入非色散红外检测器，从而分别测得水中的总碳（TC）和无机碳（IC）。总碳与无机碳之差值，即为总有机碳（TOC）。

（2）直接法测定TOC值的方法原理。将水样酸化后曝气，使各种碳酸盐分解生成CO_2而驱除后，再注入高温燃烧管中，可直接测定总有机碳，但由于在曝气过程中会造成水样中挥发性有机物的损失而产生测定误差，因此，其测定结果只是不可吹出的有机碳值。

地面水中常见共存离子SO_4^{2-}含量超过400mg/L、Cl^-含量超过400mg/L、NO_3^-含量超过100mg/L、PO_4^{3-}含量超过100mg/L、S^{2-}含量超过100mg/L时，对测定有干扰，应做适当的前处理，以消除对测定的干扰影响。

5.2.23.3 实验仪器及药品

（1）非色散红外吸收TOC分析仪。

（2）无CO_2蒸馏水。

（3）总碳（TC）标准溶液（c=1000mg/L）。称取在115℃干燥2h后的邻苯二甲酸氢钾（优级纯）2.125g，用水溶解，转移到1000mL容量瓶中，用水稀释至标线，混匀。在低温（4℃）冷藏下可保存约40d。

（4）总碳（TC）标准溶液（c=200mg/L）。准确吸取10.0mL总碳（TC）标准储备溶液，置于50mL的容量瓶中，用水稀释至标线。用时现配。

（5）无机碳（IC）标准储备溶液（c=1000mg/L）。称取经置于干燥器中的$NaHCO_3$（优级纯）3.500g和经280℃干燥的无水Na_2CO_3（优级纯）4.41g溶于水中，转移到

1000mL 容量瓶中，用水稀释至标线，混匀。

（6）无机碳（IC）标准溶液（c=200mg/L）。准确吸取 10.0mL 无机碳（IC）标准储备溶液，置于 50mL 的容量瓶中，用水稀释至标线。用时现配。

5.2.23.4 实验操作步骤

（1）校准曲线的绘制。分别吸取 0mL、0.50mL、1.00mL、2.50mL、5.00mL、10.00mL、20.00mL 总碳和无机碳标准溶液于 25mL 比色管中，用水稀释至标线，配置成含 0mL、4.0mL、8.0mL、20.0mL、40.0mL、80.0mL、160.0mg/L 的总碳和无机碳两个系列标准溶液。用 TOC-5000 总有机碳分析仪分别测定总碳和无机碳标准系列溶液，绘制不同浓度的标准曲线。

（2）水样的测定。

1）差减测定法。经酸化的水样，在测定前应以 NaOH 溶液中和至中性，过滤处理后，用 TOC-5000A 总有机碳分析仪测定。重复进行 2~3 次，使测得相应的总碳（TC）和无机碳（IC）值相对偏差在 10%以内。

2）直接测定法。把已酸化的约 25mL 水样移入 50mL 烧杯中，在磁力搅拌器上剧烈搅拌几分钟或向烧杯中通入无 CO_2 的 N_2，以除去无机碳。用 TOC-5000A 总有机碳分析仪测定，重复进行 2~3 次，使测得相应的总碳（TC）和无机碳（IC）值相对偏差在 10%以内。

5.2.23.5 实验数据及结果处理

（1）差减测定法：

$$TOC = TC - IC \tag{5-52}$$

（2）直接测定法：

$$TOC = TC \tag{5-53}$$

5.2.23.6 思考题

（1）实验中应注意哪些事项？

（2）两种测试方法结果是否相同？为什么？

5.2.24 水中硒含量的测定（荧光法）

5.2.24.1 实验目的

掌握荧光法测定水中硒含量的原理及操作方法。

5.2.24.2 实验原理

硒是人体及动、植物生长所必须的微量元素，但过量的硒能引起中毒，如脱发、脱甲等，而硒的缺乏则会导致生病。硒的测定方法很多，常用的有二氨基萘荧光法，该法选择性好、灵敏度高、操作简便、准确，能测定总硒、+6 价硒、+4 价硒及+4 价以下的无机硒和有机硒含量，最低检出限为0.005μg硒。

在pH值为1.5~2.0的溶液中，2,3-二氨基萘选择性地与+4价硒反应，生成4,5-苯并苤硒脑绿色荧光物质，用环己烷萃取，其荧光强度与Se^{4+}含量成正比，可定量测定硒含量。

水样不经消化直接测定出的硒为Se^{4+}；水样经混合酸消化后，可将+4价以下的无机硒化合物和有机硒化合物氧化至Se^{4+}，故测出的硒含量为+4价及低于+4价硒的总量；若再加HCl溶液继续消化，则可将Se^{6+}还原成Se^{4+}，测出来的为总硒。

5.2.24.3 实验仪器及药品

（1）荧光分光光度计、分液漏斗（活塞勿涂油）、电热板、水浴炉、100mL具塞瓶、5mL比色管、pH试纸、环己烷。

（2）硒标准储备溶液，1.00mL溶液含100.0μg硒。

（3）硒标准溶液，1.00mL含0.050μg硒。

（4）1∶1 HNO_3-$HClO_4$溶液。HNO_3与$HClO_4$均为优级纯。

（5）1∶4 HCl溶液。HCl为优级纯。

（6）1∶1氨水。

（7）0.02%甲酚红指示剂溶液。

（8）混合试剂Ⅰ。将10g乙二胺四乙酸二钠溶于少量纯水中，加热溶解，冷却后，加入10g盐酸羟胺，搅拌至溶解后加入10mL 0.02%甲酚红指示剂溶液，用纯水稀释至200mL。

（9）混合试剂Ⅱ。用纯水将混合试剂Ⅰ稀释10倍。

（10）0.1% 2，3-二氨基萘溶液（简称DAN溶液，需在暗室中配制）。

5.2.24.4 实验操作步骤

（1）总硒。

1）消化：吸取5.0~20.0mL水样及硒标准溶液0mL、0.10mL、0.30mL、0.50mL、0.70mL、1.00mL分别于100mL磨口锥形瓶中，加纯水至与水样相同体积。沿瓶壁加入2.5mL 1∶1 HNO_3-$HClO_4$，摇匀。将锥形瓶（勿盖塞）置于电热板上加热至瓶内产生浓厚的白烟，溶液由无色变为浅黄色即到终点，立即取下。稍冷后加入2.5mL 1∶4 HCl溶液，继续加热至终点。

2）消化完毕的溶液放冷后，均加入10mL混合试剂Ⅱ，摇匀，溶液呈桃红色，再用1∶1氨水调至浅橙色。若加过量氨水，溶液呈黄色或桃红（微带蓝）色，需用1∶4 HCl再调至浅橙色。此时溶液pH值为1.5~2.0，必要时需用pH值为0.5~5.0的精密试纸检验。

3）在暗室内黄色灯光下，向上述各瓶内加入2mL 0.1% DAN溶液，摇匀，置沸水浴中加热5min后取出，冷却。加入4.00mL环已烷，加塞盖严，振摇2min，全部溶液移入分液漏斗中，待分层后放掉水相，将环已烷相由分液漏斗上口倾入具塞试管内，盖严待测。

4）荧光测定。用荧光分光光度计（激光波长为376nm，发射光波长为520nm）或用荧光光度计测定荧光强度。

5）绘制标准曲线，从曲线上查出水样中总硒含量。

（2）+4 价无机硒。吸取水样及硒标准溶液 0mL、0.10mL、0.30mL、0.50mL、0.70mL、1.00mL 于磨口三角瓶中，加纯水至与水样相同体积。加入 1mL 混合试剂 Ⅰ，溶液呈浅黄色，加 HCl 数滴，调至浅橙色。以下步骤同总硒测定。

（3）+4 价以下的无机硒或有机硒。操作步骤除水样消化至终点时不加 HCl 外，其余步骤同总硒测定。

5.2.24.5 实验数据及结果处理

总硒、+4 价无机硒、+4 价及+4 价以下的无机硒和有机硒的浓度均按以下公式计算：

$$\rho = M/V \tag{5-54}$$

式中 ρ——水样中所测价态硒浓度，μg/mL；

M——从曲线查得水样中所测价态硒含量，μg；

V——水样体积，mL。

5.2.24.6 注意事项

（1）样品预处理操作很重要。样品在 HNO_3-$HClO_4$ 消化不完全时杂质荧光高，若消解时间过长，硒损失很大，所以消解快到终点时，需要注意观察浓厚白烟的变化，不要过多摇动瓶，当瓶内白烟分层滚动时，即到终点，应立即取下。

（2）硒与 2，3-二氨基萘必须在酸性溶液中反应，pH 值以 1.5~2.0 为最佳，pH 值过低时溶液易乳化，太高时测定结果偏高。甲酚红指示剂有 pH 值 2~3 及 pH 值 7.2~8.8 两个变色范围，前者是由桃红色变为黄色，后者是由黄色变为桃红（微带蓝）色。注意不要弄错，必要时可用精密 pH 试纸（pH 值 0.5~5.0）检查，确保溶液 pH 值为 1.5~2.0。

（3）样品与标准曲线系列必须同时进行分析。

5.2.24.7 思考题

测定水中的硒，除荧光法外，还有其他什么方法？

5.2.25 水中大肠菌群总数的测定（发酵法、滤膜法）

大肠菌群是一般需氧及兼性厌氧的，在 37℃ 生长时能使乳糖发酵及在 24h 内产酸产气的革兰阴性无芽孢杆菌。

粪便中存在有大量的大肠菌群细菌，其在水体中存活时间和对氯的抵抗力等与肠道致病菌，如沙门菌、志贺菌等相似，因此将总大肠菌群作为粪便污染的指标菌是较合适的。但在某些水质条件下，大肠菌群细菌在水中能自行繁殖。

总大肠菌群是指那些能在 35℃、48h 之内使乳糖发酵，产酸、产气，需氧及兼性厌氧的，革兰阴性的无芽孢杆菌，以每升水样中所含有的大肠菌群的数目表示。总大肠菌群的检验方法有发酵法和滤膜法。发酵法可用于各种水样（包括底泥），但操作较繁琐，费时间。滤膜法操作简便，快速，但不适用于混浊水样。因为这种水样常会把滤膜堵塞，异物也可能干扰菌种生长。

（1）发酵法。发酵法是根据大肠菌群细菌能发酵乳糖，产酸、产气，以及具备革兰染色阴性，无芽孢呈杆状等特性进行检验的。其检验程序如下。

1）配置培养基。检验大肠菌群需用多种培养基，有乳糖蛋白胨培养液、3 倍浓缩乳糖蛋白胨培养液、品红亚硫酸钠培养基、伊红美蓝培养基。

2）初步发酵实验。该试验基于大肠菌群能分解乳糖生成二氧化碳等气体的特征，而水体中某些细菌不具备此特点。但是，能产酸、产气的绝非仅属于大肠菌群，故还需进行复发酵实验予以证实。初步发酵试验方法是在灭菌操作条件下，分别取不同水样于数支装有 3 倍浓缩乳糖蛋白胨培养液或乳糖蛋白胨培养液的试管中（内有导管），得到不同稀释度的水样培养液，于 37℃恒温培养 24h。

3）平板分离。水样经初步发酵实验培养 24h 后，将产酸、产气及只产酸的发酵管分别接种于品红亚硫酸钠培养基或伊红美蓝培养基上，于 37℃恒温培养 24h，挑选出符合下列特征的菌落，取菌落的一小部分进行涂片，革兰染色，镜检。

品红亚硫酸钠培养基上的菌落：紫红色，具有金属光泽的菌落；深红色，不带或略带金属光泽的菌落；淡红色，中心色较深的菌落。

伊红美蓝培养基上的菌落：深紫黑色，具有金属光泽的菌落；紫黑色，不带或略带金属光泽的菌落；淡紫红色，中心色较深的菌落。

4）复发酵实验。上述涂片镜检的菌落如为革兰阴性无芽孢杆菌，则取该菌落的另一部分再接种于装有乳糖蛋白胨培养液的试管中（内有导管），每管可接种分离自同一初发酵管的最典型菌落 1~3 个，于 37℃恒温培养 24h，有产酸、产气者，即证实有大肠菌群存在。

5）大肠菌群计数。根据证实有大肠菌群存在的阳性管数，查总大肠菌群数检索表，报告每升水样中的总大肠菌群数。

对不同类型的水，视其总大肠菌群数的多少，用不同稀释度的水样实验，以便获得较准确的结果。

（2）滤膜法。将水样注入已灭菌、放有微孔滤膜（孔径 0.45μm）的滤器中，经抽滤，细菌被截留在滤膜上，将该滤膜贴于品红亚硫酸钠培养基上，于 37℃恒温培养 24h，对符合发酵法所述特征的菌落进行涂片、革兰染色和镜检。凡属革兰阴性无芽孢杆菌者，再接种于乳糖蛋白胨培养液或乳糖蛋白胨半固体培养基中，在 37℃恒温条件下，前者经 24h 培养产酸、产气者，或者经 6~8h 培养产气者，则判定为总大肠菌群阳性。

由滤膜上生长的大肠菌群菌落总数和所取过滤水样量，按下式计算 1L 水中总大肠菌群数：

$$每升水中总大肠菌群数=所计数的大肠杆菌菌落数\times 100/过滤水样量 \quad (5-55)$$

大肠菌群的检验方法中，发酵法可适用于各种水样，但操作较复杂，需时间较长；滤膜法主要适用于杂质较少的水样，操作较简单快速。

5.2.25.1 发酵法检验废水中的大肠菌群总数

A 实验目的

（1）学习和掌握废水中大肠菌群总数的测定原理和方法。

（2）学习和掌握用发酵法测定废水中大肠菌群总数的测定原理和方法。

B 实验原理

发酵法是根据大肠菌群能发酵乳糖而产酸产气的特性进行检验的。

C 实验仪器及药品

显微镜、革兰染色用有关器材、高压蒸汽灭菌器、干热灭菌箱、恒温培养箱、冰箱、放大镜、试管、平皿（9cm 直径）、刻度吸管等（置于干热灭菌箱中 160℃灭菌 2h）。

（1）乳糖蛋白胨培养基。

1）成分：蛋白胨 10g、牛肉膏 3g、乳糖 5g、氯化钠 5g、1.6%溴甲酚紫乙醇溶液 1mL、蒸馏水 1000mL。

2）制法：将蛋白胨、牛肉膏、乳糖及氯化钠加热溶解于 1000mL 蒸馏水中，调整 pH 值为 7.2~7.4；加入 1.6%溴甲酚紫乙醇溶液 1mL，充分混匀，分装于置有导管的试管中；置于高压蒸汽灭菌器中，以 115℃、103.42kPa 高压蒸汽灭菌 20min；存储于冷暗处备用。

（2）3 倍浓缩乳糖蛋白胨培养液。按上述“乳糖蛋白胨培养液”浓缩 3 倍配制。

（3）品红亚硫酸钠培养基（供发酵法用）。

1）成分：蛋白胨 10g、乳糖 10g、磷酸氢二钾 3.5g、琼脂 20~30g、蒸馏水 1000mL、无水亚硫酸钠 5g 左右、5%碱性品红乙醇溶液 20mL。

2）储备培养基的制备：先将琼脂加至 900mL 蒸馏水中，加热溶解，然后加入磷酸氢二钾及蛋白胨，混匀使溶解，再以蒸馏水补足至 1000mL，调整 pH 值为 7.2~7.4；趁热用脱脂棉或绒布过滤，再加入乳糖，混匀后定量分装于烧瓶内，置高压蒸汽灭菌器中以 115℃灭菌 20min，存储于冷暗处备用。

3）平皿培养基的配置：将上法制备的储备培养基加热融化；根据烧瓶内培养基的容量，用灭菌吸管按比例分别吸取一定量已灭菌的 5%碱性品红乙醇溶液置于灭菌空试管中；根据烧瓶内培养基的容量，按比例称取所需的无水亚硫酸钠置于灭菌空试管内，加灭菌水少许使其溶解，再置于沸水浴中煮沸 10min 以灭菌；用灭菌吸管吸取已灭菌的亚硫酸钠溶液，滴加于碱性品红乙醇溶液内至深红色褪成淡粉红色为止；将此亚硫酸钠与碱性品红的混合液全部加于已融化的储备培养基内，并充分混匀（防止产生气泡）；立即将此种培养基适量倾入已灭菌的空平皿内，将其冷却凝固后置冷箱内备用。此种已制成的培养基于冰箱内保存亦不宜超过 2 周，如培养基已由淡红色变成深红色，则不能再用。

（4）伊红美蓝培养基。

1）成分：蛋白胨 10g、乳糖 10g、磷酸氢二钾 2g、琼脂 20~30g、蒸馏水 1000mL、2%伊红水溶液 20mL、0.5%美蓝水溶液 13mL。

2）储备培养基的制备：先将琼脂加至 900mL 蒸馏水中，加热溶解，然后加入磷酸氢二钾及蛋白胨，混匀使溶解，再以蒸馏水补足至 1000mL，调整 pH 值为 7.2~7.4；趁热用脱脂棉或绒布过滤，再加入乳糖，混匀后定量分装于烧瓶内，置于高压蒸汽灭菌器内以 115℃灭菌 20min。储存于冷暗处备用。

3）平皿培养基的配置：将上法制备的储备培养基加热融化；根据烧瓶内培养基的容量，用灭菌吸管按比例分别吸取一定量已灭菌的 2%伊红水溶液及一定量已灭菌的 0.5%美蓝水溶液加入已融化的储备琼脂内，并充分混匀（防止产生气泡）；立即将此种培养基适量倾入已灭菌的空平皿内，待其冷却凝固后，置冰箱内备用。

D 实验操作步骤

（1）生活饮用水中大肠菌群总数的测定。

1）初步发酵实验：在2个分别装有已灭菌的50mL 3倍浓缩乳糖蛋白培养液的大试管或烧瓶中（内有导管），以无菌操作各加入水样1000mL；在10支装有已灭菌的5mL 3倍浓缩乳糖蛋白培养液的试管中（内有导管），以无菌操作各加入水样10mL，混匀后置于37℃恒温培养箱中培养24h。

2）平板分离：将上述培养液培养24h后，将产酸、产气及只产酸的发酵管分别接种于品红亚硫酸钠培养基或伊红美蓝培养基上，再置于37℃恒温箱内培养18~24h，挑选符合下列特征的菌落，取菌落的一小部分进行涂片、革兰染色、镜检。

品红亚硫酸钠培养基上的菌落：紫红色，具有金属光泽的菌落；深红色，不带或略带金属光泽的菌落；淡红色，中心色较深的菌落。

伊红美蓝培养基上的菌落：深紫黑色，具有金属光泽的菌落；紫黑色，不带或略带金属光泽的菌落；淡紫红色，中心色较深的菌落。

3）复发酵实验：上述涂片镜检的菌落如为革兰阴性无芽孢杆菌，则挑取该菌落的另一部分再接种于普通浓度乳糖蛋白胨培养液中（内有导管），每管可接种分离自同一初发酵管的最典型的菌落1~3个，然后置于37℃恒温培养箱中培养24h，有产酸、产气者（不论导管内气体多少皆作为产气论）即证实有大肠杆菌存在。

根据证实有大肠杆菌存在的阳性管（瓶）数查表5-14，报告每升水样中的大肠杆菌数。

表5-14 每升水样中大肠菌群数

10mL水量的阳性管数	100mL水量的阳性管（瓶）数			10mL水量的阳性管数	100mL水量的阳性管（瓶）数		
	0	1	2		0	1	2
0	<3	4	11	6	22	36	92
1	3	8	18	7	27	43	120
2	7	13	27	8	31	51	161
3	11	18	38	9	36	60	230
4	14	24	52	10	40	69	230
5	18	30	70				

注：接种水样总量为300mL，分别为2份100mL、10份10mL。

（2）水源水中大肠菌群总数的测定。

1）将水样做1：90及1：100稀释。

2）分别吸取1mL的1：100稀释水样、1mL的1：10稀释水样及1mL原水样，分别注入装有10mL普通浓度乳糖蛋白胨培养液的试管中（内有导管）。

另取10mL原水样，注入装有5mL的3倍浓缩乳糖蛋白胨培养液的试管中（内有导管）。如为较清洁的水样，可再取100mL原水样注入装有50mL的3倍浓缩乳糖蛋白胨培养液的大试管或烧瓶中（内有导管）。以下的检验步骤同上述生活饮用水的检验方法。

3）根据证实有大肠菌群存在的阳性管（瓶）数查表5-15或表5-16，报告每升水样中的大肠菌群数。

表 5-15 大肠菌群检数表

接种水样量/mL				每升水样中大肠菌群数	接种水样量/mL				每升水样中大肠菌群数
100	10	1	0.1		100	10	1	0.1	
−	−	−	−	<9	−	+	+	+	28
−	−	−	+	9	+	−	−	+	92
−	−	+	−	9	+	−	+	−	94
−	+	−	−	9.5	+	−	+	+	180
−	−	+	+	18	+	+	−	−	230
−	+	−	+	19	+	+	−	+	960
−	+	+	−	22	+	+	+	−	2380
+	−	−	−	23	+	+	+	+	>2380

注：接种水样总量为 111.1mL，分别为 100mL、10mL、1mL、0.1mL 各 1 份。

表 5-16 大肠菌群检数表

接种水样量/mL				每升水样中大肠菌群数	接种水样量/mL				每升水样中大肠菌群数
10	1	0.1	0.01		10	1	0.1	0.01	
−	−	−	−	<90	−	+	+	+	280
−	−	−	+	90	+	−	−	+	920
−	−	+	−	90	+	−	+	−	940
−	+	−	−	95	+	−	+	+	1800
−	−	+	+	180	+	+	−	−	2300
−	+	−	+	190	+	+	−	+	9600
−	+	+	−	220	+	+	+	−	23800
+	−	−	−	230	+	+	+	+	>23800

注：接种水样总量 11.11mL，分别为 10mL、1mL、0.1mL、0.01mL 各 1 份。

E 实验数据及结果处理

分别记录生活饮用水和水源水中的大肠菌群总数。

F 思考题

简述大肠菌群测定在水质检测中的意义。

5.2.25.2 滤膜法检查废水中的大肠菌群总数

A 实验目的

(1) 学习和掌握废水中大肠菌群总数的测定原理和方法。

(2) 学习和掌握用滤膜法测定废水中大肠菌群总数的测定原理和方法。

B 实验原理

滤膜是一种微孔薄膜。将水样注入已灭菌的放有滤膜的滤器中，经抽滤，细菌即被截留在膜上，然后将滤膜贴于品红亚硫酸钠培养基上，进行培养，再计数，与鉴定滤膜上生长的大肠菌群菌落比较。计算每 1L 水样中含有的大肠菌群数。

C 实验仪器及药品

显微镜、革兰染色用有关器材、高压蒸汽灭菌器、干热灭菌箱、恒温培养箱、冰箱、放大镜、试管、平皿（9cm 直径）、刻度吸管（置于干热灭菌箱中160℃灭菌 2h）、容量为500mL 的滤器、3 号滤膜（孔径 0.45μm）、抽气设备、无齿镊子。

（1）品红亚硫酸钠培养基（供滤膜法用）。

1）成分：蛋白胨 10g、酵母浸膏 5g、牛肉膏 5g、乳糖 10g、琼脂 20g、磷酸氢二钾 3.5g、无水亚硫酸钠 5g 左右、5%碱性品红乙醇溶液 20mL、蒸馏水 1000mL。

2）培养基的制备：培养基的制备方法与“发酵法”用的品红亚硫酸钠培养基的制备方法相同。

（2）乳糖蛋白胨半固体培养基。

1）成分：蛋白胨 10g、牛肉膏 5g、酵母浸膏 5g、乳糖 10g、琼脂 5g 左右、蒸馏水 1000mL。

2）制法：将上述成分加热溶解于 800mL 蒸馏水中，调整 pH 值为 7.2~7.4，再用蒸馏水补充至 1000mL，过滤；分装于小试管中，每管装入的培养基量约为试管容积的 1/3；在 115℃高压蒸汽灭菌 20min，冷却后置于冰箱内保存（此培养基存放不宜过久，以不超过 2 周为宜）。此培养基制成后，需用已知大肠杆菌群菌株进行鉴定，应在 6~8h 产生明显气泡。

D 实验操作步骤

（1）滤膜灭菌。将滤膜放入烧杯中，加入蒸馏水，置于沸水浴煮沸灭菌 3 次，每次 15min，煮沸后需换水洗涤 2~3 次，以除去残留溶剂。

（2）滤器灭菌。用点燃的酒精棉球火焰灭菌，也可用 121℃高压蒸汽灭菌 20min。

（3）过滤水样。

1）用无菌镊子夹取灭菌滤膜边缘部分，将粗糙面向上，贴放在已灭菌的滤床上，稳妥地固定好滤器，将 333mL 注入滤器中，加盖，打开滤器阀门，在-0.5MPa 气压下进行抽滤。

2）水样滤完后，取适量灭菌蒸馏水冲洗滤器，再抽气约 5s，关上滤器阀门，取下滤器，用灭菌镊子夹取滤膜边缘部分，移放在品红亚硫酸钠培养基上，滤膜截留细菌面向上，其下面则与培养基完全贴紧，两者间不得留有气泡，然后将平皿倒置，放入 37℃恒温箱内培养 16~18h。

（4）观察结果。

1）挑选符合下列特征的菌落进行涂片、革兰染色、镜检：① 紫红色，具有金属光泽的菌落；② 深红色，不带或略带金属光泽的菌落；③ 淡红色，中心色较深的菌落。

2）凡系革兰染色阴性无芽孢杆菌，再接种于乳糖蛋白胨半固体培养基（接种前应将此培养基放入水浴中煮沸排气，待冷却凝固后方能使用），经 37℃培养 19h 产酸、产气者，判定为大肠菌群阳性。

（5）滤膜鉴定试验。用 3 号滤膜过滤已知的大肠菌群悬液，过滤后将滤膜贴附于品红亚硫酸钠培养基上，经 37℃恒温箱培养 16~18h，滤膜上应生长出具有上述大肠菌群典型特征的菌落。

将上述已过滤后的过滤液接种于乳糖蛋白胨培养液，经 37℃培养 24h 若无产酸、产气现象，即证实滤膜能把大肠菌群全部截留在滤膜上（方法同上述大肠菌群“发酵法”的检验）。滤膜经过鉴定如符合以上要求即可使用。

E 实验数据及结果处理

分别记录生活饮用水和水源水中的大肠菌群总数。

F 思考题

（1）用发酵法和滤膜法测定废水中大肠菌群总数有何区别？

（2）简述革兰染色的关键点及程序。

5.2.26 污水中油的测定

5.2.26.1 实验目的

（1）掌握水中测定油的方法以及适用范围。

（2）学习水中油的萃取方法。

5.2.26.2 实验原理

（1）质量法。以硫酸酸化水样，用石油醚萃取矿物油，蒸除石油醚后，称其质量。此法测定的是酸化样品中可被石油醚萃取的，且在实验过程中不挥发的物质总量。溶剂去除时，使得轻质油有明显损失。由于石油醚对油有选择性溶解，因此，石油的较重成分中可能含有不为溶剂萃取的物质。

（2）紫外分光光度法。石油及其产品在紫外光区有特征吸收，带有苯环的芳香族化合物，主要吸收波长为250~260nm；带有共轭双键的化合物主要吸收波长为215~230nm。一般原油的两个主要吸收波长为225nm及254nm。石油产品中，如燃料油、润滑油等的吸收峰与原油相近。因此，波长的选择应视实际情况而定，原油和重质油可选254nm，而轻质油及炼油厂的油品可选225nm。

标准油采用受污染地点水样中的石油醚萃取物。如有困难可采用15号机油、20号重柴油或环保部门批准的标准油。

水样加入1~5倍含油量的苯酚，对测定结果无干扰，动、植物性油脂的干扰作用比红外分光光度法小。用塑料桶采集或保存水样，会引起测定结果偏低。

5.2.26.3 实验仪器及药品

（1）质量法。

1）仪器：分析天平、恒温箱、恒温水浴锅、分液漏斗1000mL、干燥器、直径11cm中速定性滤纸。

2）试剂：1+1硫酸、氯化钠。

石油醚：将石油醚（沸程30~60℃）重蒸馏后使用100mL石油醚的蒸干残渣不应大于0.2mg。

无水硫酸钠：在300℃马弗炉中烘1h，冷却后装瓶备用。

（2）紫外分光光度法。

1）仪器。

分光光度计：215~256nm 波长、10mm 石英比色皿。

分液漏斗：1000mL。

容量瓶：50mL。

玻璃砂芯漏斗：G3 型 25mL。

2）试剂。

标准油：用经脱芳烃并重蒸馏过的 30~60℃沸程的石油醚，从待测水样中萃取油品，经无水硫酸钠脱水后过滤。将滤液置于（65±5)℃水浴上蒸出石油醚，然后置于（65±5)℃恒温箱内赶尽残留的石油醚，即得标准油品。

标准油储备溶液：准确称取标准油品 0.100g 溶于石油醚中，移入 100mL 容量瓶内，稀释至标线，贮于冰箱中。此溶液每毫升含 1.00mg 油。

标准油使用溶液：临用前把上述标准油储备液用脱芳烃石油醚稀释 10 倍，此液每毫升含 0.10mg 油。

无水硫酸钠：在 300℃下烘 1h，冷却后装瓶备用。

脱芳烃石油醚（60~90℃馏分）：将 60~100 目粗孔微球硅胶和 70~120 目中性层析氧化铝（在 150~160℃活化 4h）在未完全冷却前装入内径 25mm（其他规格也可）、高 750mm 的玻璃柱中。下层硅胶高 600mm，上面覆盖 50mm 厚的氧化铝，将 60~90℃馏分的石油醚通过此柱以脱除芳烃。收集石油醚于细口瓶中，以水为参比，在 225nm 处测定处理过的石油醚，其透光率不应小于 80%。

硫酸（1+1）。

氯化钠。

5.2.26.4 实验操作步骤

（1）质量法。

1）在采集瓶上做一容量记号后（以便以后测量水样体积），将所收集的大约 1L 已经酸化的（pH<2）水样，全部转移至分液漏斗中，加入氯化钠，其量约为水样量的 8%。用 25mL 石油醚洗涤采样瓶并转入分液漏斗中，充分摇匀 3min，静置分层并将水层放入原采样瓶内，石油醚层转入 100mL 锥形瓶中。用石油醚重复萃取水样两次，每次用量 25mL，合并 3 次萃取液于锥形瓶中。

2）向石油醚萃取液中加入适量无水硫酸钠（加入至不再结块为止），加盖后，放置 0.5h 以上，以便脱水。

3）用预先以石油醚洗涤过的定性滤纸过滤，收集滤液于 100mL 已烘干至恒重的烧杯中，用少量石油醚洗涤锥形瓶、硫酸钠和滤纸，洗涤液并入烧杯中。

4）将烧杯置于（65±5)℃水浴上，蒸出石油醚。近干后再置于（65±5)℃恒温箱内烘干 1h，然后放入干燥器中冷却 30min，称量。

5）注意事项。

① 分液漏斗的活塞不要涂凡士林。

② 测定废水中石油类时，若含有大量动、植物性油脂，应取内径 20mm、长 300mm、一端呈漏斗状的硬质玻璃管，填装 100mm 厚活性层析氧化铝（在 150~160℃活化 4h，未

完全冷却前装好柱），然后用 10mL 石油醚清洗。将石油醚萃取液通过层析柱，除去动、植物性油脂，收集馏出液于恒重的烧杯中。

③ 采样瓶应为清洁玻璃瓶，用洗涤剂清洗干净（不要用肥皂）。应定容采样，并将水样全部移入分液漏斗测定，以减少油附着于容器壁上引起的误差。

（2）紫外分光光度法。

1）标准曲线的绘制：向 7 个 50mL 容量瓶中，分别加入 0mL、2.00mL、4.00mL、8.00mL、12.00mL、20.00mL、25.00mL 标准油使用溶液，用脱芳烃石油醚（60～90℃馏分）稀释至标线。在选定波长处，用 10mm 石英比色皿，以脱芳烃石油醚为参比测定吸光度，经空白校正后，绘制标准曲线。

2）油类的萃取：将已测量体积的水样，仔细移入 1000mL 分液漏斗中，加入（1+1）硫酸 5mL 酸化（若采样时已酸化，则不需要加酸）。加入氯化钠，其量约为水量的 2%。用 20mL 脱芳烃石油醚（60～90℃馏分）清洗采样瓶后，移入分液漏斗中。充分振摇 3min，静置使之分层，将水层移入采样瓶内。

将石油醚萃取液通过内铺约 5mm 厚度无水硫酸钠层的玻璃砂芯漏斗，滤入 50mL 容量瓶内。

将水层移回分液漏斗内，用 20mL 石油醚重复萃取 1 次，同上操作。

用 10mL 石油醚洗涤玻璃砂芯漏斗，其洗涤液均收集于同一容量瓶内，并用脱芳烃石油醚稀释至标线。

吸光度的测定：在选定的波长处，用 10mm 石英比色皿，以脱芳烃石油醚为参比，测量其吸光度。

空白值的测定：取与水样相同体积的纯水，与水样操作步骤制备空白实验溶液，测量吸光度。

由水样测得的吸光度，减去空白实验的吸光度后，从标准曲线上查出相应的油含量。

3）注意事项。

① 不同油品的特征吸收峰不同，如难以确定测定的波长时，可向 50mL 容量瓶中移入标准油使用溶液 20～25mL，用脱芳烃石油醚稀释至标线，在波长为 215～300nm，用 10mm 石英比色皿测得吸收光谱图（以吸光度为纵坐标，波长为横坐标的吸光度曲线），得到最大吸收峰的位置。一般在 220～225nm。

② 使用的器皿应避免有机物污染。

③ 水样及空白测定所使用的石油醚应为同一批号，否则会由于空白值不同而产生误差。

④ 如石油醚纯度较低，或缺乏脱芳烃条件，也可采用己烷作萃取剂。把己烷进行重蒸馏后使用，或用水洗涤 3 次，以除去水溶性杂质。以水作参比，于波长 225nm 处测定，其透光率应大于 80%方可使用。

5.2.26.5 实验数据及结果处理

（1）质量法

质量法计算油含量（mg/L）的公式如下：

$$油含量 = (W_1 - W_2) \times 10^6 / V \tag{5-56}$$

式中 W_1——烧杯加油总质量，g；

W_2——烧杯质量，g；

V——水样体积，mL。

（2）紫外分光光度法

紫外分光光度法计算油含量（mg/L）的公式如下：

$$油含量 = m \times 1000/V \tag{5-57}$$

式中 m——从标准曲线中查出相应油的量，mg/L；

V——水样体积，mL。

5.2.26.6 思考题

质量法和紫外分光光度法测定水中石油类有何区别与联系？

5.3 噪声环境监测与评价

5.3.1 声级计的使用及频谱分析实验

5.3.1.1 实验目的

（1）了解声级计的基本构造和工作原理。

（2）掌握仪器的功能和适用场合，学会仪器的正确使用方法，并能判别和排除仪器的常见故障。

（3）验证噪声的声压级随距离的变化符合半无限空间声波传播衰减规律。

5.3.1.2 实验原理

声级计工作原理如图 5-4 所示。

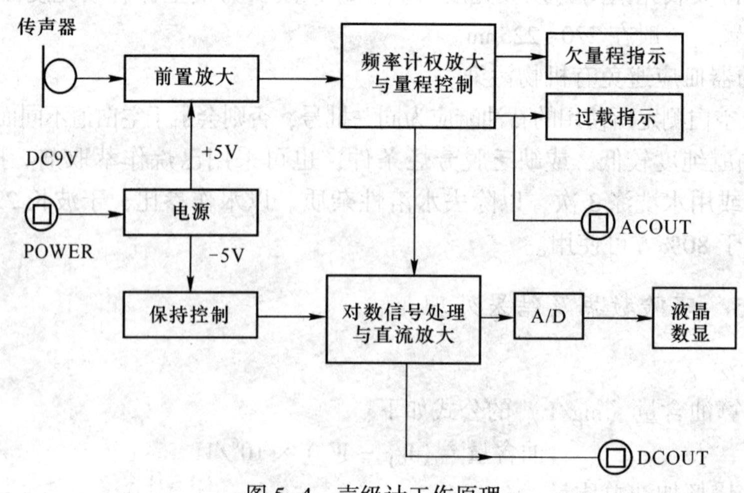

图 5-4 声级计工作原理

5.3.1.3 实验仪器及药品

声级计、风速仪、温度计、大气压力计。

5.3.1.4 实验操作步骤

(1) 依照声级计使用说明书来熟悉使用仪器（普通声级计的检查、灵敏度校正、测量方法和读数等内容）。

(2) 首先对测点的温度和风速进行测量。

(3) 选择噪声测量点，进行数据的测定。

(4) 数据处理与绘图。

5.3.1.5 实验数据及结果处理

(1) 根据实测数据，画出声级随距离的衰减曲线，并与理论曲线进行比较。

(2) 根据实测数据，对两个声源声压级分别进行算术计算，并将计算结果与实测的合成声压级进行比较，给出误差，并讨论。

5.3.1.6 思考题

(1) IEC61627《声级计》标准对2型声级计的精度要求是多少分贝？

(2) HS5633B型声级计测量范围是35~130dB(A)，40~130dB(C)；当测量同一个噪声时，如果A、C声级读数相差很小，则此噪声是以中低频为主还是以高频为主？

5.3.2 城市道路交通噪声测定

5.3.2.1 实验目的

(1) 掌握噪声测量仪器的使用方法和交通噪声的监测技术。

(2) 熟悉和运用《噪声污染控制工程》《环境监测》两本书中关于噪声污染检测的有关内容。

(3) 参考GB 3096—2008《噪声环境质量标准》有关内容。

5.3.2.2 实验原理

交通干线指铁路（铁路专用线除外）、高速公路、一级公路、二级公路、城市快速路、城市主干路、城市次干路、城市轨道交通线路（地面段）、内河航道，应根据铁路、交通、城市等规划确定。交通干线两侧一定距离之内，需要防止交通噪声对周围环境产生严重影响。对城市道路交通噪声测定条件为：

(1) 天气条件要求无雨雪、无雷电，风速为5m/s以下。

(2) 使用仪器为积分平均声级计或环境噪声自动监测仪。

(3) 测量时传声器加防风罩。

5.3.2.3 实验仪器及药品

(1) 声级计。

(2) 风速仪。

(3) 温度计。

(4) 大气压力计。

5.3.2.4 实验操作步骤

(1) 测点应设于第一排噪声敏感建筑物户外交通噪声空间垂直分布的可能最大值处。测点选择距离任何反射物（地面除外）至少3.5m外测量，距地面高度1.2m以上。

(2) 以自然路段、站、场、河段等为基础，考虑交通运行特征和两侧噪声敏感建筑物分布情况，划分典型路段（包括河段）。在每个典型路段对应的边界上或第一排噪声敏感建筑物户外选择1个测点进行噪声监测。这些测点应与站、场、码头、岔路口、河流汇入口等相隔一定的距离，避开这些地点的噪声干扰。

(3) 监测分昼、夜两个时段进行。分别测量如下规定时间内的等效声级 L_{eq} 和交通流量，对铁路、城市轨道交通线路（地面段），应同时测量最大声级，对道路交通噪声应同时测量累积百分声级 L_{10}、L_{50}、L_{90}。根据交通类型的差异，规定的测量时间如下：

铁路、城市轨道交通线路（地面段）、内河航道两侧：昼、夜各测量不低于平均运行密度的1h值。若城市轨道交通线路（地面段）的运行车次密集，测量时间可缩短为20min。

高速公路、一级公路、二级公路、城市快速路、城市主干路、城市次干路两侧：昼、夜各测量不低于平均运行密度的20min值。检测应避开节假日和非正常工作日。

(4) 噪声测量时需做测量记录。记录内容主要包括：日期、时间、地点及测量人员，使用仪器型号、编号及其校准记录，测量时间内的气象条件，测量项目及测量结果，测量依据的标准，测点示意图，噪声源及运行工况说明（如交通流量等），其他应记录的事项。

5.3.2.5 实验数据及结果处理

(1) 将某条交通干线各典型路段的噪声测量值，按路段长度进行加权算术平均，以此得出某条交通干线两侧的环境噪声测量平均值。

(2) 也可对某一区域内的所有铁路、确定为交通干线的道路、城市轨道交通线路（地面段）、内河航道按前述方法进行加权统计，得出针对某一区域某一交通类型的环境噪声测量平均值。

(3) 根据每个典型路段的噪声测量值及对应的路段长度，统计不同噪声影响水平下的路段比例，以及昼间、夜间的达标路段比例。有条件的可估算受影响人口。

(4) 对某条交通干线或某一区域某一交通类型采取抽样测量的，应统计抽样路段比例。

5.3.2.6 思考题

(1) 测量时应注意哪些事项?

(2) 影响噪声测定的因素有哪些? 如何避免?

(3) 检测的路段是否超过了噪声标准?

(4) 请提出减少交通噪声污染的措施。

5.3.3 工业企业噪声测定

5.3.3.1 实验目的

(1) 按要求进行厂界噪声测量布点，界定稳态噪声、非稳态噪声和周期性噪声。

(2) 声级计属于精密仪器，使用时要格外小心，防止碰撞、跌落，防止潮湿淋雨。

5.3.3.2 实验原理

运用声级计测量选定测点的 A 声级，并对取得的瞬时值进行计算，计算出 L_{eq}。

稳态噪声、非稳态噪声：在测量时间内，声级起伏不大于 3dB (A) 的噪声视为稳态噪声，否则称为非稳态噪声。

周期性噪声：在测定时间内，声级变化具有明显的周期性的噪声。

背景噪声：厂界外噪声源产生的噪声。

5.3.3.3 实验仪器及药品

声级计。

5.3.3.4 实验操作步骤

测点选择应根据车间声级不同而定，若车间内各处声级波动小于 3dB(A)，则只需在车间内选择 1~3 个测点。若车间内各处声级波动大于 3dB(A)，则应按声级大小将车间分成若干区域。任意两区域的声级波动应大于或等于 3dB(A)，而每个区域内的声级波动必须小于 3dB(A)。测量区域必须包括所有工人为观察或管理生产过程而经常工作、活动的地点和范围。每个区域应取 1~3 个测点。

读取方式用慢档，测量时每隔 5s 记一个瞬时 A 声级，共 200 个数据。

测量时同时记下车间内机器名称、型号、功率、运行情况及这些机器设备和测点的分布情况。

5.3.3.5 实验数据及结果处理

(1) 测量记录：围绕厂界布点。布点数目及间距视实际情况而定。在每一测点测量，计算正常工作时间内的等效声级，填入表 5-17 中。并记录被测企业噪声设备开车情况，测量记录参考表 5-17。

表 5-17 工业企业厂界噪声测量记录表

________年 ________月 ________日

班级					实验组号							实验组成员						
测量地点	厂 车间				设备情况							仪器型号						
数据记录	声级/dB																	
	1	2	3	4	5	6	7	8	9	10	11	12	13	14	15	16	17	18

（2）背景值修正：背景噪声的声级值应比待测噪声的声级值低 10dB(A) 以上，若测量值与背景值差值小于 10dB(A)，按表 5-18 进行修正。

表 5-18 修正值表

差值	3	4~6	7~9
修正值	−3	−2	−1

5.3.3.6 思考题

（1）举例说明什么是稳态噪声源、非稳态噪声和周期性噪声源。

（2）为什么稳态噪声源只需测 1min 的等效声级？

5.3.4 驻波管法吸声材料垂直入射吸声系数的测量

5.3.4.1 实验目的

加深对垂直入射吸声系数的理解，了解人耳听觉的频率范围，获得对一些频率纯音的感性认识。

5.3.4.2 实验原理

在驻波管中传播平面波的频率范围内，声波入射到管中，再从试件表面反射回来，入射波和反射波叠加后在管中形成驻波。由此形成沿驻波管长度方向声压极大值和极小值的交替分布。用试件的反射系数 r 来表示声压极大值和极小值，可写成：

$$p_{max} = p_0(1 + |r|) \tag{5-58}$$

$$p_{min} = p_0(1 - |r|) \tag{5-59}$$

根据吸声系数的定义，吸声系数 α_0 与反射系数的关系可写成：

$$\alpha_0 = 1 + |r|^2 \tag{5-60}$$

定义驻波比 S 为：

$$S = |p_{min}| / |p_{max}| \tag{5-61}$$

吸声系数可用驻波比表示为：

$$\alpha_0 = 4S/(1 + S)^2 \tag{5-62}$$

因此，只要确定声压极大值和极小值的比值，即可计算出吸声系数。如果实际测得的是声压级的极大值和极小值，记两者之差为 L_p，则根据声压和声压级之间的关系，可由下式计算出吸声系数：

$$\alpha_0 = 4 \times 10^{L_p/20}/(1 + 10^{L_p/20})^2 \tag{5-63}$$

5.3.4.3 实验仪器及药品

AWA6122 型智能电声测试仪、AWA6122A 驻波管测试软件、待测吸声材料。

5.3.4.4 实验操作步骤

(1) 将固定驻波管的滑块移到最远处。

(2) 移动仪器屏幕上的光标到所要测量的频率第一个峰值处，缓慢移动固定驻波管的滑块，同时读取光标位置显示的声压级，将滑块停在声压级为一个极大值的位置。此位置即为峰值位置，输入此时滑块所在位置的刻度。

(3) 移动仪器屏幕上的光标，到所要测量的频率第一个谷值处，缓慢移动固定驻波管的滑块，同时读取光标位置显示的声压级，将滑块停在声压级为一个极小值的位置。此位置即为谷值位置，输入此时滑块所在位置的刻度。

(4) 移动仪器屏幕上的光标，到所要测量的频率第二个峰值位置、第二个谷值位置，或到所要测量的第三个峰值位置、第三个谷值位置，重复以上操作。可以测量到第二个峰谷值和第三个峰谷值。

(5) 重复以上操作，可以测量到各个频率点的声压级峰谷值。

注意：测过数据后，光标不要返回，驻波管的瞬时数据会覆盖原有记录数据，由于扬声器密封性能不是特别好，故标尺首尾数据不要记录，避免因漏声造成测量误差。

5.3.4.5 实验数据及结果处理

本实验数据记录如表 5-19 所示。计算不同材料的平均吸声系数，并做出材料吸声系数频率特性曲线，比较不同种类吸声材料的吸声原理有何不同。

表 5-19 被测材料的吸声系数测定数据

频率		1		2		3		吸声系数
		峰值	谷值	峰值	谷值	峰值	谷值	
31.5Hz	声级/dB							
	距离/mm							
63Hz	声级/dB							
	距离/mm							
125Hz	声级/dB							
	距离/mm							
250Hz	声级/dB							
	距离/mm							

续表 5-19

频率		1		2		3		吸声系数
		峰值	谷值	峰值	谷值	峰值	谷值	
500Hz	声级/dB							
	距离/mm							
1000Hz	声级/dB							
	距离/mm							
2000Hz	声级/dB							
	距离/mm							
4000Hz	声级/dB							
	距离/mm							
8000Hz	声级/dB							
	距离/mm							

5.3.4.6 思考题

（1）人耳听觉的频率范围有多大？

（2）引起本实验测量误差的主要原因有哪些？

5.3.5 阻抗管法之传递函数法测量材料吸声系数实验

5.3.5.1 实验目的

（1）掌握用阻抗管法测量吸声材料吸声系数、声阻抗率的原理及操作方法。

（2）了解 AWA8551 阻抗管的结构原理及功能。

（3）掌握 1/3OCT 分析软件、FFT 分析软件、传递函数吸声系数测量软件的程序。

5.3.5.2 实验原理

本实验采用传递函数法测量材料的法向入射吸声系数，测量样品装在一支平直、刚性、气密的阻抗管的一端。管中的平面声波由（无规噪声、伪随机序列噪声或线性调频脉冲）声源产生。在靠近样品的两个位置上测量声压，求得两个传声器信号的声传递系数，由此计算试件的法向入射吸声系数和声阻抗率。本方法是比驻波比法更为快捷的测量方法。

上述这些量都是作为频率的函数确定的。频率分辨率取决于采样频率和数字频率分析系统的测量记录长度。有用的频率范围与阻抗管的横向尺寸或直径及两个传声器之间的间距有关。用不同尺寸或直径和间距做组合，可得到宽的测量频率范围。采用双传声器法测量。

其原理是：将宽带稳态随机信号分解成入射波 p_i 和反射波 p_r，p_i 和 p_r 大小由安装在管上的两个传声器测得的声压决定。其中 s 为双传声器的间距，l 为传声器 2 至基准面（测量表面）的距离。入射波声压和反射波声压分别可写为：

$$p_i = P_I e^{jk_0 x} \tag{5-64}$$

$$p_r = P_R e^{-jk_0 x} \tag{5-65}$$

式中 P_I——基准面上 p_i 的幅值；

P_R——基准面上 p_r 的幅值；

k_0——复波数，$k_0 = k_0' - jk_0''$。

两个传声器位置处的声压分别为：

$$p_1 = P_I e^{jk_0(s+l)} + P_R e^{-jk_0(s+l)} \tag{5-66}$$

$$p_2 = P_I e^{jk_0 l} + P_R e^{-jk_0 l} \tag{5-67}$$

入射波的传递函数 H_i 为：

$$H_i = p_{2i}/p_{1i} = e^{-jk_0 s} \tag{5-68}$$

反射波的传递函数 H_r 为：

$$H_r = p_{2r}/p_{1r} = e^{jk_0 s} \tag{5-69}$$

总声场的传递函数 H_{12} 可由 p_1、p_2 获得，并有 $P_R = rP_I$，其中 r 是法向反射系数：

$$H_{12} = \frac{p_2}{p_1} = \frac{e^{jk_0 l} + re^{-jk_0 l}}{e^{jk_0(s+l)} + re^{-jk_0(s+l)}} \tag{5-70}$$

使用 H_i、H_r 改写上式

$$r = \frac{H_{12} - H_i}{H_r - H_{12}} e^{2jk_0(s+l)} \tag{5-71}$$

法向反射系数 r 可通过测得的传递函数、距离 s、l 和波数 k_0 确定。因此，法向入射吸声系数 α 和阻抗率 z 分别为：

$$\alpha = 1 - |r|^2 \tag{5-72}$$

$$z = \frac{1 + r}{1 - r} \rho c_0 \tag{5-73}$$

式中 ρc_0——空气的特性阻抗。

5.3.5.3 实验仪器及药品

（1）AWA8551 阻抗管。

（2）1/4″测量传声器一对。

（3）AWA14614E 前置放大器。

（4）AWA6290M 双通道声学分析仪。

（5）AWA5871 功率放大器。

（6）信号发生器软件。

（7）1/3OCT 分析软件。

（8）FFT 分析软件。

（9）传递函数吸声系数测量软件。

（10）被测材料：海绵样品直径 100mm。

(11) 电脑。

(12) AWA6223 声级校准器。

5.3.5.4 实验操作步骤

(1) 准备工作。

1) 连接硬件。AWA6290M 的信号发生器端口通过 BNC 线与 AWA5871 的“Input”端口相连。AWA5871 的“Output”端口（功率放大）通过功放线与阻抗管的扬声器相连。AWA6290M 的信号采集通道 1 通过 BNC 线与传声器 1 相连；AWA6290M 的信号采集通道 2 通过 BNC 线与传声器 2 相连。AWA6290B/AWA6290M 的 USB 口通过 USB 线与计算机相连。

2) 对两个传声器进行校准，校准设备采用 AWA6223 校准器。同时记录下当前的室温和气压（这两个参数要输入软件中，作为声速的计算参数)。

3) 打开计算机上信号发生器软件，单通道 0，白噪声发声。为了提高信噪比，建议白噪声各频率点的声压值比对应的本底高 30dB，调节 AWA5871 功率放大器增益按钮，调节白噪声声压，一般调到总值的 130dB 左右就可以满足信噪比要求（AWA5871 功放的指针指向 7V)。测量前扬声器至少先工作 10min，以使工作状态稳定。

(2) 测量。

1) 打开 AWA6290 型信号分析软件。

2) AWA6290 型信号分析软件硬件属性设置。选中通道 1 或者通道 2，并设置如下。

前置供电：根据传声器类型选择，10mA；量程：10；硬件耦合：AC（10Hz 高通)；高通滤波：单选框选中。

传感器设置：在软件主菜单，选择插入 1/3OCT 分析软件，连续操作两次并点击软件“Start”按钮，数据开始采集。

校准传声器 1：鼠标点到设备下的通道 1，打开声校准器并发声，调整传声器灵敏度级，使得 1kHz 上的声压幅值调到约 93.8dB，即光标 X 为 1000.0Hz，光标 Y 为 93.8dB。

校准传声器 2：鼠标点到设备下的通道 2，打开声校准器并发声，调整传声器灵敏度级，使得 1kHz 上的声压幅值调到约 93.8dB，即光标 X 为 1000.0Hz，光标 Y 为 93.8dB。

校准完毕，将两个传声器安装到阻抗管的指定位置（通道 1 的传声器安装到靠近声源位置，通道 2 的传声器安装到靠近被测材料端)。

3) 插入吸声系数测量软件。点击软件菜单栏下的“Stop”按钮，停止软件数据采集，在主菜单上选择“插入”—“吸声系数测量”，并点击主工具图标栏“Start”按钮，启动软件采集数据。

4) 吸声系数测量基本属性设置。点击软件左边属性栏的“吸声系数测量—1”，设置如下。

通道号：G12。

平均次数：500 次（建议值，可以修改)。

输入通道号：0（默认不可以修改)。

输入通道号：1（默认不可以修改)。

测量模式：交换通道法。

校准因素：如果选择“交换通道法”，这个选项就没有意义。

传声器间距：根据传声器安装位置来确定，有20mm、40mm、80mm、70mm、140mm和自定义。

数据重叠率：0、50、75和87.5。根据计算机处理速度，性能好的建议选择87.5。

温度：通过声校准器AWA6223或者其他测温设备测得，并填入。

大气压强：通过声校准器AWA6223或者其他测压设备测得，并填入（该属性设置需要在启动吸声系数测量之前设置好）。

5）传递函数1测量。首先打开多功能音频信号发生器，单通道，信号选择为“白噪声”，信号衰减为0，在保证信号总值很大的情况下，可以不设置“均衡器设置”。调节AWA5871功率放大器，使得软件1/3OCT的噪声总值为130dB（推荐值），再设置吸声测量参数，然后点击吸声系数分析窗下的“Start”按钮，开始第一次传递函数测量。第一次传递函数测量完毕后，弹出对话框，提示用户交换两个传声器的位置。

6）传递函数2测量。上述步骤5）测量完毕（先点击“确定”），继续点击“Start”，开始测量传递函数2，测完后，软件自动提示，依次点击确定，得到传递函数结果界面。

7）结果分析。测量结果显示设置在软件左边“显示属性”—“显示方式”（分为“传递函数”“声反射因素”“吸声系数”“声导纳率”和“声阻抗率”）、“横坐标”（分别为“线性显示”和“对数显示”）。

8）数据比较和合并。电极吸声系数窗下的“Save”按钮，保存本次测量结果，重复上述步骤5）~7），得到下一组测量结果，然后点击“Save”按钮，保存第二组测量结果。保存两组后，吸声系数窗下看到两条曲线，分别为两个样品的吸声系数。如果点击左边属性栏的“合并样品记录”，并在后面的单选框选择打钩，则合并成功，若要显示合并的结果，则在“显示记录结果”后面打钩。

9）数据保存。

5.3.5.5 实验数据及结果处理

（1）保存当前测量结果值，包括传递函数、吸声系数、反射因素、声导纳率和声阻抗率。

（2）保存当前测量结果的传递函数到硬盘，用作数据对比。

（3）复制当前窗口的数据，保存时需要打开excel文件，然后鼠标右键，选择粘贴。

（4）复制当前窗口的图形，保存时需要打开excel文件，然后鼠标右键，选择粘贴。

（5）保存当前测量结果到内存，用于数据对比保存合并后的数据。

（6）保存合并后的数据。

5.3.5.6 思考题

这种方法测量的吸声系数和混响室法测量的吸声系数有什么区别？各有什么优缺点？

5.3.6　环境振级仪的使用

5.3.6.1　实验目的

(1) 了解振动测量的基本原理。

(2) 掌握环境振级的测量方法。

5.3.6.2　实验原理

随着现代工业与经济建设的加快发展，随着人们物质生活水平的不断提高，环境振动对人体的影响越来越得到人们的重视，并作为一种环境公害加以控制。根据 ISO2631 文件，振动对人体的影响主要通过以下振动测量标准来评价，即：(1) 1~80Hz 频率范围内的全身振动，在 3 个轴向确定"舒适性降低界限""疲劳-熟练程度降低界限"和"暴露界限"；(2) 在 0.1~0.63Hz 频率范围内，人随 Z 轴方向全身振动。

目前，国际上通用加速度参数来表示振动的强度，加速度常用 VL 表示。

$$VL = 20\lg a/a_0 \tag{5-74}$$

式中　a——振动加速度的有效值，m/s^2；

a_0——参考速度值，$a_0 = 10^{-6} m/s^2$。

而通过仪器内部设置 Z 垂直方向和 X-Y 水平方向计权网络来获得计权振动测量结果。

$$VL_Z = 20\lg a_Z/a_0 \tag{5-75}$$

$$VL_{X-Y} = 20\lg a_{X-Y}/a_0 \tag{5-76}$$

式中　a_Z，a_{X-Y}——振动计权加速度的有效值，m/s^2；

a_0——参考速度值，$a_0 = 10^{-6} m/s^2$。

计权特性见图 5-5。

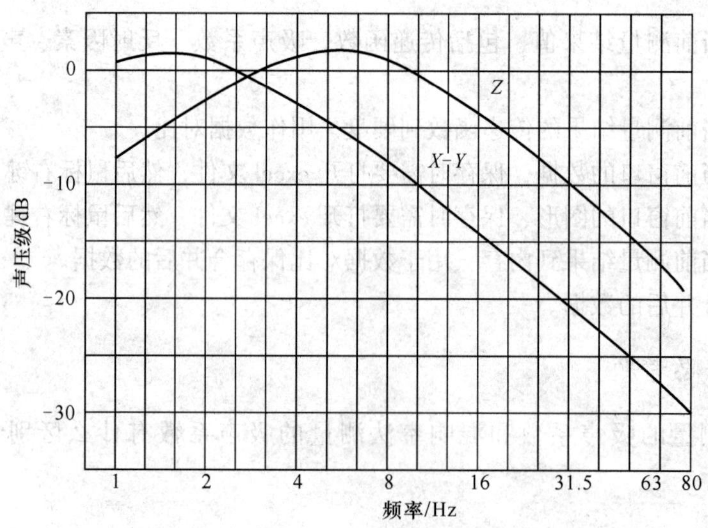

图 5-5　全身垂直、水平振动频率计权特性

5.3.6.3 实验仪器及药品

HS5933A 型环境振级分析仪。

5.3.6.4 实验操作步骤

(1) 根据测量要求，将振动传感器垂直（测量 Z 振级时）或水平放置（测量 $X-Y$ 振级时）于被测物体上（振动传感器是单向型的，测量 Z 振级时应垂直放置，测量 $X-Y$ 振级应水平放置，传感器外壳用铝金属制造，抗腐蚀能力强，且重量较重，自身稳定性好，适合环境振动测量要求)。

(2) 频率计权开关设置于 Z 或 $X-Y$ 位置，与振动传感器放置方向相对应。

(3) 测量方式开关设置于［MEAS］位置。

(4) 在显示器上直接读出被测振级值（注意：仪器在刚接通电源时，读数会从大到小变化，待稳定后测得的振级（dB）方可作测量结果)，如果显示器中出现“over”标记，表示信号输入过载，应重新测量。

(5) 最大振级保持测量。按一下［HOLD］键，使显示器左端出现“HOLD”标记，显示器读数将保持测量期间内的最大振级。不需要时，再按一下［HOLD］键，读数回到瞬时振级测量状态。

(6) 自动测量 VL_{eq}、VL_n、SD 等数据，按［Time］设置日期，再测定测量时间（如 5min、10min、24h)，按［Run/Pause］进入自动测量状态，按［MODE］，数据依次显示 VL_{eq}→SD→VL_{90}→VL_{10}→VL_{min}→VL_{max}→VL_{eq}。

5.3.6.5 实验数据及结果处理

记录不同时间的 VL_{eq}、SD、VL_{90}、VL_{10}、VL_{min}、VL_{max} 值。

5.3.6.6 思考题

(1) 人能感觉到的振动频率范围是多少赫兹?

(2) 依据 GB 10070—88《城市区域环境振动标准》，居民、文教区昼间铅垂向 Z 振级不能超过多少分贝？夜间铅垂向 Z 振级不能超过多少分贝？

5.4 固体废物处理实验

5.4.1 固体废物含水率、挥发分和灰分的测定

5.4.1.1 实验目的

(1) 了解城市生活垃圾的一般性质。

(2) 了解固体废物含水率、挥发分和灰分测定的原理。

(3) 掌握固体废物含水率、挥发分和灰分测定的方法及所涉及的仪器的操作。

5.4.1.2 实验原理

固体废物的含水率、挥发分和灰分是固体废物基本的物理化学特性，直接影响到固体废物的处理处置方法。不同来源的固体废物，其含水率、挥发分和灰分等理化特性差异较大。

固体废物含水率测定的是将固体废物在 (105±5)℃温度下烘干一定时间（如2h）后所失去的水分量，烘干至恒重或最后二次称重之误差小于法定值。含水率通常以单位质量样品所含水分质量的百分比表示。其计算式为：

$$W = \frac{A - B}{A} \times 100\% \tag{5-77}$$

式中 A——新鲜垃圾（或湿垃圾）试样原始质量，kg；

B——试样烘干后的质量，kg。

固体废物的挥发分是指固体废物在标准温度实验时，呈气体或蒸汽而散失的量，又称为挥发性固体含量，常用 Vs（%）来表示。挥发分是反映固体废物中有机物含量近似值的指标参数，以固体废物在600℃温度下的灼烧减量为指标。

固体废物的灰分是指固体废物中不能燃烧也不挥发的物质，它是反映固体废物中无机物含量的一个指标参数，常用符号 A 来表示，其数值即是灼烧残留量（%），测定方法同挥发分。灰分熔点与灰分的化学组成有关，主要取决于 Si、Al 等元素的含量。一般固体废物的灰分可分为 3 种形态：非熔融性、熔融性和含有金属成分。

5.4.1.3 实验仪器及药品

(1) 城市生活垃圾（可从附近的垃圾处理厂获取）。

(2) 电子天平、恒温鼓风干燥箱、马弗炉、瓷坩埚、干燥器。

5.4.1.4 实验操作步骤

(1) 含水率。

1) 将瓷坩埚洗净后在600℃马弗炉中灼烧1h，取出冷却称重，前后两次称量误差不大于0.01g，即为恒重，记作 m。

2) 取5g垃圾样品，置于坩埚内称重，记作 m_1。

3) 将盛有样品的坩埚放入干燥箱内，在 (105±5)℃下干燥至恒重，取出置于干燥器中冷却。

4) 将冷却后的样品从干燥器中取出，称量坩埚加样品的质量 m_2，直至恒重。否则重复烘干、冷却和称量过程，直至恒重为止。

(2) 挥发分和灰分。

1) 将干燥后的样品放入马弗炉内，在600℃灼烧2h后，取出置于干燥器中冷却。

2) 将冷却后的样品从干燥器中取出，称量坩埚加样品的质量 m_3。

平行测定：每个样品必须做3次平行测定，取其结果的算术平均值。

5.4.1.5　实验注意事项

(1) 马弗炉在使用过程中应注意安全，在温度较高时打开马弗炉取出样品应戴棉线手套，同时使用坩埚钳进行操作。

(2) 样品必须烘干至恒重，否则会影响本实验测量的精度。

(3) 测定挥发分时，温度应严格控制在（600±10)℃。

5.4.1.6　实验数据及结果处理

(1) 含水率（W）的计算。计算公式如下：

$$W = \frac{m_1 - m_2}{m_2 - m} \times 100\% \tag{5-78}$$

式中　W——固体废物的含水率，%；

m——空坩埚的质量，g；

m_1——干燥前坩埚加样品的质量，g；

m_2——经干燥恒重后，烧杯加样品的质量，g。

(2) 挥发分（Vs）的计算。计算公式如下：

$$Vs = \frac{(m_2 - m_3) \times 100\%}{m_1 - m} - W \tag{5-79}$$

式中　m_2——坩埚和样品在灼烧前的质量，g；

m_3——坩埚和样品在灼烧后的质量，g；

m——空坩埚质量，g；

m_1——干燥前坩埚加样品的质量，g；

W——样品含水率，%。

(3) 灰分（A）的计算。计算公式如下：

$$A = \frac{m_3 - m}{m_1 - m} \times 100\% \tag{5-80}$$

式中　m_3——坩埚和样品在灼烧后的质量，g；

m_1——干燥前坩埚加样品的质量，g；

m——空坩埚质量，g。

5.4.1.7　思考题

(1) 不同废弃物中挥发分与灰分的含量会有什么样的变化？

(2) 挥发分与灰分的含量多少说明了什么？

5.4.2　固体废物热值的测定

5.4.2.1　实验目的

(1) 掌握热值测定方法和氧弹热量计的基本操作方法。

（2）培养学生的动手能力，熟悉相关仪器设备的使用方法。

5.4.2.2 实验原理

热化学中定义，1mol 物质完全氧化时的反应热称为燃烧热。对生活垃圾固体废物和无法确定相对分子质量的混合物，其单位质量完全氧化时的反应热，即指单位质量固体废物在完全燃烧时释放出来的热量称为热值。固体废物热值是固体废物的一个重要物化指标。固体废物热值的大小直接影响着固体废物处理处置方法的选择。焚烧的主要目的是尽可能焚毁废物，使被焚烧的物质变为无害和最大限度地减容，并尽量减少新的污染物质产生，避免造成二次污染。对于大、中型的废物焚烧厂，能同时实现使废物减量、彻底焚毁废物中的毒性物质，以及回收利用焚烧产生的废热这三个目的，而焚烧炉中固体废弃物焚烧需要一定热值才能正常燃烧。热值有两种表示方式，即高位热值（粗热值）和低位热值（净热值）。若热值包含烟气中水的潜热，则该热值是高位热值。反之，若不包含烟气中水的潜热，则该热值就是低位热值。

要使固体废物能维持正常焚烧过程，就要求其具有足够的热值，即在进行焚烧时，垃圾焚烧释放出来的热量足以加热垃圾，并使之达到燃烧所需要的温度或者具备发生燃烧所必须的活化能。否则，便需要添加辅助燃料才能维持正常燃烧。计算热值有许多方法，如热量衡算法（精确法）、工程算法、经验公式法、半经验公式法。

焚烧过程进行着一系列能量转换和能量传递，是一个热能和化学能的转换过程。固体废物和辅助燃料的热值、燃烧效率、机械热损失及各物料的潜热和显热等，决定了系统的有用热量，最终也决定了焚烧炉的火焰温度和烟气温度。

热值测定方法如下：

（1）任何一种物质，在一定的温度下，物料所获得的热量（Q）：

$$Q = C\Delta t = mq \tag{5-81}$$

式中 C——热容，J/K；

Δt——初始温度与燃烧温度之差，K；

m——质量，g；

q——物料发热量。

因此，热容（C）：

$$C = \frac{mq}{\Delta t} \tag{5-82}$$

在操作温度一定（20℃）、热量计中水体积一定、水纯度稳定的条件下，C 为常数，氧弹热量计系统的热容也是固定的，当固体废物燃烧发热时，会引起热量计中水温变化（Δt），通过探头测定而得到固体废物的发热量。发热量（q）：

$$q = \frac{C\Delta t}{m} \tag{5-83}$$

式中 m——待测物质量。

（2）热容（J/℃）计算公式如下：

$$E = \frac{Q_1M_1 + Q_2M_2 + VQ_3}{\Delta T} \tag{5-84}$$

式中 E——热量计热容，J/℃；

Q_1——苯甲酸标准热值，J/g；

M_1——苯甲酸质量，g；

Q_2——引燃（点火）丝热值，J/g；

M_2——引燃（点火）丝质量，g；

V——消耗的氢氧化钠溶液的体积，mL；

Q_3——硝酸生成热滴定校正（0.1mol 的硝酸生成热为 5.9J），J/g；

ΔT——修正后的量热体系温升，℃。

ΔT 计算方法如下：

$$\Delta T = (t_n - t_0) + \Delta\theta \tag{5-85}$$

$$\Delta\theta = \frac{V_n - V_0}{\theta_n - \theta_0}\left(\frac{t_0 + t_n}{2} + \sum_{i=1}^{n-1} t_i - n\theta_n\right) + nV_n \tag{5-86}$$

式中 V_0，V_n——初期和末期的温度变化率，℃/30s；

θ_0，θ_n——初期和末期的平均温度，℃；

n——主期读取温度的次数；

t_i——主期按次序温度的读数。

（3）试样热值（J/g）的计算公式如下：

$$Q = \frac{E\Delta T - \sum G_d}{G} \tag{5-87}$$

式中 $\sum G_d$——添加物产生的总热量，J；

G——试样质量，g；

其他符号意义同上。

5.4.2.3 实验仪器及药品

A 实验仪器

（1）氧弹热量计。

（2）自密封式氧弹。

（3）水套（外筒）、水套（内筒）。

（4）搅拌器。

（5）工业用玻璃棒温度计。

（6）点火丝。

（7）气体减压器。

（8）压饼机。

（9）控制器面板。

B 实验药品

（1）苯甲酸。

（2）固体废物（可用粉煤灰代替）。

5.4.2.4 实验操作步骤

（1）热量计热容（E）的测定。

1）先将外筒装满水，实验前用外筒搅拌器（手拉式）将外筒水温搅拌均匀。

2）称取片剂苯甲酸 1g（约两片），再称准至 0.0002g 放入坩埚中。

3）把盛有苯甲酸的坩埚固定在坩埚架上，将一根点火丝的两端固定在两个电极柱上，并让其与苯甲酸有良好的接触，然后在氧弹中加入 10mL 蒸馏水，拧紧氧弹盖，并用进气管缓慢地充入氧气直至弹内压力为 2.8~3.0MPa 为止，氧弹不应漏气。

4）把上述氧弹放入内筒中的氧弹座架上，再向内筒中加入约 3000g（称准至 0.5g）蒸馏水（温度已调至比外筒低 0.2~0.5℃），水面应至氧弹进气阀螺帽高度的约 2/3 处，每次用水量应相同。

5）接上点火导线，并连好控制箱上的所有电路导线，盖上盖，将测温传感器插入内筒，打开电源和搅拌开关，仪器开始显示内筒水温，每隔半分钟蜂鸣器报时 1 次。

6）当内筒水温均匀上升后，每次报时时，记下显示的温度。当记下第 10 次时，同时按“点火”键，测量次数自动复零。以后每隔半分钟贮存测温数据共 31 个，当测温次数达到 31 次后，按“结束”键表示实验结束（若温度达到最大值后记录的温度值不满 10 次，需人工记录几次）。

7）停止搅拌，拿出传感器，打开水筒盖，注意先拿出传感器，再打开水筒盖，取出内筒和氧弹，用放气阀放掉氧弹内的氧气，打开氧弹，观察氧弹内部，若有试样燃烧完全，实验有效，取出未烧完的点火丝称重；若有试样燃烧不完全，则此次实验作废。

8）用蒸馏水洗涤氧弹内部及坩埚并擦拭干净，洗液收集至烧杯中的体积为 150~200mL。

9）将盛有洗液的烧杯用表面皿盖上，加热至沸腾 5min，加 2 滴酚酞指示剂，用 0.1mol/L 的氢氧化钠标准溶液滴定，记录消耗的氢氧化钠溶液的体积，如发现在坩埚内或氧弹内有积炭，则此次实验作废。

（2）固体废物样品热值的测定。取固体废物样品（可用粉煤灰代替）1.0g 左右，采用上述方法进行实验。

5.4.2.5 实验注意事项

（1）样品的称量应精确至 0.0002g，以减少实验过程中的误差。

（2）停止搅拌后应注意先拿出传感器后再打开水筒盖，避免温度数据出现偏差。

5.4.2.6 实验数据及结果处理

将实验数据记入表 5-20 中。

表 5-20 热量计的水当量 C 计的测定

实验序号	苯甲酸	粉煤灰
1		
2		

续表 5-20

实验序号	苯甲酸	粉煤灰
3		
4		
5		
6		
7		
8		
9		
10		
11		
12		
13		
14		
15		
16		
17		
18		
19		
20		
21		
22		
23		
24		
25		
26		
27		
28		
29		
30		
31		
样品/g		
NaOH 用量 0.1mol/L		
铜丝		
点火前/g		
点火后/g		

注：苯甲酸的燃烧热为-26460J/g，引燃铜丝的燃烧热为-3140J/g。

用图解法求出样品燃烧引起热量仪温度变化的差值，并根据公式计算样品的热值。根据苯甲酸和粉煤灰点火后温度的变化，以时间为 x 轴，温度为 y 轴，可得温度-时间关系图。

5.4.2.7 思考题

（1）为何氧弹每次工作之前要加 10mL 水？
（2）影响热值测定的因素有哪些？
（3）热值达到多少，固体废物才能采用焚烧法处理？

5.4.3 固体废物破碎与筛分实验

5.4.3.1 实验目的

（1）了解固体废物破碎和筛分的目的。
（2）了解固体废物破碎设备和筛分设备。
（3）掌握破碎和筛分设备的使用方法，熟悉破碎和筛分的实验流程。

5.4.3.2 实验原理

固体废物的破碎是固体废物由大变小的过程，利用粉碎工具对固体废物施加外力，克服固体废物质点间的内聚力而使大块固体废物分裂成小块的过程。破碎后所得产物根据粒度的不同，利用不同筛孔尺寸的筛子将物料中小于筛孔尺寸的细物粒透过筛面，大于筛孔尺寸的粗物粒留在筛面上，从而完成粗、细颗粒分离的过程称为固体废物的筛分。

破碎产物的特性一般用粒径分布和破碎比来描述。表示颗粒大小的参数一般有粒径和粒度分布。粒径是表示颗粒大小的参数，常用筛径来表示。粒度分布表示固体颗粒群中不同粒径颗粒的含量分布情况。破碎比表示破碎过程中原废物粒度与破碎产物粒度的比值。在工程设计中，破碎比常用废物破碎前的最大粒度（D_{max}）与破碎后的最大粒度（d_{max}）之比来计算，这一破碎比称为极限破碎比。通常，根据最大物料直径来选择破碎机给料口的宽度。在科研理论研究中，破碎比常采用废物破碎前的平均粒度（D_{cp}）与破碎后的平均粒度（d_{cp}）之比来计算。这一破碎比称为真实破碎比，能较真实地反映废物的破碎程度。

5.4.3.3 实验仪器与设备

（1）破碎机。
（2）振筛机。
（3）固体废物样品。
（4）鼓风干燥箱。
（5）台式天平。
（6）刷子。

5.4.3.4 实验操作步骤

（1）称取固体废物样品不少于 600g，并在（105±5）℃的温度下烘干至恒重；

（2）称取烘干后试样 500g 左右，精确至 1g；
（3）将实验颗粒倒入按孔径大小从上到下组合的套筛（附筛底）上；
（4）开启振筛机，对样品筛分 15min；
（5）筛分后将不同孔径的筛子里的颗粒进行称重并记录数据；
（6）将称重后的颗粒混合，倒入破碎机中进行破碎；
（7）收集破碎后的全部物料；
（8）将破碎后的颗粒再次放入振筛机中，重复上述步骤（3）~（5）；
（9）做好实验记录，收拾实验室，完成实验结果与分析。

5.4.3.5 实验注意事项

固体废物应该在烘干至恒重时再开始破碎和筛分实验。

5.4.3.6 实验数据及结果处理

（1）计算真实破碎比。计算公式如下：

真实破碎比 = 废物破碎前的平均粒度(D_{cp})/ 破碎后的平均粒度(d_{cp})

（2）计算细度模数。计算公式如下：

$$M_x = \frac{(A_2 + A_3 + A_4 + A_5 + A_6) - 5A_1}{100 - A_1} \tag{5-88}$$

式中，M_x 为细度模数；A_1、A_2、A_3、A_4、A_5、A_6 分别为 4.75mm、2.36mm、1.18mm、0.6mm、0.3mm、0.15mm 筛的累积筛余量百分数。

细度模数是判断粒径粗细程度及类别的指标。细度模数越大，表示粒径越大。

（3）实验记录。将实验数据记入表 5-21 中。

表 5-21 实验数据记录表

破碎前总量：________________；破碎后总量：________________

筛孔粒径/mm	破碎前			破碎后		
	筛余量/g	分计筛余量/%	累积筛余量/%	筛余量/g	分计筛余量/%	累积筛余量/%
9.5						
4.75						
2.36						
1.18						
0.6						
0.3						
0.15						
筛底						
合计						
差量						
平均粒径						

分计筛余百分率：各号筛余量与试样总量之比，计算精确至0.1%。

累积筛余百分率：各号筛的分计筛余百分率加上该号以上各级筛余百分率之和，精确至0.1%；筛分后，如每号筛的筛余量与筛底的剩余量之和同原试样质量之差超过1%时，应重新实验。

平均粒径 D_{pj} 使用分计筛余百分率 p_i 和对应粒径 d_i 计算：

$$D_{pj} = \sum_i^n p_i d_i \tag{5-89}$$

5.4.3.7 思考题

(1) 固体废物进行破碎和筛分的目的是什么？

(2) 各种破碎机各有什么特点？

(3) 影响筛分的因素有哪些？

5.4.4 固体废物好氧堆肥实验

5.4.4.1 实验目的

(1) 加深对好氧堆肥的了解。

(2) 掌握垃圾好氧堆肥的基本流程。

(3) 掌握好氧堆肥过程中的各种影响因素和控制措施。

5.4.4.2 实验原理

堆肥是指在控制条件下，使来源于生物的有机废物发生生物稳定作用的过程。具体讲就是依靠自然界广泛分布的细菌、放线菌、真菌等微生物，在一定的人工条件下，有控制地促进可被生物降解的有机物向稳定的腐殖质转化的生物化学过程，其实质是一种发酵过程。有机固体废物的堆肥技术是一种最常用的固体废物生物转换技术，是对固体废物进行稳定化、无害化处理的重要方式之一。好氧堆肥是在有氧条件下，依靠好氧微生物的作用来转化有机废物。有机废物中的可溶性有机物质可透过微生物的细胞壁和细胞膜被微生物直接吸收，不溶性的胶体有机物质则先吸附在微生物体外，依靠微生物分泌的胞外酶分解为可溶性物质，再渗入细胞。微生物通过自身的生命活动进行分解代谢和合成代谢，把一部分被吸收的有机物质氧化成简单的无机物，并释放生物生长、活动所需要的能量；把另一部分有机物转化合成新的细胞物质，使微生物繁殖，产生更多的生物体。

5.4.4.3 实验装置

固体废物好氧堆肥实验装置主体为有机玻璃柱，可视性好，能直接观察不同层面垃圾的反应分解过程，且在不同高度设有垃圾取样口，对不同层面的垃圾进行取样分析。该装置装卸料方便、反应速度快，被广泛应用于环境工程的固体废物处理实验中。实验装置由反应器主体、供气系统和渗滤液收集系统三部分组成。

(1) 反应器主体。实验的核心装置是一次发酵反应器，设计采用有机玻璃制成罐，内径为350mm，高度为1000mm，总容积为70L。反应器侧面设有采样口，可定期采样。反应器顶部设有气体收集管，用医用注射器作取样器，定时收集反应器内的气体样本。此外，反应器上还配有测温装置等。

(2) 供气系统。风机经过气体流量计定量后从反应器底部供气。供气管为直径10mm的蛇皮管。为了达到相对均匀供气，把供气管在反应器内的部分加工为多孔板，并采用单路供气的方式。

(3) 渗滤液分离收集系统。反应器底部设有多孔板，以分离渗滤液。多孔板用有机玻璃制成，板上布满直径为5mm的小孔。在多孔板下部的集水区底部为锥面，可随时排出渗滤液。渗滤液储存在渗滤液收集槽中，以调节堆肥物含水率。

5.4.4.4　实验操作步骤

(1) 将40kg有机垃圾进行人工剪切破碎，并过筛，使垃圾粒度小于10mm。

(2) 测定有机垃圾的含水率。

(3) 将破碎后的有机垃圾投加到反应器中，控制供气流量为$1m^3/(h \cdot t)$。

(4) 在堆肥开始第1、3、5、8、10、15天分别取样测定堆体的含水率，记录堆体中央温度，从气体取样口取样测定CO_2和O_2浓度。

(5) 再调节供气流量分别为$1.5m^3/(h \cdot t)$和$2m^3/(h \cdot t)$，重复上述实验步骤。

5.4.4.5　实验注意事项

(1) 实验结束后，垃圾一定要排放完，实验柱擦干。

(2) 在测含水率、温度、CO_2、O_2浓度时，应尽量同时测定，减少实验误差。

5.4.4.6　实验数据及结果处理

(1) 记录实验主体设备的尺寸、实验温度、气体流量等基本参数。

(2) 实验数据可参考表5-22记录。

(3) 根据实验数据绘制堆体温度随时间变化的曲线。

表5-22　实验数据记录表

项　目		原始垃圾	第1天	第3天	第5天	第8天	第10天	第15天
供气流量 $1m^3/(h \cdot t)$	含水率/%							
	温度/℃							
	CO_2/%							
	O_2/%							
供气流量 $1.5m^3/(h \cdot t)$	含水率/%							
	温度/℃							
	CO_2/%							
	O_2/%							

续表 5-22

项 目		原始垃圾	第 1 天	第 3 天	第 5 天	第 8 天	第 10 天	第 15 天
供气流量 $2m^3/(h \cdot t)$	含水率/%							
	温度/℃							
	CO_2/%							
	O_2/%							

5.4.4.7 思考题

(1) 分析影响堆肥过程中堆体含水率的主要因素。

(2) 分析堆肥过程中通气量对堆肥过程的影响。

5.4.5 固体废物厌氧发酵实验

5.4.5.1 实验目的

(1) 掌握有机垃圾厌氧发酵产甲烷的过程和机理。

(2) 了解厌氧发酵的操作特点和主要控制条件。

5.4.5.2 实验原理

厌氧发酵是指在厌氧状态下利用厌氧微生物使固体废物中的有机物转化为 CH_4 和 CO_2 的过程。厌氧发酵产生以 CH_4 为主要成分的沼气。参与厌氧分解的微生物可以分为两类，一类是由一个十分复杂的混合发酵细菌群将复杂的有机物水解，并进一步分解为以有机酸为主的简单产物，通常称为水解菌。第二阶段的微生物为绝对厌氧细菌，其功能是将有机酸转变为甲烷，被称之为产甲烷菌。

厌氧发酵一般可以分为三个阶段，即液化阶段（水解阶段）、产酸阶段和产甲烷阶段，每一阶段各有其独特的微生物类群起作用。

(1) 液化阶段。发酵细菌利用胞外酶对有机物进行体外酶解，使固体物质变成可溶于水的物质，然后细菌再吸收可溶于水的物质，并将其分解为不同产物。高分子有机物的水解速率很低，它取决于物料的性质、微生物的浓度，以及温度、pH 值等环境条件。纤维素、淀粉等水解成单糖类，蛋白质水解成氨基酸，再经脱氨基作用形成有机酸和氨，脂肪水解后形成甘油和脂肪酸。

(2) 产酸阶段。水解阶段产生的简单的可溶性有机物在产氢和产酸细菌的作用下，进一步分解成挥发性脂肪酸、醇、酮、醛 CO_2 和 H_2 等。

(3) 产甲烷阶段。产甲烷菌将第二阶段的产物进一步降解成 CH_4 和 CO_2，同时利用产酸阶段所产生的 H_2 将部分 CO_2 再转变为 CH_4。产甲烷阶段的生化反应相当复杂，其中 72%的 CH_4 来自乙酸，主要反应有：

$$CH_3COOH \longrightarrow CH_4\uparrow + CO_2\uparrow \qquad (5-90)$$

$$4H_2+CO_2 \longrightarrow CH_4\uparrow +2H_2O \tag{5-91}$$

$$4HCOOH \longrightarrow CH_4\uparrow +3CO_2\uparrow +2H_2O \tag{5-92}$$

$$4CH_3OH \longrightarrow 3CH_4\uparrow +CO_2\uparrow +2H_2O \tag{5-93}$$

$$4(CH_3)_3N+2H_2O \longrightarrow 9CH_4\uparrow +3CO_2\uparrow +4NH_3\uparrow \tag{5-94}$$

$$4CO+2H_2O \longrightarrow CH_4\uparrow +3CO_2\uparrow \tag{5-95}$$

5.4.5.3 实验仪器及药品

（1）实验装置：厌氧发酵反应器。

（2）发酵原料：生活垃圾。

（3）接种：可采用活性污泥接种，取就近的污水处理厂污泥间的脱水剩余活性污泥，在培养过程中可以不添加其他培养物。

（4）分析方法：

1）TS 和 VS 的检测采用重量法；

2）TCOD 和 SCOD 的检测采用 K_2CrO_7 氧化法；

3）pH 值使用精密 pH 计测定；

4）甲烷和二氧化碳浓度可采用 9000D 型便携式红外线分析系统；

5）TN 采用日本 SHIMADZU 公司 TOC-V CPN 型 TOC/TN 分析仪；

6）挥发性脂肪酸，以乙酸计，滴定法。

5.4.5.4 实验操作步骤

（1）污泥驯化：将脱水污泥加水过筛以除去杂质，然后放入恒温室内厌氧驯化 1d。

（2）按实验要求配置好有机垃圾的样品，并放置于备料池中备用。

（3）将培养好的接种污泥投入反应器，采用有机垃圾和污泥 *Vs* 之比为 1∶1 的混合物料。用 CO_2 和 N_2 的混合气通入反应器底部 2~3min，以吹脱瓶中剩余的空气。立即将反应器密封，将系统置于恒温中进行培养。恒温系统温度升至 35℃时，测定即正式开始。

（4）记录每日产气量以及相关参数，直到底物的 VFA 的 80%已被利用。

（5）为了消除污泥自身消化产生甲烷气体的影响，需做空白实验，空白实验是以去离子水代替有机垃圾，其他操作与活性测定实验相同。

（6）分别设置不同的反应温度，以及不同的有机垃圾与活性污泥的配比参考不同温度对厌氧发酵产甲烷的影响。

5.4.5.5 实验注意事项

实验开始前需用 CO_2 和 N_2 的混合气吹脱反应器内的空气。

5.4.5.6 实验数据记录

将实验数据记录在表 5-23 中。

表 5-23 有机垃圾厌氧发酵产甲烷实验记录

序号	有机负荷/m·s^{-1}	日产气量/mL	甲烷含量/g	pH 值

5.4.5.7 思考题

(1) 分析厌氧发酵的三阶段理论和两阶段理论的异同点。
(2) 厌氧发酵装置有哪些类型？试比较它们的优缺点。
(3) 影响厌氧发酵的因素有哪些？

5.4.6 危险废物重金属含量及浸出毒性测定实验

5.4.6.1 实验目的

(1) 掌握危险废物中重金属含量的测定方法。
(2) 掌握危险废物浸出毒性的测定方法。
(3) 了解危险废物浸出毒性对环境的污染与危害。

5.4.6.2 实验原理

目前城市生活中产生的越来越多固体废物中含有一定量的各种重金属，此类废弃物暴露在空气、水体或者土壤中，重金属会慢慢地渗透出来，危害人们的生存环境。危险废物是指列入《国家危险废物名录》或根据国家规定的危险废物鉴别标准和鉴别方法认定的具有危险特性的废物。危险废物具有毒性、腐蚀性、易燃性、反应性和感染性等一种或几种危害特性。含有有害物质的危险废物在堆放或处置过程中，遇水浸沥，使其中的有害物质迁移转化，污染环境。浸出实验是对这一自然现象的模拟实验。当浸出的有害物质的量值超过相关法规提出的阈值时，则该废物具有浸出毒性。

浸出是可溶性的组分通过溶解或扩散的方式从固体废物中进入浸出液的过程。当填埋或堆放的废物和液体接触时，固相中的组分就会溶解到液相中形成浸出液。组分溶解的程度取决于液固相接触的点位、废物的特性和接触的时间。浸出液的组成和它对水质的潜在影响，是确定该种废物是否为危险废物的重要依据，也是评价这种废物所适用的处置技术的关键因素。我国和欧洲标准浸出方法均采用 24h 蒸馏水浸出，不同的是前者须将废弃物破碎至 5mm 以下而后者为 4mm 以下。

5.4.6.3 实验仪器及药品

(1) 实验仪器。

1）加热装置：板式电炉及 100mL 瓷质坩埚；

2）定容装置：50mL 容量瓶或比色皿；

3）浸取容器：2L 密封塞广口聚乙烯瓶；

4）浸取装置：频率可调的往复式水平振荡器；

5）过滤装置：加压过滤装置、真空过滤装置或离心分离装置。

（2）实验药品。

1）硝化试剂：浓硝酸、王水、氢氟酸、高氯酸；

2）浸取剂：去离子水或同等纯度的蒸馏水；

3）滤膜：0.45μm 微孔滤膜或中速定量滤纸。

5.4.6.4 实验操作步骤

（1）重金属含量的测定。

1）准确称取 0.1g 试样，置于瓷坩埚中，用少许水润湿，加入 0.5mL 浓硝酸和王水 10mL。

2）将瓷坩埚置于电炉上加热，反应至冷却，使残液不少于 1mL。

3）将残液中再加入 5mL HF，进行低温加热至 1mL。

4）最后加入 5mL 高氯酸加热至 1mL。

5）取下瓷坩埚，冷却，加入去离子水，继续煮沸使盐类溶解，再进行冷却。

6）将最终残液移至于 50mL 容量瓶中，水洗坩埚加入硝酸至酸度为 2%，定容至刻度。用原子吸收火焰分光光度法或 ICP-AES 测试溶液中重金属 Cr、Cd、Cu、Ni、Pb 和 Zn 的浓度 C_0。

（2）浸出毒性的测定。浸出液的制备方法根据国家标准 GB 5086.2—1997《固体废物浸出毒性浸出方法　水平振荡法》执行。

1）将各危险废物样品研磨制成 5mm 以下粒度的试样。

2）称取 10g 试样，置于锥形瓶中，加去离子水 100mL，将瓶口密封。

3）将锥形瓶垂直固定于振荡仪上，调节频率为（110±10）次/min，在室温下振荡浸取 8h（可根据需要适当调整浸取时间）。

4）取下锥形瓶，静置 16h，并于安装好滤膜的过滤装置上过滤，收集全部滤出液。用原子吸收火焰分光光度法或 ICP-AES 测试溶液中重金属的浓度 C。

5.4.6.5 实验注意事项

（1）实验过程中请勿用手直接接触固体废物，以防止污染。

（2）实验中所用的各种酸都具有强烈的腐蚀性，操作过程中务必戴好防护手套等，以防止实验中的飞溅等意外事故。

5.4.6.6 实验数据及结果处理

（1）实验数据记录。将实验数据记入表 5-24 和表 5-25 中。

表 5-24 溶液中重金属浓度测定结果

项 目	Cr	Cd	Cu	Ni	Pb	Zn
空白浓度/mg · L^{-1}						
样本浓度/mg · L^{-1}						

表 5-25 浸出液中重金属浓度测定结果

项 目	Cr	Cd	Cu	Ni	Pb	Zn
空白浓度/mg · L^{-1}						
样本浓度/mg · L^{-1}						

（2）根据实验数据计算重金属浸出率。根据测定的危险废物浸出液中重金属的浓度，计算出危险废物的重金属 Cr、Cd、Cu、Ni、Pb 和 Zn 的浸出率 η，具体根据下述公式：

$$\eta = \frac{M}{M_0} \times 100\% \tag{5-96}$$

式中 M_0——危险废物中重金属物质的量，mg/g；

M——危险废物浸出的重金属物质的量，mg/g。

5.4.6.7 思考题

（1）测试危险废物的重金属浸出毒性有何意义？

（2）有哪些因素会影响危险废物的浸出率？

5.4.7 固体废物吸水率、抗压强度和颗粒容重的测定实验

5.4.7.1 实验目的

（1）了解固体废物吸水率、抗压强度和颗粒容重的基本意义。

（2）掌握固体废物吸水率、抗压强度和颗粒容重的测定方法和原理。

5.4.7.2 实验原理

固体废物的吸水率是指材料试样放在蒸馏水中，在规定的温度和时间内吸水质量和试样原质量之比。吸水率可用来反映材料的显气孔率。

固体废物的密度可以分为体积密度、真密度等。体积密度是指不含游离水材料的质量与材料的总体积之比；材料质量与材料实体积之比值，则称为真密度。密度的测定是基于阿基米德原理。

固体废物的机械强度是指固体废物抗破碎的阻力。通常用静载下测定的抗压强度、抗拉强度、抗剪强度和抗弯强度来表示。抗压强度是最常用的固体废物的机械强度表示方法。

5.4.7.3 实验仪器及药品

(1) 恒温干燥箱。

(2) 天平。

(3) 游标卡尺。

(4) 容积密度瓶。

(5) 标准筛。

(6) 干燥器。

(7) 研钵。

(8) 万能实验材料测试机。

(9) 实验试剂蒸馏水。

5.4.7.4 实验操作步骤

(1) 吸水率的测试。根据国家标准 GB/T 17431.1—1998《轻集料及其试验方法 第1部分：轻集料》和 GB/T 17431.2—1998《轻集料及其试验方法 第2部分：轻集料试验方法》测试烧成固体废物样品的吸水率，具体如下：

1) 将固体废物放在 110℃±5℃ 的烘箱中干燥至恒重后，放在有硅胶或其他干燥剂的干燥器内冷却至室温。

2) 称量和记录固体废物的干燥质量 m_0，精确至 0.01g，然后将样品放入盛水的容器中，如有颗粒漂浮在水面上，必须设法将其压入水中。

3) 样品浸水 1h 后，将样品倒入 5mm 的筛子中，滤水 1~2min，然后倒在拧干的湿毛巾上，用手抓住毛巾两端，使其成槽形，让固体废物在毛巾上往返滚动 4 次后，将固体废物取出称重，质量记为 m。

(2) 抗压强度的测试。按照国家标准 GB/T 4740—1999《陶瓷材料抗压强度试验方法》在 WE-50 型液压式万能试验机上测试烧成固体废物样品的抗压强度。具体步骤如下：

1) 将样品制成直径 20mm±2mm、高 20mm±2mm 的试样；

2) 将试样置于温度为 110℃ 的烘箱中，烘干 2h，然后放入干燥器，冷却至室温；

3) 测量并记录每块试样的直径和高度，精确至 0.1mm；

4) 将试样放入试验机压板中心，并在试样两受压面衬垫 1mm 厚的草纸板；

5) 选择适当的量程，以 2×10^2N/s 的速度均匀加载直至试样破碎（以测力指针倒转时为准），记录试验机指示的最大载荷。

(3) 颗粒容重测试。按照 GB 2842—81《轻骨料试验方法》测试烧成固体废物样品的颗粒容重。具体操作步骤如下：

1) 取适量样品，放入量筒中浸水 1h，然后取出（可采用测完 1h 吸水率的试样进行测定），称重 m。

2) 将试样倒入 100mL 的量筒里，再注入 50mL 清水。如有试样漂浮在水上，可用已知体积（V_1）的圆形金属板压入水中，读出量筒的水位（V）。

5.4.7.5 实验注意事项

在测定固体废物吸水率和颗粒容重时，应保证所有样品完全浸入水中，以减少实验误差。

5.4.7.6 实验数据及结果处理

（1）固体废物吸水率。固体废物的1h吸水率W按照下述公式计算：

$$W = \frac{m - m_0}{m_0} \times 100\% \tag{5-97}$$

式中 W——固体废物的1h吸水率，%，计算精确到0.01%；

m——浸水后试样的质量，g；

m_0——烘干实验的质量，g。

（2）样品抗压强度。样品抗压强度极限按下式计算：

$$\sigma_c = \frac{4P}{\pi D^2} \tag{5-98}$$

式中 σ_c——抗压强度，MPa，精确至0.01MPa；

P——试样受压破碎的最大载荷，N；

D——试样直径，mm。

（3）颗粒容重。固体废物的颗粒容重计算公式如下：

$$\gamma_k = \frac{m \times 1000}{V - V_1 - 50} \tag{5-99}$$

式中 γ_k——固体废物颗粒容重，kg/m^3，计算精确至10kg/m^3；

m——试样质量，g；

V_1——圆形金属板的体积，mL；

V——倒入试样和放入压板后量筒的水位，mL。

5.4.7.7 思考题

（1）固体废物的性质对破碎处理有何影响？

（2）固体废物的哪些结构特征对其抗压强度产生影响？

（3）固体废物的吸水率、抗压强度和颗粒容重，三者之间有何种联系？

5.4.8 土柱或有害废弃物渗滤和淋溶实验

5.4.8.1 实验目的

（1）掌握土柱或有害废弃物渗滤和淋溶的实验方法。

（2）了解含污地表水通过土壤层或雨水淋溶固体废物对土壤层、地下水的影响程度。

5.4.8.2 实验原理

淋滤指水连同悬浮或溶解于其中的土壤表层物质向地下周围渗透的过程。淋滤实验是确定土壤中污染物质迁移转化规律的基本实验，本实验中采用模拟天然雨水对土壤（或有害废弃物）进行淋滤，根据虹吸原理控制水层高度，以土柱筒底部的排水口接取渗出液，分别测量渗滤实验原溶液和渗出液携带出有害物质，有害物质浓度减小时说明土柱或其他固废材料对于该物质具有吸附或降解作用，有害物质浓度增加时说明土柱或其他固废材料中该物质被浸出。实验中水层高度通常控制在土柱表面上 8~10cm，渗出液的出水速率（mL/min）取决于土柱截面面积、孔隙形状、尺度和孔隙率。有害物质的吸附率（渗出率，%）除了与实验材料有关外，还与许多外部条件有关，对于重金属污染而言，进滤溶液的 pH 值对金属污染物的溶出影响极大，因此在实验前需要事先确定相应的实验和控制方案。

对于具有较大孔隙率和孔隙尺度的固废材料而言，由于淋滤水流可以以较快的滤速通过固废材料筒柱，而不形成浸没方式，这时出水速率（mL/min）与喷淋速率相平衡。

5.4.8.3 实验仪器及药品

可采用软件模拟或自制实验装置，土柱或有害废弃物渗滤和淋溶实验装置主要包括：

（1）淋溶实验原水高位水箱；

（2）实验固废或土柱填装实验柱；

（3）卵石承托层；

（4）装填实验柱溢流口；

（5）渗滤液接水计量杯；

（6）喷淋进水快阀；

（7）淋溶液出水快阀；

（8）喷淋进水水量调节阀；

（9）饱水实验进水快阀。

5.4.8.4 实验操作步骤

（1）含氟污水对土壤、地下水的污染。

装柱：本实验选自本地区地表垂直深度 2m 内的土层，模拟实际土壤密度装填在内径 100mm 的有机玻璃柱内，装填高度 800mm。

配制模拟含氟废水：选用氟化钠配制一定浓度的高氟水作为原水，浓度控制在 4~7mg/L。

（2）粉煤灰淋滤实验。

装柱：取电厂粉煤灰适量，装填在内径 100mm 的有机玻璃柱内，装填高度为 800mm。

模拟天然雨水：以 0.25mg/L H_2SO_4 和 0.05mg/L HNO_3 溶液按 $n(SO_4^{2-}):n(NO_3^-)=5:1$ 的比例配制成原液，用蒸馏水稀释成 pH=5.6 的模拟雨水。

（3）根据虹吸原理控制水层高度保持在土柱或有害废弃物上 10cm，上下浮动 2cm，即 8~12cm，以土柱筒底部的排水口接取渗出液，定时记录出水量，测量出水中污染物浓度、淋出液 pH 值、液固比（即淋溶液体积与土柱或渣质量比值，单位为 mL/g）、出水速度及吸附率，并绘制吸附曲线或淋滤曲线。

5.4.8.5 实验注意事项

(1) 采用离子选择电极法测定氟化物时，电极应清洗干净，并吸去水分。

(2) 不得用手直接触摸电极的膜表面。

5.4.8.6 实验数据及结果处理

(1) 将实验数据记录在表 5-26 中。

表 5-26 实验数据记录表

序号		淋溶原水		淋滤液						
		pH 值	浓度 /mg·L^{-1}	出水时间 /min	出水体积 /mL	液固比	pH 值	浓度 /mg·L^{-1}	出水速度 /mL·h^{-1}	$\frac{吸附率}{渗透率}$/%
土柱淋滤	1									
	2									
	3									
	4									
	5									
	6									
粉煤灰淋滤	1									
	2									
	3									
	4									
	5									
	6									

(2) 根据表 5-26 所记录的数据，绘制吸附曲线或淋滤曲线（淋滤液中氟离子浓度、pH 值随液固比的变化曲线）。

5.4.8.7 思考题

(1) 分析含氟污水对土壤、地下水的污染规律。

(2) 预测固体废物露天堆放时，渣中污染物对水环境的影响程度。

5.4.9 固体废物热解焚烧条件实验

5.4.9.1 实验目的

(1) 了解热解的概念。

(2) 熟悉热解过程的控制参数。

5.4.9.2 实验原理

热解是有机物在无氧或缺氧状态下受热而分解为气、液、固三种形式的混合物的化学分解过程。其中气体是以氢气、一氧化碳、甲烷等低分子碳氢化合物为主的可燃性气体；液体是在常温下为液态的包括乙酸、丙酮、甲醇等化合物在内的燃料油；固体为纯碳与玻璃、金属、土砂等混合物形成的炭黑。

热解反应可表示如下：

$$\text{有机物} + \text{热} \xrightarrow{\text{无氧或缺氧}} gG + lL + sS \tag{5-100}$$

式中 g——气态产物的化学计量；

G——气态产物的化学式；

l——液态产物的化学计量；

L——液态产物的化学式；

s——固态产物的化学计量；

S——固态产物的化学式。

固体废物的热解与焚烧相比有以下优点：

（1）可以将固体危险废物中的有机物转化为以燃料气、燃料油和炭黑为主的贮存性能源；

（2）由于是缺氧分解、排气量少，有利于减轻对大气环境的二次污染；

（3）废物中的硫、重金属等有害成分大部分被固定在炭黑中；

（4）NO_x 的产生量少。

5.4.9.3 实验仪器及药品

（1）热解实验装置：主要由控制柜、热解炉（耐受800℃的高温）和气体净化收集系统三部分组成。气体净化收集系统主要由旋风分离器、冷凝器、过滤器、煤气表组成。

（2）烘箱。

（3）破碎机。

（4）电子天平。

（5）量筒（1000mL）、漏斗、漏斗架等。

（6）实验试样：可以选取混合收集的有机生活垃圾，也可以选取纸张、秸秆等单类别的有机垃圾。

5.4.9.4 实验操作步骤

（1）称取1000g试样，采用破碎机或其他破碎方法将物料破碎至粒度小于10mm。

（2）从投料口将试样装入热解炉。

（3）接通电源，升高炉温，升温速度为25℃/min，将炉温升到400℃。

（4）恒温，并每隔15min记录产气流量，总共记录8h。

（5）在可能的条件下收集气体进行气相色谱分析。

（6）收集并测定焦油量。

（7）测定热解后固体残渣的质量。

5.4.9.5 实验注意事项

（1）原料不同，产气率会有很大的差别，因此，应根据实际情况，适当调整记录气体流量的时间间隔。

（2）气体必须安全收集，避免煤气中毒。

5.4.9.6 实验数据及结果处理

（1）记录实验设备基本参数及实验测试结果。

（2）根据实验数据，以产气流量为纵坐标、热解时间为横坐标做图，分析产气量与时间的关系。

5.4.9.7 思考题

（1）分析不同炉温对产气量的影响。

（2）简述热解与焚烧的特点。

5.5 环境监测与影响评价综合实验

5.5.1 水体富营养化程度评价综合实验

5.5.1.1 实验目的

（1）了解全球水体富营养化现状及研究进展。

（2）掌握总磷、叶绿素 a(Chla) 及初级生产率的测定原理及方法。

（3）掌握水体富营养化评价方法，并通过对单一因子指标的测定，对模拟水体的富营养化程度进行评价。

（4）培养学生独立开展科学实验的综合设计能力及操作技能。

5.5.1.2 实验原理

A 富营养化定义

随着我国经济高速发展，污染物排放量逐年增加，排放或流失到天然水体中的 N、P 等营养物质大量增加，水体富营养化严重。据 1986~1990 年对全国 26 个湖泊水质调查资料分析，我国受污染或者达到中-富营养化的湖泊水域面积已达到淡水水域面积的一半。富营养化（eutrophication）是指在人类活动的影响下，生物所需的氮、磷等营养物质大量进入湖泊、河口、海湾等缓流水体，引起藻类及其他浮游生物迅速繁殖，水体溶解氧量下降，水质恶化，鱼类及其他生物大量死亡的现象。在自然条件下，湖泊也会从贫营养状态过渡到富营养状态，沉积物不断增多，先变为沼泽，后变为陆地。这种自然过程非常缓慢，常需要几千年甚至上万年。而人为排放含营养物质的工业废水和生活污水所引起的水体富营养化现象，可以在短期内出现。水体富营养化后，即使切断外界营养物质的来源，也很难自净和恢复到正常水平。水体富营养化严重时，湖泊可被某些繁生植物及其残骸淤塞，成为沼泽甚至干地。局部海区可变成“死海”，或出现“赤潮”现象。植物营养物质的来源广、数量大，有生活污水、农业面源、工业废水、垃圾等。每人每天带进污水中的氮约为 50g。生活污水中的磷主要来源于洗涤废水，而施入农田的化肥有 50%~80%流入江河、湖海和地下水体中。许多参数可用作水体富营养化的指标，常用的是总磷、叶绿素 a(Chla) 含量和初级生产率的大小（表 5-27）。

表 5-27 水体富营养化程度划分

富营养化程度	初级生产率/$mgO_2 \cdot (m^2 \cdot d)^{-1}$	总磷/$\mu g \cdot L^{-1}$	无机氮/$\mu g \cdot L^{-1}$
极贫	0~136	<0.005	<0.200
贫—中	137~409	0.005~0.010	0.200~0.400
中		0.010~0.030	0.300~0.500
中—富	410~547	0.030~0.100	0.500~1.500
富		>0.100	>1.500

对于不同的水域，由于区域地理特性、自然气候条件、水生生态系统和污染特性等诸多差异，会出现不同的富营养化表现，即出现不同的优势藻类种群，并连带出现各种不同类型的水生生物种类的失衡。富营养化发生所需的必要条件基本上都是一样的，最主要的影响因素可以归纳为以下 3 个方面：（1）总磷、总氮等营养盐相对比较充足；（2）缓慢的水流流态；（3）适宜的温度条件。只有在 3 个方面条件都比较适宜的情况下，才会出现某种优势藻类“疯长”现象，爆发富营养化。其中的水流流态主要指以流速、水深为要素的水流结构。

B 富营养化评价方法

科学合理的评价方法，对尽早防范富营养化的发生和及时预报，降低富营养化带来的危害十分重要。目前判断水体富营养化一般采用的指标是：氮含量超过 0.2~0.3mg/L，磷含量大于 0.01~0.02mg/L，BOD 大于 10mg/L，pH 7~9 的淡水中细菌总数超过 10 万个/mL，叶绿素 a(Chla) 的含量大于 10μg/L。但是，由于不同水体对各污染因子的感应特性不同，水体富营养化并不仅仅取决于水中污染物浓度的多少，而与水体本身的地理环境、气候条件及水生生态系统状况等密切相关。水体富营养化评价方法可分为两大类：单因子评价方法和综合指数法。单因子物理参数（气温、水温、SD 等）、化学参数（DO、TN、TP、COD 等）和生物学参数（Chla、多样性指数、指示生物群落结构的变化、藻类优势种等）；综合评价指数法包括多指标综合营养状态指数法（TSI、TSIM、TLI）、营养状态法（NQI）、溶解氧指数法及营养度指数法（AHP-PCA）等。本实验将介绍 TLI 水体富营养化评价法，并对模拟富营养化水体进行评价。TLI 评价法是中国环境监测总站推荐的湖泊（水库）富营养化评价方法，该方法考虑的影响因素较多，包括叶绿素 a(Chla)、SD、TP、TN 和 COD_{Mn} 指数，具体表达式为：

$$TLI(Chla) = 10(2.5 + 1.086\ln Chla) \tag{5-101}$$

$$TLI(SD) = 10(5.118 - 1.94\ln SD) \tag{5-102}$$

$$TLI(TP) = 10(9.436 + 1.624\ln TP) \tag{5-103}$$

$$TLI(TN) = 10(5.453 + 1.694\ln TN) \tag{5-104}$$

$$TLI(COD_{Mn}) = 10(0.109 + 2.661\ln COD_{Mn}) \tag{5-105}$$

式中 TLI(Chla)——叶绿素 a（mg/m^3）指数；

TLI(SD)——透明度 SD（m）指数；

TLI(TP)——磷 TP（mg/L）指数；

TLI(TN)——氮 TN（mg/L）指数；

$TLI(COD_{Mn})$——高锰酸钾 COD_{Mn}（mg/L）指数。

评价某水体的富营养化程度，需要对上述各式中各 TLI 指数进行加权求和，其最终营养状态指数以 TLI $\sum$ 表示。TLI $\sum$ 的计算公式为：

$$TLI\sum = \sum W_j \times TLI(j) \tag{5-106}$$

式中 TLI $\sum$ ——综合营养状态指数；

W_j——第 j 种参数的营养状态指数的相关权重；

TLI(j)——第 j 种参数的营养状态指数。

根据金相灿等的推荐，各指标权重如表 5-28 所示。

表 5-28 各指标权重

权重	Chla	TP	TN	SD	COD_{Mn}
W_j	0.2663	0.2237	0.2183	0.2210	0.2210

当（TLI $\sum$）<30，为贫营养；30<（TLI $\sum$）≤50，为中营养；50<（TLI $\sum$）≤60，为轻度富营养；60<（TLI $\sum$）≤70，为中度富营养；（TLI $\sum$）>70，为重度富营养。

5.5.1.3 实验仪器及药品

（1）实验仪器。

1）可见分光光度计。

2）移液管：1mL、2mL、10mL。

3）容量瓶：100mL、250mL。

4）锥形瓶：250mL。

5）比色管：25mL。

6）BOD 瓶：250mL。

7）具塞小试管：10mL。

8）玻璃纤维滤膜、剪刀、玻璃棒、夹子。

9）多功能水质检测仪。

（2）实验药品。

1）过硫酸铵（固体）。

2）浓硫酸。

3）1mol/L 硫酸溶液。

4）2mol/L 盐酸溶液。

5）6mol/L 氢氧化钠溶液。

6）1%酚酞：1g 酚酞溶于 90mL 乙醇中，加水至 100mL。

7）丙酮：水（9：1）溶液。

8）酒石酸锑钾溶液：将 4.4g $K(SbO)C_4H_4O_6 \cdot 1/2H_2O$ 溶于 200mL 蒸馏水中，用棕色瓶在 4℃时保存。

9）钼酸铵溶液：将 20g $(NH_4)_6Mo_7O_{24} \cdot 4H_2O$ 溶于 500mL 蒸馏水中，用塑料瓶在 4℃时保存。

10）抗坏血酸溶液：0.1mol/L（溶解 1.76g 抗坏血酸溶于 100mL 蒸馏水中，转入棕色瓶，若在 4℃时保存，可维持 1 个星期不变）。

11）混合试剂：50mL 2mol/L 硫酸、5mL 酒石酸锑钾溶液、15mL 钼酸铵溶液和 30mL 抗坏血酸溶液。混合前，先让上述溶液达到室温，并按上述次序混合。在加入酒石酸锑钾或钼酸铵后，如混合试剂有混浊，须摇动混合试剂，并放置几分钟，至澄清为止。若在 4℃时保存，可维持 1 个星期不变。

12）磷酸盐储备液（1.00mg/mL 磷酸盐溶液）：称取 1.098g KH_2PO_4，溶解后转入 250mL 容量瓶中，稀释至刻度，即得 1.00mg/mL 磷酸盐溶液。

13）磷酸盐标准溶液：量取 1.00mL 储备液于 100mL 容量瓶中，稀释至刻度，即得含量为 10ug/mL 的工作液。

5.5.1.4 实验操作步骤

（1）磷的测定。

1）原理。在酸性溶液中，将各种形态的磷转化成磷酸根（PO_4^{3-}）。随之用钼酸铵和酒石酸锑钾与之反应，生成磷钼锑杂多酸，再用抗坏血酸把它还原为深色钼蓝。

砷酸盐与磷酸盐一样也能生成钼蓝，0.1g/mL 的砷就会干扰测定。六价铬、二价铜和亚硝酸盐能氧化钼蓝，使测定结果偏低。

2）步骤。

① 水样处理：水样中如有大颗粒，可用搅拌器搅拌 2～3min，以致混合均匀。量取 100mL 水样（或经稀释的水样）2 份，分别放入 250mL 锥形瓶中，另取 100mL 蒸馏水于 250mL 锥形瓶中作对照，分别加入 1mL 2mol/L H_2SO_4，3g $(NH_4)_2S_2O_8$，微沸约 1h，补加蒸馏水使体积为 25～50mL（如锥形瓶壁上有白色凝聚物，应用蒸馏水将其冲入溶液中），再加热数分钟。冷却后，加 1 滴酚酞，并用 6mol/L NaOH 将溶液中和至微红色。再滴加 2mol/L HCl 使粉红色恰好褪去，转入 100mL 容量瓶中，加水稀释至刻度，移取 25～50mL 于比色管中，加 1mL 混合试剂，摇匀后，放置 10min，加水稀释至刻度再摇匀，放置 10min，以试剂空白作参比，用 1cm 比色皿，于波长 880nm 处测定吸光度（若分光光度计不能测定 880nm 处的吸光度，可选择 710nm 波长）。

② 标准曲线的绘制：分别吸取 10μg/mL 磷的标准溶液 0.00mL、0.5mL、1.00mL、1.50mL、2.00mL、2.50mL、3.00mL 于 50mL 比色管中，加水稀释至 25mL，加入 1mL 混

合试剂，摇匀后放置10min，加水稀释至刻度，再摇匀，10min后，以试剂空白作参比，用1cm比色皿，于波长880nm处测定吸光度。

（2）生产率的测定。

1）原理。绿色植物的生产率是光合作用的结果，与氧的产生量成正比。因此测定水体中的氧可看作对生产率的测定。然而在任何水体中都有呼吸作用产生，要消耗一部分氧。因此在计算生产率时，还必须测量因呼吸作用所损失的氧。本实验用测定2只无色瓶和2只深色瓶中的相同样品内溶解氧变化量的方法测定生产率。此外，测定无色瓶中氧的减少量，提供校正呼吸作用的数据。

2）实验数据。

① 取4只BOD瓶，其中2只用铝箔包裹使之不透光，分别记作“亮”和“暗”瓶。从一水体上半部的中间取出水样，测量水温和溶解氧。如果此水体的溶解氧未过饱和，则记录此值为ρ_{0i}，然后将水样分别注入一对“亮”和“暗”瓶中。若水样中溶解氧过饱和，则缓缓地给水样通气，以除去过剩的氧。重新测定溶解氧并记作ρ_{0i}。按上述方法将水样分别注入一对“亮”和“暗”瓶中。

② 从水体下半部的中间取出水样，按上述方法同样处理。

③ 将两对“亮”和“暗”瓶分别悬挂在与取水样相同的水深位置，调整这些瓶子，使阳光能充分照射。一般将瓶子暴露几个小时，暴露期为清晨至中午，或中午至黄昏，也可清晨到黄昏。为方便起见，可选择较短时间。

④ 暴露期结束即取出瓶子，逐一测定溶解氧，分别将“亮”和“暗”瓶的数值记为ρ_{0l}和ρ_{0d}。

（3）叶绿素a的测定。

1）原理。测定水体中的叶绿素a的含量，可估计该水体的绿色植物存在量。将色素用丙酮萃取，测定其吸光度值，便可以测得叶绿素a的含量。

2）实验过程。

① 将100~500mL水样经玻璃纤维滤膜过滤，记录过滤水样的体积。将滤纸卷成卷状，放入小瓶或离心管。加10mL或足以使滤纸淹没的90%丙酮液，记录体积，塞住瓶塞，并在4℃下暗处放置4h。如有混浊，可离心萃取。将一些萃取液倒入1cm玻璃比色皿，加比色皿盖，以试剂空白为参比，分别在波长665nm和750nm处测其吸光度。

② 加1滴2mol/L盐酸于上述两只比色皿中，混合均匀并放置1min，再在波长665nm和750nm处测定吸光度。

5.5.1.5　实验注意事项

在生产率的测定过程中，两只用铝箔包裹的BOD瓶应包裹严实，使之不透光，以减少实验误差。

5.5.1.6　实验数据及结果处理

（1）磷的测定。由标准曲线查得磷的含量，按下式计算水中的磷含量：

$$\rho_P = \frac{W_P}{V} \tag{5-107}$$

式中 ρ_P——水中磷的含量，g/L；

W_P——由标准曲线上查得磷含量，μg；

V——测定时吸取水样的体积，mL（本实验 V=25.00mL）。

（2）生产率的测定。

1）呼吸作用。氧在暗瓶中的减少量：

$$R=\rho_{Oi}-\rho_{Od} \tag{5-108}$$

净光合作用。氧在亮瓶中的增加量：

$$P_n=\rho_{Ol}-\rho_{Oi} \tag{5-109}$$

总光合作用：

$$P_g=\text{呼吸作用}+\text{净光合作用}=(\rho_{Oi}-\rho_{Od})+(\rho_{Ol}-\rho_{Oi})=\rho_{Ol}-\rho_{Od} \tag{5-110}$$

2）计算水体上下两部分值的平均值。

3）通过以下公式计算来判断每单位水域总光合作用和净光合作用的日速率。

① 把暴露时间修改为日周期：

$$P'_g(mgO_2\cdot L^{-1}\cdot d^{-1})=P_g\times\frac{\text{每日光周期时间}}{\text{暴露时间}} \tag{5-111}$$

② 将生产率单位从 mgO_2/L 改为 mgO_2/m^2，这表示 $1m^2$ 水面下水柱的总产生率。为此必须知道产生区的水深：

$$P^n_g(mgO_2\cdot m^{-2}\cdot d^{-1})=P_g\times\frac{\text{每日光周期时间}}{\text{暴露时间}}\times10^3\times\text{水深(m)} \tag{5-112}$$

式中，10^3 为体积浓度 mg/L 换算成 mg/m^3 的系数。

③ 假设全日 24h 呼吸作用保持不变，计算日呼吸作用：

$$R(mgO_2\cdot m^{-2}\cdot d^{-1})=R\times24/\text{暴露时间(h)}\times10^3\times\text{水深(m)} \tag{5-113}$$

④ 计算日净光合作用：

$$P_n(mgO_2\cdot L^{-1}\cdot d^{-1})=P_g-R \tag{5-114}$$

4）假设符合光合作用的理想方程（$CO_2+H_2O\rightarrow CH_2O+O_2$），将生产率的单位转换成固定碳的单位：

$$P_m(mgC\cdot m^{-2}\cdot d^{-1})=P_n(mgO_2\cdot m^{-2}\cdot d^{-1})\times12/32 \tag{5-115}$$

（3）叶绿素 a 的测定。

酸化前：$A=A_{665}-A_{750}$，酸化后：$A_a=A_{665a}-A_{750a}$。

在 665nm 处测得吸光度减去 750nm 处测得值是为了校正混浊液。

用下式计算叶绿素 a 的浓度（μg/L）：

$$\text{叶绿素 a 的浓度}=29(A-A_a)V_{\text{萃取液}}/V_{\text{样品}} \tag{5-116}$$

式中 $V_{\text{萃取液}}$——萃取液体积，mL；

$V_{\text{样品}}$——萃取液体积，mL。

根据测定结果，并查阅有关资料，评价水体富营养化状况。

5.5.1.7 思考题

（1）水体中氮、磷的主要来源有哪些？

（2）分析水体富营养化的形成机制，并探讨如何控制湖泊的水体富营养化。

（3）在计算日生产率时，有几个主要假设？

5.5.2 区域环境噪声监测与评价综合实验

5.5.2.1 实验目的

（1）通过本实验使学生掌握监测方案的制定过程和方法，学会监测点位的布设和优化。

（2）掌握声级计的使用方法，学会环境质量标准的检索和应用。

（3）根据监测数据和声环境质量标准评价声环境质量现状。

5.5.2.2 实验仪器

（1）声级计。

（2）标准声源。

（3）医用计数器。

5.5.2.3 实验要求

（1）能够根据监测对象的具体情况优化布设监测点位，选择监测时间和监测频率，制定监测方案。

（2）能够熟练使用声级计并用标准声源对其进行校准。

（3）能采用正确的方法对实验数据进行处理，根据监测报告的要求给出监测结果。

（4）学会环境质量标准的检索和应用，并根据监测结果对监测对象进行环境质量评价。

（5）独立编制监测报告（评价报告）。

5.5.2.4 实验内容

（1）制定详细、周全、可行的监测方案，画出区域环境（可选校园）平面布置图并标出监测点位。

（2）按照监测方案在各监测点位上监测昼、夜噪声瞬时值，并做好记录。

（3）对监测数据进行处理，给出校园声环境质量现状值。

（4）查阅我国现行 GB 3096—2008《声环境质量标准》，根据监测结果判断校园声环境质量是否达标，若不达标，分析原因。

（5）根据监测结果评价校园声环境质量现状。

5.5.2.5 实验步骤

（1）测量条件。

1）要求在无雨、无雪的天气条件下进行测量；声级计的传声器膜片应保持清洁；风力在 3 级以上时必须加防风罩（以避免风噪声干扰），五级以上大风应停止测量。

2）手持仪器测量，传声器要求距离地面 1.2m。

（2）测量步骤。

1）将校园（或某一地区）划分为25m×25m的网格，监测点位选在每个网格的中心，若中心点的位置不宜测量，可移动到旁边能够测量的位置。

2）每组两人配置1台声级计，顺序到各网格监测点位测量，各监测点位分别测昼间和夜间的噪声值。

3）读数方式用慢档，每隔5s读一个瞬时A声级，连续读取200个数据。读数同时要判断和记录附近主要噪声源（如交通噪声、施工噪声、工厂或车间噪声等）和天气条件。

5.5.2.6 实验数据及结果处理

环境噪声是随时间而起伏的无规律噪声，因此测量结果一般用统计值或等效声级来表示，本实验用等效声级表示。

将各监测点位每次的测量数据（200个）顺序排列，找出L_{10}、L_{50}、L_{90}，求出等效声级L_{eq}，再将该监测点位全天的各次L_{eq}求算术平均值，作为该监测点位的环境噪声评价量。

根据声环境功能区划，确定校园属几类区，应执行几类标准。查阅我国GB 3096—2008《声环境质量标准》，找出标准值并将监测结果与标准值对照，判断校园声环境质量是否达标。

也可以5dB为1个等级，用不同颜色或阴影线绘制校园噪声污染图。

5.5.2.7 思考题

（1）什么是等效声级，在噪声测量中有何作用？

（2）简述声级计的基本组成、结构和基本性能。

（3）简述声级计的使用步骤。

5.5.3 危险废物固化处理综合实验

5.5.3.1 实验目的

（1）掌握固体废物固化处理的工艺操作过程。

（2）了解我国危险废物鉴别标准中规定的危险特性和鉴别方法。

（3）掌握固化体浸出率测试方法。

5.5.3.2 实验原理

危险废物指具有腐蚀性、急性毒性、浸出毒性、反应性、传染性、放射性等一种或一种以上危险特性的废物。危险废物的污染危害具有长期性和潜伏性，可以延续很长时间，因此国内外废物管理都将危险废物作为重点管理对象。固化/稳定化技术是目前被广泛应用于处理电镀污泥、铬渣、砷渣和汞渣的有效的危险废物处理手段。固化处理的效果常采用浸出率、增容比、抗压强度等指标加以衡量。其中浸出率是评价固化处理效果和衡量固化体性能的一项重要指标。了解浸出率有助于比较和选择不同的固化方案，有利于估计各类固化体贮存、运输等条件下与水接触所引起的危险大小。

汞、砷、铅、铬、铜等有害物质及化合物遇水通过浸沥作用，从危险废物中迁移转化到水溶液中。延长接触时间，采用水平振荡器等强化可溶解物质的浸出，测定强化条件下浸出的有害物质浓度可以表征危险废物的浸出毒性。浸出率测定依据 GB 5085. 3—2007《危险废物鉴别标准　浸出毒性鉴别》和浸出液的制备 GB 5086. 2—1997《固体废物浸出毒性浸出方法　水平振荡法》。

5. 5. 3. 3　实验仪器及药品

A　实验仪器

固化块自制模具、电子天平、粒度分析仪、恒温振动器、鼓风干燥箱、可控温电热板、原子吸收分光光度计、混凝搅拌机、固化实验台、压力试验机、空压机。

B　实验药品

含重金属污泥、普通硅酸盐水泥、石灰、粉煤灰、广口聚乙烯瓶、量筒、0. 45μm 微孔滤膜、氢氧化钠溶液、盐酸溶液。

5. 5. 3. 4　实验操作步骤

（1）固化操作。

1）制定固化材料配比，计算并称取每搅拌罐所需物料，投加至混凝土搅拌机中，初次加入设计用水量的 50%~60%后，打开搅拌机工作电源，并边搅拌边缓缓投加剩余水量，调整搅拌刀片顺序、逆次交替搅拌若干次，直至搅拌机中物料均匀混合成可塑性并稍有黏性的半固体后停止。

2）将物料转移至工作台上后，将 100mm×100mm×100mm 塑料模具中均匀涂满润滑油并垫好贴纸并编号。

3）开始往塑料模具添加 50%~60%物料，并用铁锹适度捣搅 25 次以上，再将剩余物料分两次填满剩余空间，并在每次添加后分别戳搅和抹平。

4）以同样方法将物料填满 ϕ40mm×80mm 自制模具中制成毒性浸出测试固化块，与前 100mm×100mm×100mm 抗压强度测试固化块一同放置定型等待脱模。

5）脱模后的固化块需养护，固化效果受固化龄期的影响，采取脱模后养护 3d、10d、14d、28d 作龄期的考察点，然后对 ϕ40mm×80mm 固化块做浸出性测试。

（2）浸出率测试。

1）取粉碎的固化体 100g（干基）试样（无法采用干基质量的样本则先测水分加以换算），放入 2L 具塞广口聚乙烯瓶中；

2）将蒸馏水用氢氧化钠或盐酸调 pH 值至 5. 8~6. 3，取 1L 加入前述聚乙烯瓶中；

3）盖紧瓶盖后固定于水平振荡机上，室温下振荡 8h，（110±10）r/min，单向振幅 20mm；

4）取下广口瓶静置 16h；

5）用 0. 45μm 微孔滤膜抽滤（0. 035MPa 真空度），收集全部滤液即浸出液，供分析用；

6）用原子吸收火焰分光光度计测定浸出液的 Cd、Cr、Cu、Ni、Pb 和 Zn 浓度；
7）取一个 2L 广口聚乙烯瓶，并按照步骤 2）~6）同时操作，进行空白实验；
8）记录分析结果并分析整理。

5.5.3.5 实验注意事项

（1）固化块制作过程中，水的加入速度要缓慢一些。
（2）模具使用前后必须清理干净，并涂上一层机油。

5.5.3.6 实验数据及结果处理

（1）将实验结果填入表 5-29 中。

表 5-29 实验数据记录表 （mg/L）

项目	Cd	Cr	Cu	Ni	Pb	Zn
空白浓度						
样本浓度						

（2）评述本实验方法和实验结果。

5.5.3.7 思考题

（1）以单因素实验设计法拟定一个测定不同浸取时间的实验方案。
（2）分析哪些因素会影响危险废物浸出浓度。

参考文献

［1］马涛，曹英楠．环境科学与工程综合实验［M］．北京：中国轻工业出版社，2017.
［2］王秀萍，王琳玲．环境综合实验［M］．武汉：华中科技大学出版社，2012.
［3］仝永娟．能源与动力工程实验［M］．北京：冶金工业出版社，2016.
［4］陆建刚．大气污染控制工程［M］．2 版．北京：化学工业出版社，2016.
［5］李兆华，胡细全，康群．环境工程实验指导［M］．武汉：中国地质大学出版社，2010.
［6］朱洪涛，杨丽娟．物理化学实验［M］．北京：冶金工业出版社，2019.
［7］王娟．环境工程实验技术与应用［M］．北京：中国建材工业出版社，2016.
［8］施文健，周化岚．环境监测实验技术［M］．北京：北京大学出版社，2009.
［9］刘玉婷．环境监测实验［M］．北京：化学工业出版社，2007.
［10］孙成．环境监测实验［M］．北京：中国环境科学出版社，2007.
［11］尹奇德，王利平，王琼．环境工程实验［M］．武汉：华中科技大学出版社，2009.
［12］岳梅．环境监测实验［M］．合肥：合肥工业大学出版社，2012.
［13］朱灵峰．环境工程实验理论与技术［M］．郑州：黄河水利出版社，2006.
［14］潘大伟，金文杰．环境工程实验［M］．北京：化学工业出版社，2014.
［15］张莉，余训民，祝启坤．环境工程实验指导教程——基础型、综合设计型、创新型［M］．北京：化学工业出版社，2011.
［16］杨俊，王鹤茹．环境工程实验指导书［M］．武汉：中国地质大学出版社，2015.
［17］孙杰，陈绍华，叶恒朋．环境工程专业实验——基础、综合与设计［M］．北京：科学出版社，2018.
［18］包红旭．环境工程专业综合设计、研究性实验教程［M］．沈阳：辽宁大学出版社，2016.
［19］朱启红，王书敏，曹优明．环境科学与工程综合实验［M］．成都：西南交通大学出版社，2013.